Hydraulische Pressen
und Druckflüssigkeitsanlagen

Von

Ernst Müller

Duisburg

Zweiter Band

Pressen für die Herstellung und Verarbeitung
von Rohren, Hohlkörpern, Platten und
Blechen aus Stahl

Mit 236 Abbildungen

Springer-Verlag

Berlin / Göttingen / Heidelberg

1955

ISBN 978-3-642-53022-7   ISBN 978-3-642-53021-0 (eBook)
DOI 10.1007/978-3-642-53021-0

Vorwort.

Das Anwendungsgebiet der hydraulischen Pressen in fast allen Industriezweigen ist außerordentlich groß; trotzdem findet man in der technischen Literatur — abgesehen von einigen ausführlichen Aufsätzen in Zeitschriften über Einzelausführungen — nur spärliche Angaben, die teilweise durch die fortgeschrittene Entwicklung schon überholt sind.

In dem schon in zwei Auflagen im Springer-Verlag erschienenen Buch „Hydraulische Schmiedepressen und Kraftwasseranlagen" wurde zum ersten Male ein Sondergebiet herausgegriffen, nach Konstruktionen und Antriebsarten geordnet und eingehend behandelt. Wie vorauszusehen war, fand dieses Buch in der Praxis eine gute Aufnahme, und so kam die Anregung, als Fortsetzung dieser ersten Arbeit ein zweites Buch über hydraulische Pressen und Einrichtungen herauszugeben, die in verwandten Betrieben zur Anwendung kommen.

Dieses nun vorliegende Buch hat den Haupttitel Hydraulische Pressen und Druckflüssigkeitsanlagen II. Band erhalten und ist mit dem Untertitel „Pressen für die Herstellung und Verarbeitung von Rohren, Hohlkörpern, Platten und Blechen aus Stahl" versehen.

Das frühere Buch erscheint künftig unter dem Haupttitel Hydraulische Pressen und Druckflüssigkeitsanlagen I. Band und erhält den Untertitel „Pressen und Hilfseinrichtungen für die Herstellung von Freiform- und Gesenkschmiedestücken".

Hierdurch wird der enge Zusammenhang der Fachgebiete durch einen einheitlichen Haupttitel auch in der äußeren Form hervorgehoben.

Das Buch soll in erster Linie allen Technikern eine Unterstützung bieten, die in Rohr- und Walzwerken, Kesselschmieden, auf Werften oder im Fahrzeug- und Behälterbau mit hydraulischen Maschinen umzugehen haben. Ebenso nützlich wird es aber auch für Planungsingenieure, Konstrukteure und Studierende an Hoch- und Fachschulen sein und damit zur Verbreitung des fachlichen Allgemeinwissens beitragen.

Während über die spanabhebenden Maschinen schon auf den Schulen wertvolle Kenntnisse vermittelt werden, findet man leider oft über die ebenso wichtigen zur spanlosen Formgebung dienenden Maschinen ein sehr unvollkommenes Wissen. Fast jedem Techniker sind heute z. B. die spanabhebenden Arbeitsvorgänge zur Herstellung eines Hohlkörpers aus einem vollen Block geläufig, wie er aber ge-preßt, gezogen oder geschmiedet wird, ist meistens unbekannt.

Dieses Buch soll dem Übelstand abhelfen und damit eine schon lange bestehende Lücke schließen. Durch eine jahrzehntelange Praxis standen mir umfangreiche Unterlagen für die Veröffentlichung zur Verfügung; sie wurde jedoch erst ermöglicht durch die mir zuteil gewordene Unterstützung in- und ausländischer Firmen, die mir wertvolle Zeichnungs- und Bildunterlagen überließen, wofür ich an dieser Stelle meinen verbindlichen Dank ausspreche.

Leider konnte ich bei der Wiedergabe von Zeichnungen nur einen Teil der Hersteller-Firmen von hydraulischen Maschinen berück-sichtigen. Ich bitte darum, aus dem Umfang des mir zur Verfügung gestellten Materials keine Rückschlüsse auf die Leistungsfähigkeit der einzelnen Firmen zu ziehen. Ich habe mich bemüht, eine vielseitige Darstellung über wenig bekannte Arbeitsvorgänge und die dafür benutzten Pressen zu geben, und hoffe, damit einen in Fachkreisen oft geäußerten Wunsch erfüllt zu haben.

Duisburg, im August 1955.

Ernst Müller.

Inhaltsverzeichnis.

Einleitung.

Die hydraulischen Pressen und Einrichtungen für die Herstellung und Verarbeitung von Rohren, Hohlkörpern, Platten und Blechen aus Stahl findet man hauptsächlich in Rohr- und Preßwerken, Walzwerken, Kesselschmieden, auf Werften, in Werken für den Fahrzeug- und Behälterbau usw. Sie werden nachstehend ohne Rücksichtnahme auf die übrigen Fabrikationseinrichtungen, mit denen sie vielfach noch in Verbindung stehen, zusammengefaßt behandelt, um Vergleiche der verschiedenen Konstruktionen und Antriebe leicht verständlich zu machen.

In den Abschnitten I bis V wird die Berechnung, der Aufbau und die Wirkungsweise der Pressen erläutert. Bei der Berechnung werden theoretische Ableitungen und Faustregeln angegeben. Die zahlreichen wissenschaftlichen Untersuchungen zeigen oft bemerkenswerte Unterschiede, so daß es bei der Größenbestimmung der Pressen angebracht ist, immer die Erfahrungen aus der Praxis zu berücksichtigen.

Die Steuerungen und Antriebe sind im VI. Abschnitt für alle Pressen gemeinsam aufgeführt, um Wiederholungen in den vorhergehenden Abschnitten zu vermeiden.

I. Abschnitt.

Hydraulische Pressen für die Rohr- und Hohlkörperherstellung.

Die Herstellung nahtloser Stahlrohre erfolgt zur Zeit auf Walzwerken, Stoßbankanlagen und mechanischen Pressen.

Beim Walzen wird der Rohling zunächst in einem Schrägwalzwerk gelocht und dann nach dem Pilgerschritt- oder Stopfenwalzverfahren zum Rohr ausgestreckt. An Stelle von Schrägwalzwerken wurden früher auch hydraulische *Lochpressen in horizontaler Bauart* mit einer Druckkraft bis etwa 2000 t verwendet. Diese Pressen benutzt man neuerdings in verbesserter Konstruktion vielfach zum Vorlochen der Rohlinge, während das Fertiglochen auf einem Schrägwalzwerk geschieht.

Rohre in einem Durchmesserbereich von etwa 50 bis 200 mm stellt man vorteilhaft nach dem EHRHARDT-Verfahren auf Stoßbankanlagen[1] her. Hierbei wird ein auf etwa 1300° C erwärmter Vierkantblock auf einer vertikalen, hydraulischen Presse mit einer Druckkraft von etwa 300 bis 1000 t gelocht und anschließend auf einer mechanischen Ziehbank mit Zahnstangenantrieb über einen langen Dorn durch hintereinander-liegende Ziehringe zu einem Rohr ausgezogen.

Auf mechanischen Pressen stellt man nahtlose Rohre mit einem Durch-messer bis etwa 60 mm aus handelsüblichem und hochlegiertem Stahl her. Dabei wird der Rohling in einem Preßtopf gelocht und anschließend mit einer Druckkraft von etwa 1000 t durch einen von einer Matrize und dem Lochdorn gebildeten Ringspalt gespritzt; die stündliche Leistung beträgt etwa 150 bis 180 Rohre, die sich mit entsprechenden hydrau-lischen Pressen nicht erzielen läßt. Die Verhältnisse werden sich zu-gunsten der hydraulischen Presse erst ändern, wenn höhere Druck-kräfte zum Spritzen größerer Rohre erforderlich werden sollten.

Hohlkörper, die im Vergleich zu ihrem Durchmesser verhältnis-mäßig kurz sind oder beim Ziehen den Aufwand großer Druckkräfte verlangen, z. B. Geschosse, Sprengkörper, Hochdruckflaschen für komprimierte Gase, zylindrische Gefäße, Rohre für die Anfertigung großer Kugellagerringe usw. werden nach dem Lochvorgang zweck-mäßig auf horizontalen, hydraulischen Warmziehpressen fertiggestellt. Je nach Größe der Hohlkörper kommen *vertikale Lochpressen* mit einer Druckkraft von etwa 300 bis 6000 t und *Warmziehpressen* mit einer Druckkraft von etwa 125 bis 3000 t zur Ausführung.

Für die Herstellung von Geschossen mit einem Kaliber von 7,5 bis 15 cm haben sich wegen ihrer hohen Leistung *kombinierte Loch- und Ziehpressen* für eine Druckkraft von 250 t bis 400 t in vertikaler Kon-struktion sehr bewährt, auf der stündlich 60 bis 150 Hohlkörper — je nach der Größe des Durchmessers — gelocht und gezogen werden können.

Der große Bedarf an kleinkalibriger Artilleriemunition im letzten Weltkrieg gab Veranlassung, nach rationelleren Arbeitsmethoden zu suchen. Große Erfolge hatte das Kaltfließpreßverfahren, wobei man auf die Erfahrungen aufbauen konnte, die schon im ersten Weltkrieg bei der Herstellung von Stahlkartuschhülsen gemacht worden waren.

Für das Fließpreßverfahren verwendete man zunächst nur mecha-nische Pressen, die aber bei den steigenden Anforderungen immer mehr durch *hydraulische Kaltfließpressen* abgelöst wurden. Bei dem Verfahren wird ein kalter zylindrischer oder würfelförmiger Stahlblock durch hohen Druck steigend gelocht und dann durch einen Ringspalt zum Fließen gebracht. Die größten Druckkräfte, die man dabei anwendet, betragen

---

[1] THOMAS P., Dr.-Ing. E. h.: Die Herstellung von Kessel- und Dampfrohren nach dem Ehrhardt-Verfahren. Sonderdruck. Berlin: Springer 1926.

etwa 5000 t. Nach dem Kriege wurde das Kaltfließpreßverfahren, das vorzugsweise in Deutschland entwickelt worden war, besonders in den USA für die Herstellung zahlreicher Massenartikel weiter angewendet.

Die gezogenen oder gespritzten Hohlkörper müssen an ihrem offenen Ende zu einer Spitze eingezogen werden. Diese Arbeit wird auf einfachen, vertikalen *Hülsen-Einziehpressen* mit einer Druckkraft bis max. 1000 t ausgeführt. Nach dem gleichen Verfahren zieht man in vielen Fällen auch an großen Rohren und geschmiedeten bzw. geschweißten Kesseln die Rohrwand zu einem Boden ein, wobei man aber wegen der großen Länge horizontale Pressen mit einer Druckkraft bis max. 2000 t bevorzugt.

Die fortschreitende Entwicklung der elektrischen Schweißverfahren hat auch zu neuen Verfahren bei der Herstellung geschweißter Rohre geführt. Dabei wird ein Blechstreifen durch Walzen zu einem Rohr geformt und an der Naht elektrisch verschweißt. Für Rohre mit großem Durchmesser ist es vorteilhafter, den Blechstreifen nicht zu walzen, sondern in Gesenken und mehreren Arbeitsvorgängen zu biegen. Die größten *Rohrformbiegepressen*, die zu diesem Zwecke in den USA ausgeführt wurden, sind für eine Druckkraft von max. 16000 t eingerichtet zur Herstellung von Rohren mit einem Durchmesser von etwa 750 mm bei 13 mm Wandstärke und etwa 12 m Länge.

Für gewisse Anforderungen müssen die Rohre gezogen werden. Diese Arbeit verrichtet man fast ausschließlich auf mechanisch angetriebenen Ziehbänken. Sind die Ziehkräfte jedoch besonders groß, — z. B. zur Herstellung von Rohrmasten —, so ist es besser zum hydraulischen Antrieb überzugehen. Die größten *Rohrziehpressen* dieser Art sind für eine Ziehkraft von etwa 120 t bei 17 m Hub ausgeführt worden.

Das Vormaterial für die Herstellung nahtloser Rohre besteht aus gewalzten Stangen mit rundem und quadratischem Querschnitt oder aus gegossenen zylindrischen Blöcken, die unterteilt werden müssen. Hierfür verwendet man Warmsägen oder mechanische und hydraulische Blockbrecher, wenn das Material im kalten Zustand geteilt werden soll. *Hydraulische Blockbrecher* werden zum Brechen von quadratischen oder runden Blöcken mit einem Durchmesser von 100 bis 500 mm benutzt, bei Anwendung von Druckkräften bis 3000 t.

Die Formgebung für die Rohrenden erfolgt auf *horizontalen Rohrstauch- und Kalibrierpressen*. Zu diesem Zweck werden die Enden erwärmt in einem zweiteiligen Gesenk eingespannt und anschließend mit einem Dorn kalibriert oder gestaucht. Die Maschinen werden für Rohrdurchmesser bis 1200 mm eingerichtet und für Druckkräfte von 150 bis 1000 t gebaut.

Bevor die Rohre das Werk verlassen, werden sie auf *hydraulischen Rohrprüfpressen* mit Wasser gefüllt und eine Zeitlang unter Druck gesetzt. Es kommen Rohre mit einem Durchmesser bis 3 m zur Einspannung; der Prüfdruck schwankt — je nach der Größe des Rohrquerschnittes und der Wandstärke — zwischen 10 und 1200 atü.

Die in Pilgerwalzwerken verwendeten Dorne unterliegen einem starken Verschleiß. Um die Dorne weiter verwenden zu können, werden sie von Zeit zu Zeit auf *Dornstauchpressen* warm gestaucht und nach dem Erkalten abgedreht und geschliffen. Die Pressen sind für größte Dornlängen von 5 m und Stauchkräfte von 600 t eingerichtet.

Abb. 1. 400 t-Lochpresse in Ständerbauart zur Herstellung von Rohrluppen für Stoßbänke. (Ausführung Hydraulik G.m.b.H., Duisburg.)

a) Lochpressen.

Der Arbeitsvorgang auf einer Lochpresse verläuft in der Weise, daß ein warmer Block mit eckigem oder rundem Querschnitt in einen zylindrischen Topf gebracht und anschließend mit einem Dorn gelocht wird, wobei ein verhältnismäßig dünner Boden stehenbleibt. Nach Beendigung des Lochhubes wird der Dorn zurückgezogen und der Rohling ausgestoßen (Abb. 1). Die verwendeten Blöcke werden vor dem Erwärmen entweder von gewalzten Stangen abgetrennt oder bei größeren Gewichten in Kokillen gegossen. Die Preßtemperatur beträgt 1150 bis 1250° C bei der Verarbeitung von normalem Kohlenstoffstahl.

Die gewalzten Blöcke haben meistens quadratischen Querschnitt mit stark abgerundeten Ecken, wodurch im Preßtopf eine gute Zentrierung stattfindet; durch die Wahl dieser Querschnittsform erreicht man, daß das Material beim Lochen gleichmäßig verdrängt, der Dorn nicht seitlich abgedrückt und die Wandstärke genau eingehalten wird. Außerdem erhält man durch den quadratischen Blockquerschnitt einen günstigen Formänderungswiderstand, da beim Lochen der größte Teil des vom Dorn verdrängten Volumens zum seitlichen Auffüllen des Preßtopfes benötigt wird. Das Querschnittsverhältnis von Rohblock, Preßtopf und Dorn richtet man so ein, daß der Block beim Lochen im Preßtopf um etwa 10% seiner Länge steigt. Man locht aber auch — vor allem bei der Rohrherstellung — vielfach ohne Steigen des Blockes.

Blöcke mit zylindrischem Querschnitt kann man in einem Rollofen sehr gut gleichmäßig erwärmen, was ebenfalls zur Erzielung genauer Wandstärken beim Lochen wichtig ist. Bei Blöcken mit quadratischem Querschnitt ist dies nicht in so einfacher Weise möglich. Nachteilig bleibt aber bei der Verwendung runder Blöcke wegen ihres seitlichen Spieles die Zentrierung im Preßtopf durch eine zusätzliche Stauchoperation, die dem Lochen vorhergehen muß; das Stauchen ist außerdem noch notwendig, wenn der Rohling unten — zum Beispiel für Geschosse — eine stark konische Außenform erhalten soll.

Die Bestimmung des Lochdruckes erfolgt meistens nach Erfahrungen mit ausgeführten Pressen und durch vergleichende Rechnungen[1]; dabei ist besonders hervorzuheben, daß die Druckkraft von der Größe des Lochhubes unabhängig ist und von Anfang bis Ende der Lochung nahezu unverändert bleibt.

Beim Lochen ohne Berücksichtigung des Steigens läßt sich die Druckkraft[2] aus der Gleichung bestimmen:

$$P = 4{,}2 \frac{\pi d^2}{4} \sigma_f$$

Es bedeuten:

$\sigma_f =$ Fließgrenze des gelochten Werkstoffes,
$d =$ Durchmesser des Lochdornes.

Man darf in dieser Gleichung beim Lochen von Kohlenstoffstählen für die Fließgrenze den etwas höher liegenden Formänderungswiderstand nach Abb. 2 einsetzen; dabei wird die Formänderungsgeschwin-

---

[1] SIEBEL, E., u. E. FANGMEIER: Untersuchungen über den Kraftbedarf beim Pressen und Lochen. Düsseldorf: Verlag Stahleisen 1931.

[2] GELEJI, A.: Die Berechnung der Kräfte und des Leistungsbedarfes bei dem Ehrhardtschen Rohrherstellungsverfahren. Acta Technica. Budapest 1953.

digkeit als der in einer Sekunde zurückgelegte Stauchweg angegeben, gemessen in Prozenten der ursprünglichen Blockhöhe.

In der Praxis behilft man sich zur Bestimmung des statischen Druckes einer Lochpresse oft mit einer überschlägigen Rechnungsart, die ausgedrückt wird durch die Beziehung:

$$P = F W_L$$

In dieser Gleichung bedeuten:

$F =$ Querschnittsfläche des Lochdornes und
$W_L =$ gesamter Lochwiderstand.

Dieser Widerstand ist abhängig:

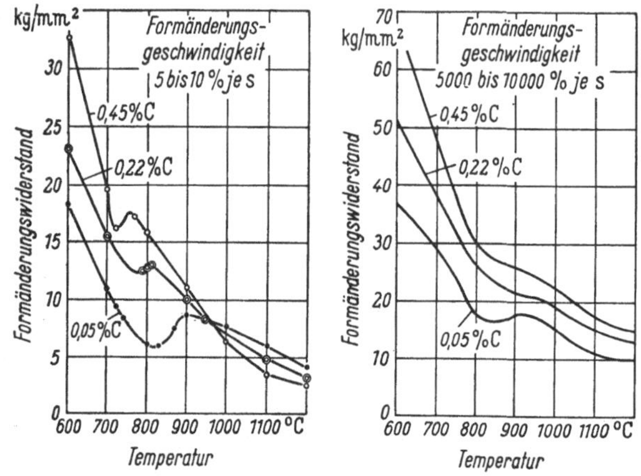

Abb. 2. Fließkurven von Kohlenstoffstählen in Abhängigkeit von der Temperatur und der Formänderungsgeschwindigkeit. (Nach HENNECKE.)

1. Von der Warmfestigkeit des Blockes bei seiner niedrigsten Temperatur nach Beendigung des Lochhubes;

2. von der Lochgeschwindigkeit, die bei kleinen Pressen wesentlich höher gewählt wird als bei großen Pressen;

3. von dem Verhältnis der Querschnittsflächen oder der Durchmesser D des Preßtopfes und d des Lochdornes.

Je enger der Spalt zwischen Lochdorn und Preßtopf wird, um so höher steigt der Widerstand an; die günstigsten Werte erhält man, wenn $D \cong 1,5\,d$.

4. von der Form der Dornspitzen. Die niedrigsten Fließwiderstände wurden beobachtet, wenn der Dorn unten glatt abgedreht und am Rande etwas abgerundet war. Konische Dorne oder kugelige Druckflächen verursachen wesentlich größere Widerstände;

5. von den Reibungsverlusten in der Presse.

Tabelle 1. *Warmpreßversuche mit wechselndem Querschnittsverhältnis beim Lochen mit Flachstempeln* (nach HOFMANN).

	1	2	3	4	5	6	7	8	9	10	11	12	13
	Durchmesser		Querschnitt										
Entfernung des Stempels vom Boden	der Matrize D	des Stempels d	der Matrize F	des Stempels f	Querschnittsverhältnis $\dfrac{f}{F}$	Wandstärkenverhältnis $\dfrac{D}{D-d}$	Formänderung $\ln \varphi_{r_m}$	Stempelkraft[1] P	Bezogener Druck $p=\dfrac{F}{f}$	Formänderungswiderstand K_f	Temperatur[2]	Zugfestigkeit	Preßgeschwindigkeit
mm	mm	mm	mm²	mm²			%	kg	kg/mm²	kg/mm²	°C	kg/mm²	mm/s
120	147,5	80	17088	5027	0,294	2,18	62,9	65000	12,9	6,0		80	154
100	147,5	80	17088	5027	0,294	2,18	62,9	68000	13,5	6,3		80	154
80	147,5	80	17088	5027	0,294	2,18	62,9	72500	14,4	6,7		80	154
60	147,5	80	17088	5027	0,294	2,18	62,9	72500	14,4	6,7		80	154
40	147,5	80	17088	5027	0,294	2,18	62,9	72500	14,4	6,7		80	154
120	147,5	90	17088	6362	0,372	2,56	78,0	95000	14,9	7,1		80	144
100	147,5	90	17088	6362	0,372	2,56	78,0	97500	15,3	7,3		80	154
80	147,5	90	17088	6362	0,372	2,56	78,0	97500	15,3	7,3		80	154
60	147,5	90	17088	6362	0,372	2,56	78,0	97500	15,3	7,3		80	154
40	147,5	90	17088	6362	0,372	2,56	78,0	97500	15,3	7,3		80	154
120	147,5	102,3	17088	8220	0,480	3,18	99,7	112500	13,7	6,6		80	154
100	147,5	102,3	17088	8220	0,480	3,18	99,7	119500	14,5	7,0	1250	80	154
80	147,5	102,3	17088	8220	0,480	3,18	99,7	119500	14,5	7,0	bis	80	154
60	147,5	102,3	17088	8220	0,480	3,18	99,7	120000	14,6	7,0	1260	80	154
40	147,5	102,3	17088	8220	0,480	3,18	99,7	120000	14,6	7,0		80	154
120	147,5	119	17088	9677	0,566	4,04	123,6	178000	18,4	8,4		80	154
100	147,5	119	17088	9677	0,566	4,04	123,6	179000	18,5	8,5		80	154
80	147,5	119	17088	9677	0,566	4,04	123,6	179000	18,5	8,5		80	154
60	147,5	119	17088	9677	0,566	4,04	123,6	179000	18,5	8,5		80	154
40	147,5	119	17088	9677	0,566	4,04	123,6	179000	18,5	8,5		80	154
120	147,5	131	17088	13478	0,787	8,95	203,1	264000	19,6	7,6		80	154
100	147,5	131	17088	13478	0,787	8,95	203,1	304000	22,6	8,8		80	154
80	147,5	131	17088	13478	0,787	8,95	203,1	317000	23,5	9,2		80	154
60	147,5	131	17088	13478	0,787	8,95	203,1	326000	24,2	9,4		80	154
40	147,5	131	17088	13478	0,787	8,95	203,1	346000	25,7	10,0		80	154

[1] Die Manschettenreibung ist in Abzug gebracht.   [2] Die Temperatur wurde am Block im Rollofen durch Pyrometerabmessung bestimmt.

Tabelle 2. *Warmpreßversuche mit wechselndem Matrizendurchmesser.*

1	2	3	4	5	6
Durchmesser		Querschnitt		Querschnitts-verhältnis	Wandstärken-verhältnis
der Matrize D mm	des Rundstempels d mm	der Matrize F mm²	des Lochstempels f mm²	$\dfrac{f}{F}$	$\dfrac{D}{D-d}$
900	550	635000	237000	0,374	2,57
900	500	637000	196000	0,308	2,25
900	500	637000	196000	0,308	2,25
800	500	502000	196000	0,391	2,67
800	500	502000	196000	0,391	2,67
800	500	502000	196000	0,391	2,67
720	430	406000	145000	0,357	2,48
720	430	406000	145000	0,357	2,48
720	460	406000	166000	0,409	2,77
720	460	406000	166000	0,409	2,77
720	460	406000	166000	0,409	2,77
600	355	283000	99000	0,350	2,45
600	355	283000	99000	0,350	2,45
600	355	283000	99000	0,350	2,45
600	355	283000	99000	0,350	2,45
600	355	283000	99000	0,350	2,45
500	355	196000	99000	0,505	3,45
450	305	159000	73000	0,460	3,10
385	215	116000	36000	0,312	2,27
385	215	116000	36000	0,312	2,27
177	107	24500	9000	0,368	2,53
155,5	93	19000	6650	0,350	2,45
141,5	76	15700	4530	0,289	2,16
127,5	67	12750	3520	0,276	2,11
127,5	67	12750	3520	0,276	2,11
127,5	67	12750	3520	0,276	2,11
127,5	67	12750	3520	0,276	2,11
127,5	67	12750	3520	0,276	2,11
127,5	67	12750	3520	0,276	2,11

Beim Lochen von Blöcken aus normalem Kohlenstoffstahl bei einer Temperatur von etwa 1150 bis 1250° C kann man bei $D \cong 1,5\,d$ und unter Verwendung eines zylindrischen Dornes einsetzen:

$$W_L = 35 \text{ bis } 25 \text{ kg/mm}^2 \text{ für Pressen mit einer Druckkraft von}$$
$$200 \text{ bis } 750 \text{ t,}$$

$$W_L = 25 \text{ bis } 15 \text{ kg/mm}^2 \text{ für Pressen mit einer Druckkraft von}$$
$$750 \text{ bis } 2000 \text{ t,}$$

(Nach S. OFT, Stahl- und Röhrenwerke Düsseldorf-Reisholz.)

7	8	9	10	11	12	13
Form-änderung $\ln \varphi_{r_m}$ %	Stempelkraft * P t	Bezogener Druck $p = \dfrac{P}{f}$ kg/mm²	Form-änderungs-widerstand K_f kg/mm²	Tempe-ratur ** ° C	Zugfestigkeit kg/mm²	Preß-geschwin-digkeit mm/s
78,4	1882	7,9	3,8	1220	40—50	45
65,1	1813	9,3	4,4	1160	40—50	45
65,1	1880	9,6	4,5	1140	40—50	45
82,2	1645	8,4	4,0	1160	40—50	45
82,2	1680	8,6	4,1	1160	60—70	45
82,2	1745	8,9	4,2	1160	60—70	45
74,8	1515	10,5	5,0	1160	40—50	45
74,8	1412	9,7	4,6	1160	50—60	45
85,9	1612	9,7	4,6	1150	40—50	45
85,9	1680	10,1	4,8	1160	40—50	45
85,9	1680	10,1	4,8	1160	50—60	45
73,6	1088	11,0	5,2	1170	40—50	45
73,6	1175	11,9	5,6	1160	40—50	45
73,6	1062	10,8	5,1	1160	40—50	45
73,6	1276	12,9	6,1	1160	50—60	45
73,6	995	10,1	4,8	1165	40—50	45
117,9	1243	12,6	5,4	1160	40—50	45
97,3	1107	15,2	7,1	1130	40—50	45
66,8	522	14,4	6,7	1190	40—50	185
66,8	535	14,8	6,9	1170	40—50	185
77,0	152	16,9	8,1	1250	35—40	185
73,6	114	17,2	8,1	1250	35—40	185
61,0	91,2	20,1	9,5	1250	35—40	250
58,6	71,5	20,3	9,6	1250	35—40	185
58,6	76,0	21,6	10,2	1250	35—40	185
58,6	80,5	21,9	10,8	1250	35—40	185
58,6	83,6	23,7	11,2	1250	35—40	250
58,6	88,2	25,1	11,8	1250	35—40	250
58,6	91,2	25,9	12,2	1250	35—40	250

* Ohne Berücksichtigung der Manschettenreibung.
** Temperatur im Hohlkörper gemessen.

$$W_L = 15 \text{ bis } 10 \text{ kg/mm}^2 \text{ für Pressen mit einer Druckkraft von}$$
$$\text{mehr als 2000 t.}$$

In diesen angegebenen Werten ist auch der Druckaufwand zur Über-windung der Beschleunigungswiderstände in der Presse enthalten.

Gute Erfahrungswerte für effektive spez. Lochdrücke sind in den vorstehenden Tabellen 1 und 2 aufgeführt[1].

Das Gewicht des Blockes ist abhängig von der Lochtiefe l. Es soll sein:

$l \leqq 7\,d$, wenn d den Dorndurchmesser bedeutet.

Eine Überschreitung dieser Lochtiefe ist unvorteilhaft, da bei Temperaturdifferenzen der Dorn im Material leicht verläuft und dem Rohling eine ungleichförmige Wandstärke gibt; sie findet sich später im ausgezogenen Rohr wieder und wird bei der Abnahme beanstandet. Außerdem wird die Haltbarkeit der Dorne bei einer großen Lochtiefe sehr herabgesetzt. Für den Abbrand des Blockes ist ein Gewichtszuschlag von etwa 5% zu berücksichtigen.

Der Entwurf für eine Lochpresse beginnt mit dem Aufzeichnen der Werkzeuge, siehe Abb. 3; der Preßtopf besteht aus Stahlformguß, er erhält eine eingeschrumpfte konische Büchse aus vergütetem und leg. Stahl mit einer Festigkeit von etwa 120 kg/mm². Zur Kühlung der Büchse mit Wasser sieht man sehr oft im Mantel eine schraubenförmig verlaufende Nute vor (Abb. 7) Auch die Innenfläche der Büchse ist etwas konisch, um das Ausstoßen des Rohlings zu erleichtern. Den Außendurchmesser D des Preßtopfes wählt man $D = 1,5$ bis $1,8\,d$, wenn mit d der Innendurchmesser bezeichnet wird. Im Preßtopfboden befindet sich eine Ausstoßplatte mit der Kopfform des Rohlings, die meistens einem Kegelstumpf entspricht.

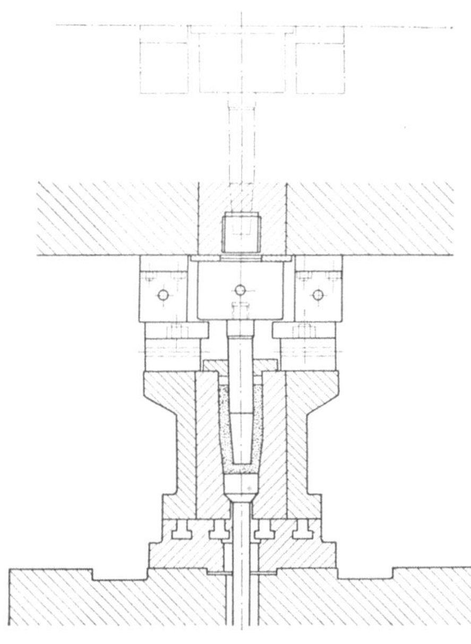

Abb. 3. Lochwerkzeuge mit Abstreifplatte und Dornführung.

Für den Lochdorn, der ebenfalls schwach konisch ausgeführt wird, verwendet man einen warmfesten, vergüteten, leg. Stahl mit einer Festigkeit von etwa 100 bis 115 kg/mm².

---

[1] HOFMANN, F. J.: Die hydraulischen Schmiedepressen nebst einer Untersuchung über den Vorgang beim Lochen eines Stahlstückes in geschlossener Matrize. Berlin: Springer 1912.

Zur Befestigung des Dornes am Plungerkopf gibt es verschiedene Lösungen. Das einfache Einschrauben des Dornes wird nur bei kleinen Durchmessern vorgenommen. Bei größeren Dornen ist es besser, das Ende mit einem Konus oder Bund zu versehen und diesen mit einer Überwurfmutter bzw. einem Halter gegen eine Druckplatte anzuziehen. Um die Dorne von einer glatten Stange abdrehen zu können, stellt man den Konus oder den Halter auch oft als zweiteilige Büchse her, die man in eine am Dornende eingedrehte Nute einlegt, (siehe Abb. 4). Das freie Dornende erhält oft ein eingeschraubtes Druckstück (siehe Abb. 5), das bei auftretendem Verschleiß ausgewechselt wird. Dorn und Lochtopf werden vor jeder Pressung zur Verringerung des Verschleißes mit einem Gemisch aus Zylinderöl und Graphit geschmiert.

Vor Beginn der Lochung verschließt man den Preßtopf mit einem am Laufholm aufgehängten Deckel, der in der Mitte zur Führung des Dornes eine Bohrung besitzt. Diesen Deckel ordnet man auch in Form einer losen Preßscheibe über einem kleinen Bund an der Dornspitze an (Abb. 8). Die Preßscheibe wird außen konisch gedreht, damit sie sich im Preßtopf gut zentriert.

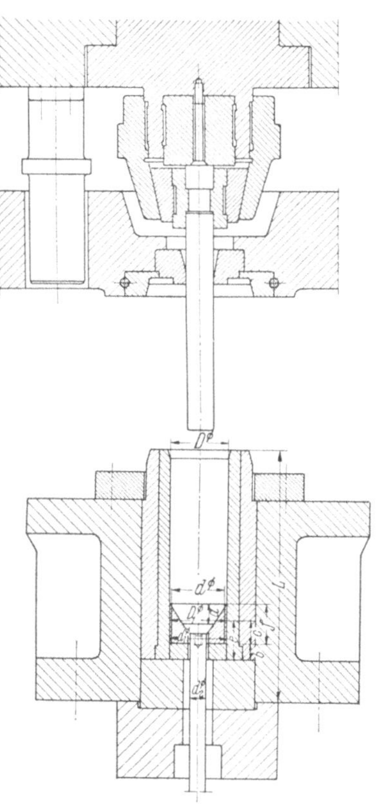

Abb. 4. Lochwerkzeuge mit beweglicher Abstreiftraverse zur Herstellung von Rohrluppen für Stoßbänke.

Zu Abb. 4.

Block-Quadrat	Diagonale	Länge	Gewicht kg	D	D_1	L	d	d_1	d_2	a	b	c	e	f
130	176 ± 2	400	54	183	175	645	176	174	60	70	70	75	145	120
140	189 ± 2	450	69	195	186	645	187	185	60	70	70	75	145	130
160	215 ± 2	450	89	220	210	645	213	209	60	70	70	75	145	140
180	247 ± 2	450	116	252	240	645	243	239	60	70	70	100	170	180
200	272 ± 2	450	142	278	264	645	266	263	80	70	70	110	180	180
220	281 ± 2	450	172	292	275	645	279	274	80	60	70	110	180	170
240	295 ± 2	450	204	325	300	645	303	299	80	60	70	110	180	170

Zum Abstreifen des Rohlings vom Dorn kann man eine hufeisenförmige Abstreifplatte verwenden, die nach dem Lochen über die Preßtopfbohrung gelegt und durch zwei auf dem Preßtopf befestigte Klauen gehalten wird (siehe Abb. 3). Das Auflegen der Abstreifplatte ist nicht immer erforderlich, da sich der

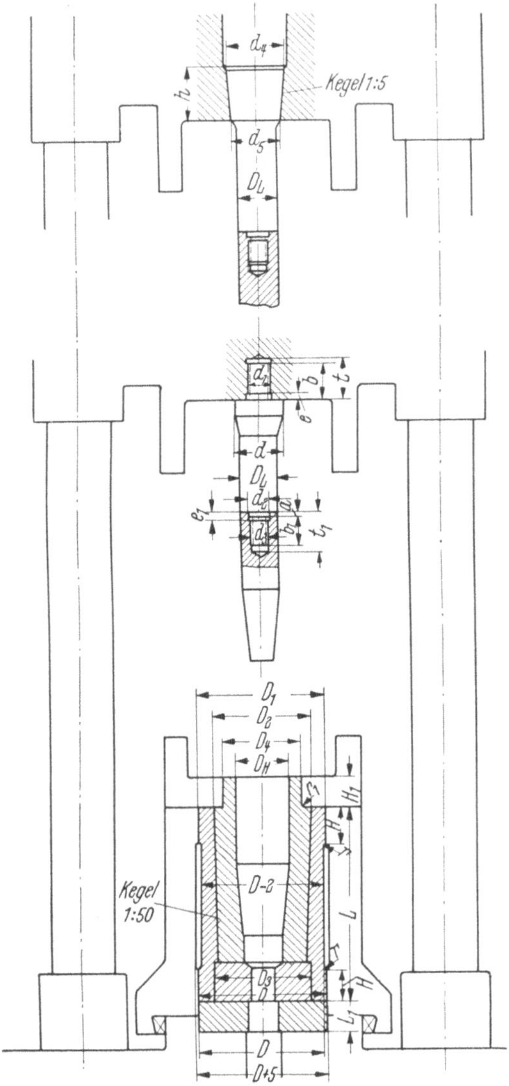

Abb. 5. Normblattentwurf der Lochwerkzeuge zur Herstellung von Geschoßhülsen.

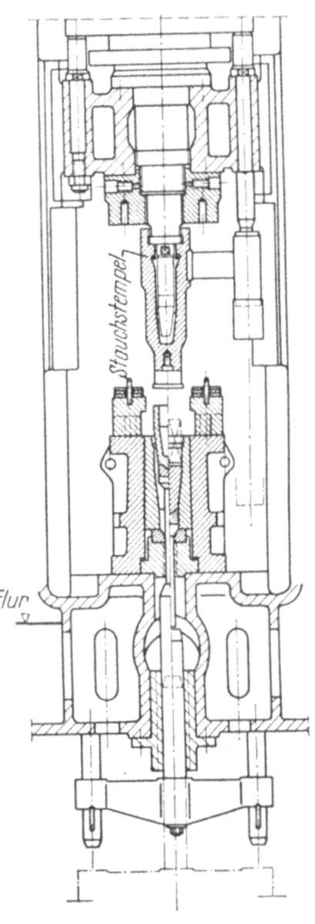

Abb. 6. Anordnung eines ausschwenkbaren Stempels am Lochdorn zum Stauchen von Blöcken in eine konische Außenform.

Lochdorn meistens ohne Anwendung des Abstreifers aus dem Rohling herausziehen läßt.

Zu Abb. 5.

D_H	D	D_1	D_2	D_3	D_4	H	H_1	L	L_1	T	T_1
90—140	300	310	210	210	195	80	50	450	80	5	2
140—200	440	450	310	310	280	120	65	670	120	5	3
200—280	620	630	420	420	400	160	80	950	160	5	3
280—360	740	750	540	540	510	200	100	1250	200	5	5
360—450	890	900	680	680	640	250	125	1600	250	5	5
450—560	1090	1100	840	840	800	300	150	2000	300	5	5

D_L	d	d_1	d_2	d_3	t	b	a	b_1	e	e_1	t_1
40— 63	85	M 52×3	25	M 24×2	65	60	10	32	8	15	55
63— 95	95	M 52×3	34	M 33×2	65	60	10	42	8	16	65
95—140	150	M 99×4	55	M 52×3	100	93	15	65	10	23	90
140—220	190→D_L	M 99×4	75	M 72×4	100	93	15	85	10	25	115
220—350	290→D_L	M 139×4	120	M 119×4	130	123	25	135	10	35	180
350—560	400→D_L	M 179×6	150	M 149×4	175	167	25	195	15	35	240

$D_L <$	120	140	160	180	200	220	250	280	320	360	400	450	500	560
d_4	157	180	200	220	240	264	300	336	384	432	480	540	600	672
d_5	120	140	160	180	200	220	250	280	320	360	400	450	500	560
h	185	200	200	200	200	220	250	280	320	360	400	450	500	560

Will man die körperliche Anstrengung zum Einführen der Abstreifplatte vermeiden, die bei schweren Pressen ein beträchtliches Gewicht
hat, so ist es zweckmäßig, den Deckel für die Dornführung als Abstreiftraverse auszubilden, die durch zwei Klauen oder zwei Plunger beim Abstreifen am Preßtopf festgehalten wird (siehe Abb. 7 u. 9).

Sollen runde Blöcke im Preßtopf gelocht oder die Rohlinge mit
einer konischen Bodenform gepreßt werden, so staucht man sie vor
dem Lochen. Zu diesem Zweck sieht man am Laufholm nach Abb. 6
einen ausschwenkbaren Stauchstempel vor, der an einer Seite offen ist,
damit er sich um den Lochdorn legen kann.

Durch das Einschwenken des Stauchstempels, das Zurückfahren und
Ausschwenken geht beträchtliche Zeit verloren, die man bei der Anwendung sog. Ringdornpressen einsparen kann. Sie besitzen drei obere
Arbeitsplunger, von denen sich der mittlere — ähnlich wie es in Abb. 193
dargestellt ist — unabhängig von den beiden übrigen durch den Laufholm bewegt.

Nach dem Einlegen des Blockes erfolgt das Stauchen mit einem
Stempel, der aus dem am mittleren Plunger befestigten Dorn und aus
einem diesen umgebenden, am Laufholm angeordneten Ringdorn bzw.
Hohlzylinder besteht. Nach dem Stauchen bleibt der Ringdorn auf dem
Block liegen, während der mittlere Dorn weiterfährt und die Lochung
vornimmt. Steigt hierbei der Block, so wird der Ringdorn zurück-

gedrückt. Dieser Stauch- und Lochvorgang hat noch den Vorteil, daß der Mantel des gelochten Blockes oben vom Ringdorn eben gedrückt wird und deshalb nicht auf einer Drehbank abgestochen zu werden braucht.

Trotz dieser Vorteile sind Ringdornpressen verhältnismäßig wenig zur Ausführung gekommen, da die Druckkraft auf den Ringdorn mit einem Anteil von etwa 50% des Lochdruckes zusätzlich aufgewendet werden muß und die Anschaffungskosten infolgedessen wesentlich höher sind als für einfache Lochpressen.

Der Dorn wird nach jeder Lochung mit Wasser gekühlt. Das Kühlwasser läßt man entweder in die Dornverschraubung eintreten und am Dorn herunterfließen oder aus einer Rohrschlange in der Abstreiftraverse gegen den Dorn spritzen.

Lochpressen werden meistens in vertikaler Viersäulenbauart für Druckkräfte von 300 bis 6000 t ausgeführt. Die horizontale Konstruktion wird selten und nur für schwere Pressen und große Lochtiefen angewendet, wenn die Bauhöhe unerwünschte Maße annimmt; dabei bevorzugt man die Zweisäulenbauart.

Für vertikale Pressen mit einer Druckkraft bis etwa 1000 t wählt man auch oft die Ständerbauart mit nachstellbaren Führungen, die zur genauen zentrischen Lochung des Rohblockes beitragen. Der Betriebswasserdruck für Lochpressen beträgt bei Akkumulatorbetrieb in der Regel 200 atü.

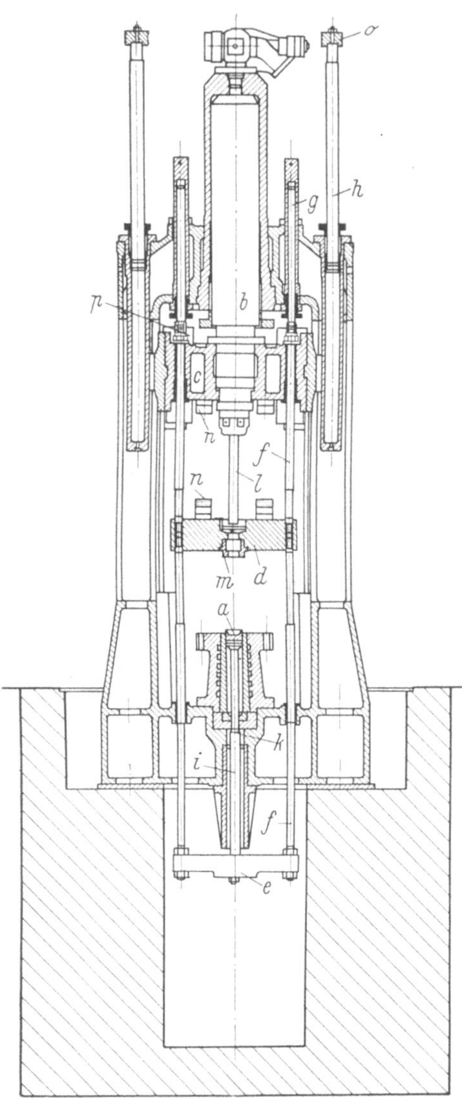

Abb. 7. 300 t-Lochpresse in Ständerbauart mit beweglicher Abstreiftraverse.
(Ausführung Hydraulik G.m.b.H., Duisburg.)

Abb. 7 zeigt eine 300 t Lochpresse in Ständerbauart. Bei einem
Arbeitsspiel wird zunächst der Block auf die Ausstoßmatrize a gelegt
und beim Senken des Preßplungers b gleichzeitig mit dem Dorn abwärts bewegt. An dieser Bewegung nehmen teil: der Laufholm c, die Abstreiftraverse d, die Ausstoßtraverse e, die Ausstoßstangen f, die Abstreifplunger g und die Rückzugplunger h. Hat sich die Matrize a im
Preßtopfboden aufgesetzt, so entsteht zwischen ihrem Stempel und dem

Abb. 8. Stoßbankanlage mit 400 t-Lochpresse. (Ausführung Demag, Duisburg.)

Ausstoßstempel i an der Auflagestelle k bei der weiteren Abwärts-
bewegung eine Lücke, die sich nicht mehr vergrößert, wenn die Abstreiftraverse d auf dem Preßtopf zur Anlage kommt. Im weiteren Verlauf der
Bewegung fährt der Dorn l durch die Führungsbüchse m und locht den
Block, wobei der Laufholm c an den Ausstoßstangen f heruntergleitet.
Der Lochvorgang ist beendet, sobald sich die Druckstücke n aufsetzen.
Bei der Aufwärtsbewegung stehen die Rückzugplunger h und die Abstreifplunger g unter Druck; die Plunger h sind durch die Traversen o
und seitliche Zugstangen mit dem Laufholm c verbunden. Der Dorn
wird aus dem Block herausgezogen, während die Abstreiftraverse fest
auf dem Preßtopf liegen bleibt. Ihre Aufwärtsbewegung setzt erst ein,
wenn der Laufholm c gegen die Muttern p fährt und die größere Rück-

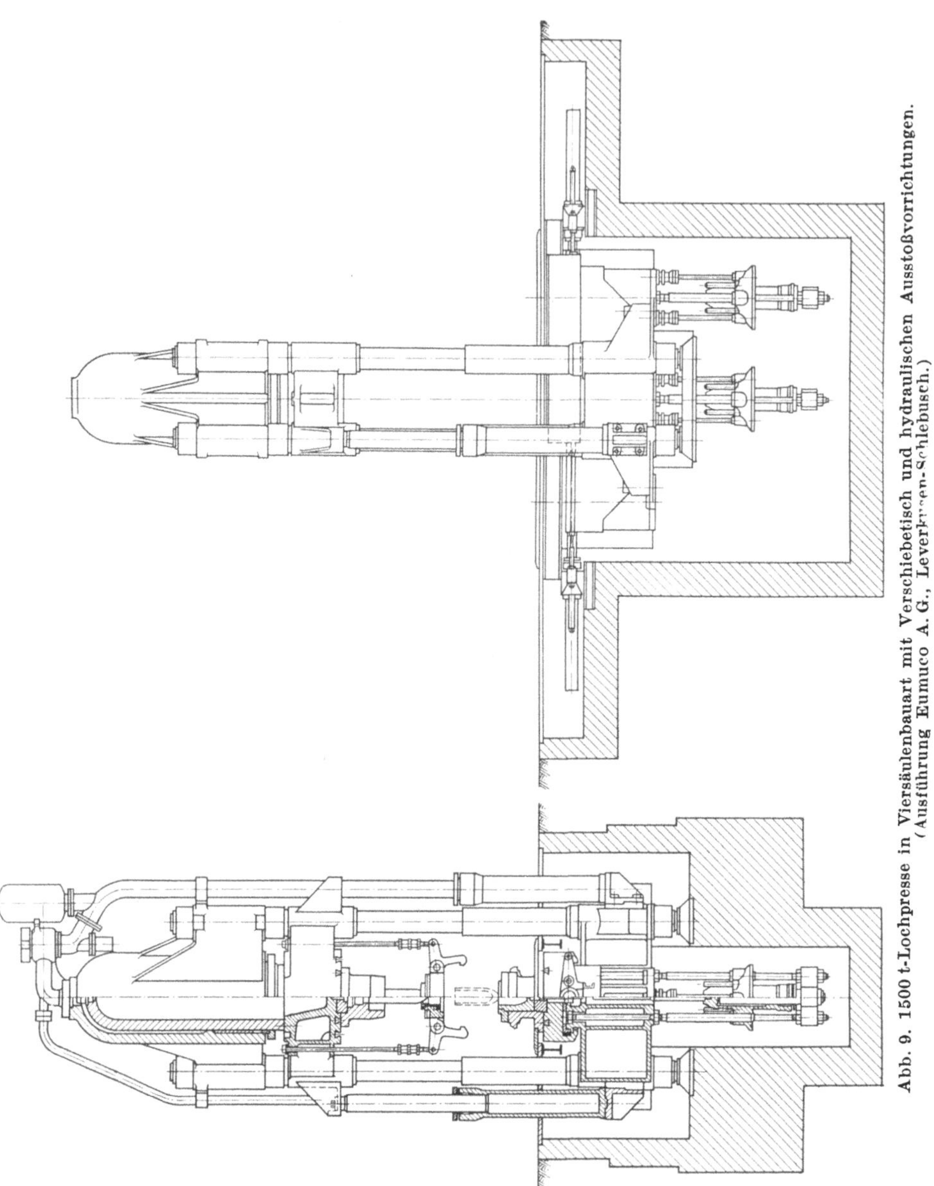

Abb. 9. 1500 t-Lochpresse in Viersäulenbauart mit Verschiebetisch und hydraulischen Ausstoßvorrichtungen. (Ausführung Eumuco A. G., Leverkusen-Schlebusch.)

zugkraft die Druckkraft der Abstreifplunger überwindet. Beim An-
fahren der Abstreiftraverse kommt auch der Ausstoßstempel i zum Anschlag und drückt den Rohling aus dem Preßtopf, so daß er nach Beendigung des Hubes mit einer Zange von der Bodenplatte abgehoben
werden kann.

Abb. 9 u. 10 zeigen eine 1500 t vertikale Lochpresse in Viersäulenkonstruktion. Der Unterholm besitzt einen Verschiebetisch, mit dem der Preßtopf hydraulisch ausgefahren wird, um den Rohblock mit einem Kran bequem einlegen zu können. In dieser ausgefahrenen Stellung stößt man auch den gelochten Rohling aus, so daß der Pressenhub und die lichte Höhe zwischen Laufholm und Verschiebetisch um ein der

Abb. 10. Betriebsaufnahme der 1500 t-Lochpresse nach Abb.9.

Länge des Rohlings entsprechendes Maß kleiner gehalten werden können. Man ist also in der Lage, durch Anwendung eines Verschiebetisches die Bauhöhe einer Lochpresse zu verringern bzw. wesentlich längere Rohlinge herzustellen und die Beschickung zu vereinfachen; jedoch wird wegen des Zeitaufwandes für das Verschieben die Leistung herabgesetzt. Sie kann wieder erhöht werden, wenn man auf dem Verschiebetisch zwei Preßtöpfe anordnet. Die Beschickung und das Ausstoßen müssen dann abwechselnd von der linken und rechten Seite der Presse aus erfolgen. Im allgemeinen wird von dieser Anordnung wenig Gebrauch gemacht, weil das anschließende Ziehen des Rohlings viel länger dauert als das Lochen.

Die abgebildete Lochpresse besitzt noch eine zweite Ausstoßvorrichtung in der Pressenmitte, um auch ohne eine Verschiebung des Tisches arbeiten zu können, der in diesem Falle aber immer noch einen bequemen Werkzeugwechsel gestattet.

Abb. 11.   2400/1600/800 t Dreizylinder-Lochpresse mit 2,5 m Hub in Viersäulenbauart. (Ausführung Schloemann A. G., Düsseldorf.)

Der Verschiebetisch[1], den man nur bei Lochpressen vorsieht, wenn die Druckkraft 500 bis 1000 t übersteigt, besteht aus einer starken Platte aus Gußeisen oder Stahlformguß, die auf dem Bett des Unterholmes läuft. Zur Führung des Tisches dienen gußeiserne, auswechselbare Bettplatten. Bei der Konstruktion beachtet man, daß der Zunder abfallen und der Tisch beim Ausstoßen nicht abgehoben werden kann. Für den hydraulischen Antrieb sieht man an jeder Seite des Unterholmes unter Flur einen Zylinder vor; für die Plungerbefestigung erhält die Unterseite des Verschiebetisches einen Nokken, der zur Begrenzung des Hubes gegen einen Anschlag fährt.

Die Ausstoßvorrichtung[1] wird ebenfalls hydraulisch betrieben und bei seitlicher Anordnung im Unterholm im Abstand des Verschiebehubes von der Pressenmitte vorgesehen. Es ist üblich, den Ausstoßzylinder über einen feststehenden Plunger laufen zu lassen, damit die Stopfbüchse vor dem Verschmutzen geschützt ist. Die Ausstoßstange wird in den Zylinderboden eingeschraubt und zweckmäßig im Obergurt des Unterholmes ge-

---

[1] MÜLLER, E.: Hydraulische Schmiedepressen und Kraftwasseranlagen. Berlin/Göttingen/Heidelberg: Springer 1952.

führt. Die auswechselbare Führungsbüchse erhält dann Aussparungen, damit der Zunder durchfallen kann. Im Verschiebetisch muß für den Durchgang der Ausstoßstange eine entsprechende Öffnung vorgesehen werden.

Die Dreizylinderkonstruktion der Lochpresse nach Abb. 11 gestattet, mit drei verschiedenen Druckkräften zu arbeiten. Erhalten zum Beispiel die drei Arbeitsplunger gleiche Durchmesser, so verhalten sich die Druckkräfte wie 1 : 2 : 3, wenn nur dem mittleren oder den beiden seitlichen bzw. allen drei Zylindern gleichzeitig das Druckwasser zu-

Abb. 12. 1200 t horizontale Lochpresse vor dem Schrägwalzwerk einer Pilgerstraße. (Ausführung Wellman Ltd., Clydesdale.)

geführt wird. Auf diese Weise können auch auf einer großen Presse kleine Rohlinge wirtschaftlich hergestellt werden. Man bevorzugt die Dreizylinderbauart für schwere Pressen mit Druckkräften, die über 1500 t liegen.

Abb. 12 zeigt eine horizontale Lochpresse zum Vorlochen der Blöcke, die in einem Schrägwalzwerk fertiggelocht werden. Die Arbeitsvorgänge gehen aus Abb. 13 hervor. In Fig. a ist die Presse in Ladestellung dargestellt mit einem Block von 575 mm ⌀ und etwa 1800 mm Länge, der mit einem Kran eingeführt wird. Nachdem der Dorn mit seiner Führung durch zwei Hilfskolben um etwa 400 mm vorgeschoben worden ist, um die Lage des Blockes zu begrenzen (Fig. b) erfolgt das Vorschieben des Preßtopfes, wodurch der Block die Lage in Fig. c ein-

2*

nimmt. In Fig. d steht der Lochdorn in äußerster Stellung nach einem Plungerhub von etwa 1850 mm, wobei der Rohling bei einer Bodenstärke von etwa 25 mm auf eine Länge von etwa 2200 mm gestiegen ist. In Fig. e ist die Rückzugstellung des Dornes gezeichnet.

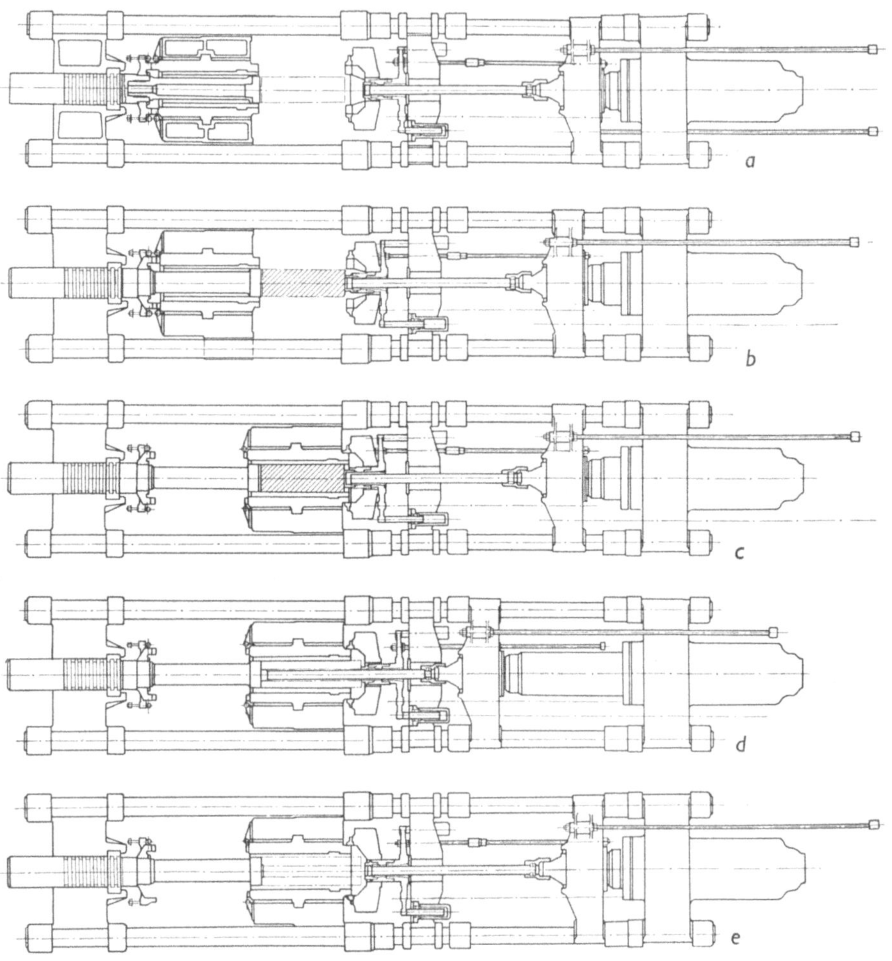

Abb. 13. Arbeitsvorgänge beim Lochen eines Blockes auf der Lochpresse nach Abb. 12.

Die Konstruktion und Berechnung der Einzelteile von Lochpressen erfolgt nach bekannten Rechnungsarten[1]. (Fußnote Seite 18.)

Die Säulen werden zentrisch auf Zug schwellend beansprucht. Die zulässigen Nennbeanspruchungen betragen $k_z \cong 500$ bis 600 kg/cm^2. Für die Verbindung der Säulen mit dem Unter- und Zylinderholm sieht man meistens zweiteilige Außen- und Innenmuttern aus Stahlformguß mit Sägengewinde vor.

Die Zylinder bestehen aus Schmiedestahl oder Stahlformguß mit möglichst großer Dehnung. Sie werden für Einzylinderpressen mit dem Oberholm oft in einem Stück gegossen, während man sie in Mehrzylinder- und Ständerpressen einsetzt.

Der Plunger wird am Laufholm befestigt; seine untere Stirnfläche benutzt man gern als Auflager für den Dornhalter. Die obere Stirnfläche erhält einen Drosselbolzen, der kurz vor Beendigung des Rückzughubes den Zylinderanschluß bis auf einen schmalen Ringspalt verschließt und durch die Drosselung des Wassers ein hartes Aufschlagen des Plungers verhindert. Bei einer Dreizylinderkonstruktion werden die seitlichen Plunger wegen kleiner Bearbeitungsungenauigkeiten zweckmäßig mit ballig abgedrehten Pfannen auf dem Laufholm gelagert.

Die Rückzugplunger läßt man entweder von unten gegen den Laufholm drücken oder von oben am Holm ziehen. Im ersten Falle werden die Rückzugzylinder im Unterholm angeordnet — eine hauptsächlich für schwere Pressen bevorzugte Bauart — im zweiten Falle befinden sie sich am Zylinderholm. Die Plunger drücken dann meistens gegen Traversen, die durch seitliche Zugstangen mit dem Laufholm verbunden sind.

Bezeichnet P die Arbeitskraft einer Lochpresse und P_1 die Rückzugkraft, so wählt man $P_1 = 0{,}1$ bis $0{,}2\ P$. Bei schweren Pressen sieht man gern zur Verbesserung der Wirtschaftlichkeit bei der Erhöhung der Rückzugkraft von $P_1 = 0{,}1\ P$ auf $P_2 = 0{,}2\ P$ einen Druckübersetzer vor und bemißt seine Liefermenge für einen Abstreifhub von 100 bis 150 mm. Genügt dieser Hub nicht zum Lösen des Dornes, so muß der Druckübersetzer wie eine Pumpe mehrere Male hintereinander arbeiten.

Abb. 14 zeigt das Steuerschema für eine vertikale Lochpresse. In der Stillstandstellung ist nach dem Ventilerhebungsdiagramm für die Hauptsteuerung nur Ventil *4* geöffnet und der Preßzylinder mit der Abwasserleitung verbunden. Geht man mit dem Steuerhebel in die Vordruckstellung, so wird Ventil *2* geöffnet. Das Wasser aus den Rückzugzylindern entweicht in die Abwasserleitung. Der Preßplunger bewegt sich infolge seines Eigengewichtes und durch den Druck des Füllwassers, das eine Spannung von 2 bis 3 atü besitzt und durch das als Rückschlagventil wirkende Füllventil *4a* nachströmt, abwärts. Nach Beendigung des Leerhubes, der je nach Größe der Presse mit einer Geschwindigkeit von $v_s = 500$ bis 800 mm/sek ausgeführt wird, setzt durch Öffnen des Ventils *3* der Arbeitshub ein, wobei eine Geschwindigkeit von $v_a = 100$ bis 250 mm/sek erreicht wird. Bewegt man den Steuerhebel in die Rückzugstellung, so werden zunächst die Ventile *3* und *2* wieder geschlossen. Durch Öffnen des Ventils *4* wird der Preßzylinder ent-

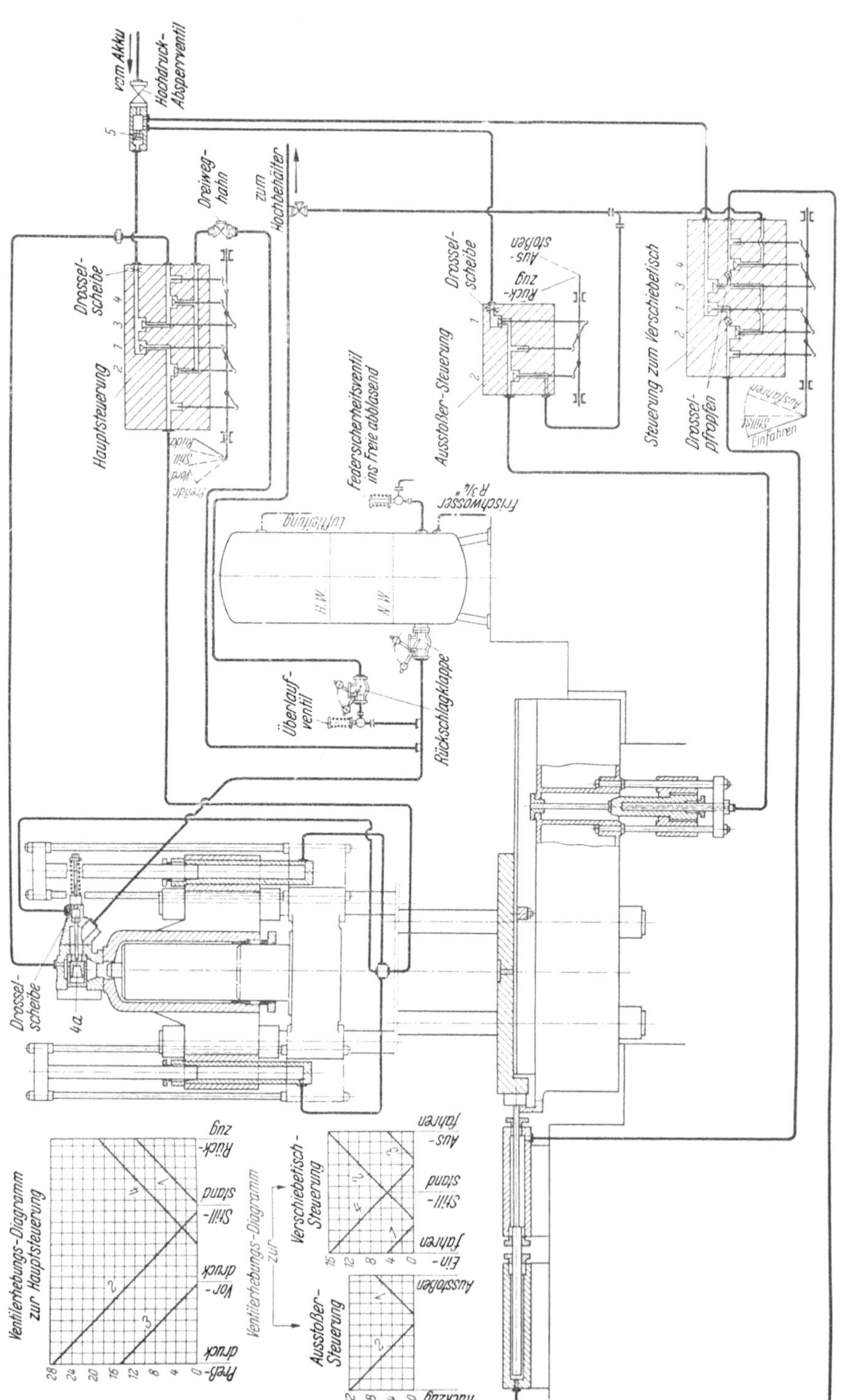

Abb. 14. Steuerschema für eine Einzylinder-Lochpresse mit Verschiebetisch und hydraulischer Ausstoßvorrichtung.

lastet. Die Rückzugbewegung setzt mit dem Öffnen des Ventils *1* ein, wodurch die Rückzugzylinder Druckwasser erhalten. Da der Zylinder für den Treibkolben des Füllventils mit der Rückzugleitung verbunden ist, wird auch das Füllventil *4a* geöffnet und das aus dem Zylinder verdrängte Wasser in den Windkessel zurückgeführt. Die Rückzugsgeschwindigkeit beträgt $v_r = 300$ bis 500 mm/sek.

Die Menge des in den Windkessel zurückfließenden Wassers ist um das Volumen des für den Arbeits- und Rückzughub verbrauchten Druckwassers größer als die Füllwassermenge. Dieses überschüssige Wasser muß infolgedessen wieder aus dem Windkessel abgeführt werden. Man ordnet zu diesem Zweck am Windkessel ein Überlaufventil an, das bei Überschreitung des Druckes von 3 bis 4 atü geöffnet wird und dieses Wasser in einen Hoch- oder Sammelbehälter ablaufen läßt.

Das Rückschlagventil *5* vor der Steuerung soll verhindern, daß bei zufälligem Aussetzen der Preßwasserzufuhr Wasser aus der Presse zu anderen Verbraucherstellen fließt. In diesem Falle bestände die Gefahr einer unbeabsichtigten und nicht aufzuhaltenden Abwärtsbewegung des Laufholmes, wodurch zum Beispiel bei einem Werkzeugwechsel die Bedienungsleute gefährdet wären.

Die hydraulischen Zylinder für den Verschiebetisch arbeiten mit Volldruck und sind ebenfalls mit einer Vierventilsteuerung verbunden. Nach dem zugehörigen Ventilerhebungsdiagramm sind in der Stillstandstellung beide Abwasserventile geöffnet und beide Zylinder drucklos.

Für die Ausstoßvorrichtung ist eine Zweiventilsteuerung vorgesehen. Eine Stillstandstellung ist im Ventilerhebungsdiagramm nicht markiert; sie kann aber eingehalten werden in dem Augenblick, wo beide Ventile geschlossen sind. Der Rückzug erfolgt durch die Belastung des beweglichen Ausstoßzylinders mit einem schweren Gewicht; man spart dadurch zwei zusätzliche Ventile in der Steuerung ein, die bei der Anordnung eines hydraulischen Rückzuges notwendig sind, wenn man ihn nicht durch einen Anschluß an die konstante Druckleitung hervorrufen will.

b) Warmziehpressen.

Hydraulische Ziehpressen für die Warmverformung verwendet man hauptsächlich zur Herstellung starkwandiger Hohlkörper, z. B. von Geschossen, Hochdruckflaschen, Kugellagerrohren usw. Beim Ziehen erfolgt die Querschnittsabnahme meistens durch mehrere aufeinanderfolgende Züge, die eine große Druckkraft, aber im Vergleich mit mechanischen Ziehpressen bzw. Stoßbänken einen verhältnismäßig kurzen Hub verlangen.

Die Warmziehpressen werden, von einzelnen Ausnahmen abgesehen, fast immer horizontal gebaut mit Druckkräften von etwa 100 bis 3000 t und Hüben von etwa 1,5 bis 10 m. Die größten gezogenen Hohlkörper haben einen Durchmesser von max 1300 mm bei einer Länge von etwa 7 bis 8 m.

Die Bestimmung der Ziehkraft erfolgt in der Regel — genau wie bei den Lochpressen — durch Erfahrungen und Vergleiche mit ausgeführten Anlagen. Die Kraft ist wieder abhängig:

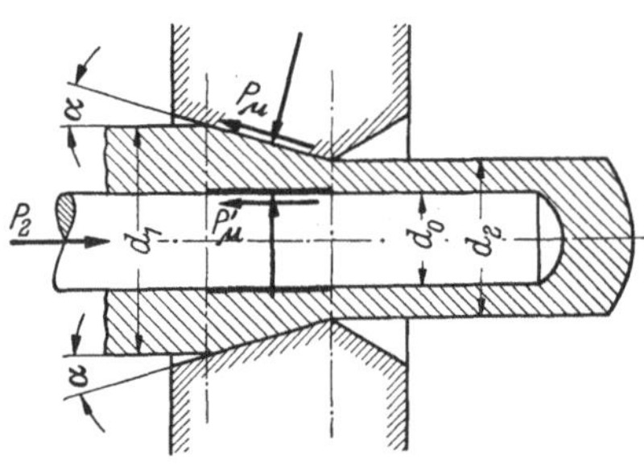

Abb. 15. Kraftverlauf beim Ziehen eines vorgelochten Blockes. (Nach GELEJI.)

1. von der Querschnittsfläche und Temperatur des Werkstoffes, der von dem Mantel des Rohlings abgezogen wird,

2. von seiner Warmfestigkeit,

3. von der Ziehgeschwindigkeit,

4. von der Größe des Rohlings bzw. dem Grade der Abkühlungsmöglichkeiten,

5. von den Reibungsverlusten in der Presse.

Die Länge des Rohlings hat auf die Ziehkraft keinen wesentlichen Einfluß — ebensowenig wie die Eindringtiefe des Dornes beim Lochen.

Will man die Ziehkraft P_z rechnerisch ermitteln, so kann man wieder auf ausführliche wissenschaftliche Untersuchungen[1] zurückgreifen. Nach einer bekannten Ableitung (Abb. 15) erhält man die Kraft P_z aus der Gleichung[2]:

$$P_z = k_m F \left\{ 1 + 0{,}5 \frac{\mu}{\sin \alpha} \left[(1 + \xi) + \frac{f_2}{f_1} (1 - \xi) \right] \right\} + 0{,}58 \, f_2 \, k_f \sin \alpha$$

Es bedeuten:

$$k_m = \frac{\sigma_f}{1 + \dfrac{d_1 - d_2}{2 d_2}} = \text{mittlerer Formänderungswiderstand;}$$

$$F = f_1 - f_2; \quad f_1 = \frac{\pi d_1^2}{4}; \quad f_2 = \frac{\pi d_2^2}{4};$$

$\mu = 0{,}84 - 0{,}0005\,t;$ $t = $ Temperatur des Rohlings;

$\alpha = $ Neigungswinkel der Matrize; $k_f = $ Formänderungswiderstand;

$\xi = 2 d_1 : (d_1 + d_2);$ $\sigma_f = $ Fließgrenze.

In der Praxis hat man die Erfahrung gemacht, daß ein Rohling im Querschnitt $f_2 - f_0$ abreißt, wenn man mehr als 20 bis 25% von dem

<hr>

[1] SIEBEL. E.: Die Formgebung im bildsamen Zustand. Düsseldorf: Stahleisen 1932 — F. KÖRBER, u. A. EICHINGER: Die Grundlagen der bildsamen Verformung. Düsseldorf: Stahleisen 1940.

[2] A. GELEJI: Fußnote S. 5.

Querschnitt $f_1 - f_0$ in einem Zuge herunterzieht. Man leitet aus dieser Beobachtung die einfache Gleichung ab:

$$P_z = 0{,}2 \quad \text{bis} \quad 0{,}25\,(f_1 - f_0)\,W_z$$

Darin bedeuten:

$P_z =$ statische Druckkraft der Ziehpresse;

$W_z =$ Erfahrungswert für den spez. Ziehwiderstand;

$f_0 =$ Dornquerschnitt.

Der Ziehwiderstand richtet sich nach der Blocktemperatur und ist sehr unterschiedlich. Wird die Temperatur gut gehalten — z. B. beim Flaschenziehen auf großen Ziehpressen für eine Druckkraft von etwa 1000 bis 3000 t —, so rechnet man mit einem Wert von $W_z = 600$ bis 450 kg/cm² für Kohlenstoffstahl. Er ändert sich von $W_z = 1800$ bis 600 kg/cm² bei Pressen mit einer Druckkraft von etwa 125 bis 1000 t und stark abfallender Blocktemperatur.

Für das Verhältnis der Druckkräfte bei einem Pressenpaar, bestehend aus einer Loch- und Ziehpresse, gibt es die Faustregel $P_z \cong 0{,}5$ bis $0{,}6\,P_L$, wobei P_L die Druckkraft der Lochpresse bedeutet.

Beim Ziehen muß noch die Bedingung erfüllt sein

$$P_z = d_0\,\pi\,s\,k_s.$$

Darin ist:

$d_0 =$ Dorndurchmesser, $s =$ Bodenstärke, $k_s =$ Warmschubfestigkeit,

d. h., der Boden des Rohlings muß so stark sein, daß er vom Dorn nicht abgeschert wird.

Abb. 16 zeigt die Arbeitsvorgänge bei der Herstellung eines Hohlkörpers (s. auch Tab. 8) mit einem Außendurchmesser von 700 mm, einer Wandstärke von 50 mm und einer Länge von etwa 7 m. Auf der Lochpresse wird ein Achtkantblock im Gewicht von etwa 6300 kg mit einer Druckkraft von etwa 2500 t gelocht. Der Rohling erhält einen mittleren Außendurchmesser von 920 mm, einen Innendurchmesser von etwa 600 mm und eine Länge von etwa 2100 mm. Auf der Ziehpresse erfolgt zunächst eine Querschnittsabnahme des Rohlings in vier Zügen. Sie beginnt mit etwa 26% beim ersten Zug und verringert sich infolge der Temperaturabnahme auf etwa 16% beim vierten Zug. Die Ziehkraft beträgt etwa 1500 t.

Beim Aufschieben des Rohlings auf den Dorn fährt man gegen eine volle Scheibe. Nach jedem Zug fällt der benutzte Ziehring auf den Dorn und bleibt auf ihm liegen. Nach dem vierten Zug wird der Hohlkörper vom Ziehdorn abgestreift. Im unteren Bild sind die beiden letzten Züge dargestellt nach vorhergehendem Aufwärmen des Hohlkörpers.

Will man einen Hohlkörper mit großem Innendurchmesser ohne Verwendung einer außergewöhnlich starken Lochpresse herstellen, so weitet man den Rohling nach dem Lochen bzw. vor dem Ziehen nach

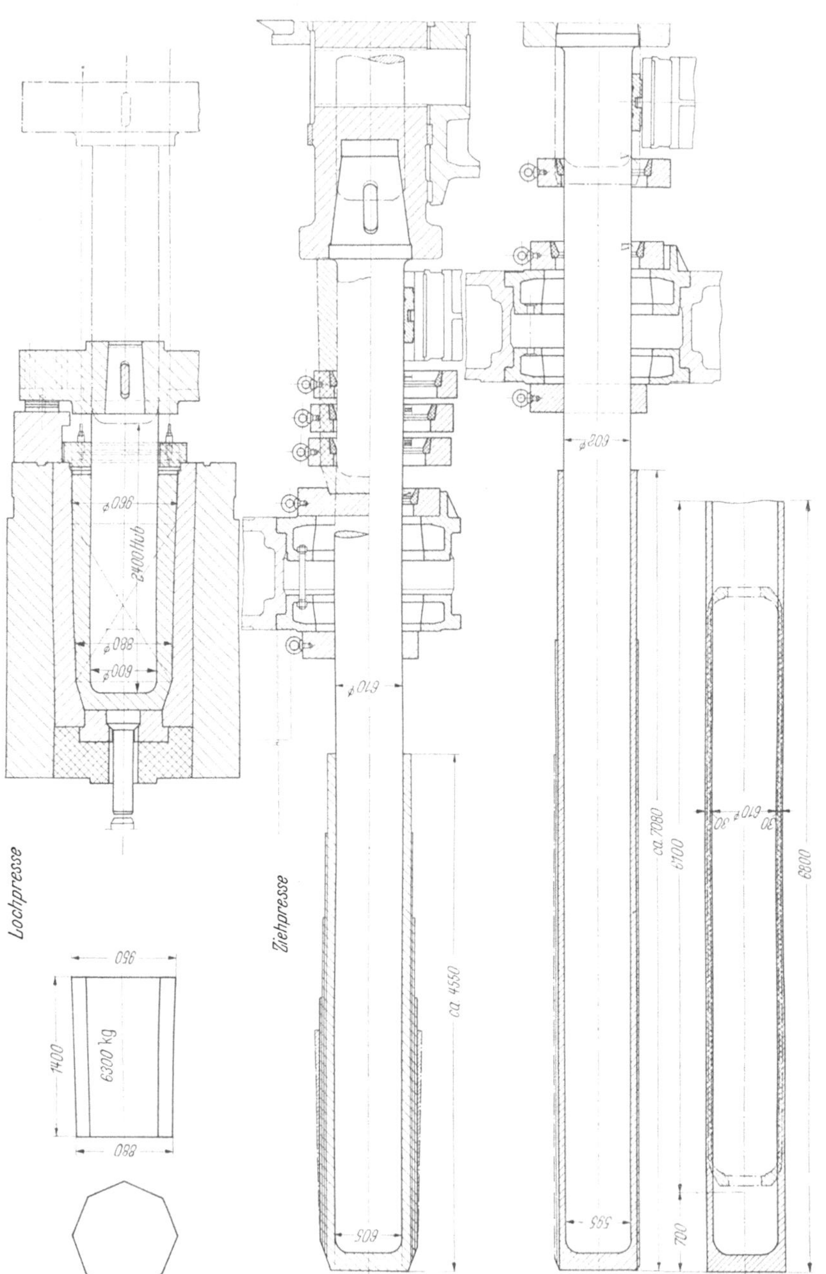

Abb. 16. Arbeitsvorgänge auf einer Loch- und Ziehpresse bei der Herstellung von nahtlosen Hochdruckflaschen.

Abb. 17 auf (siehe auch Abb. 27). Bei diesem Arbeitsvorgang wendet man zwei Dorne *a* und *b* an, die schwenkbar sind und nacheinander

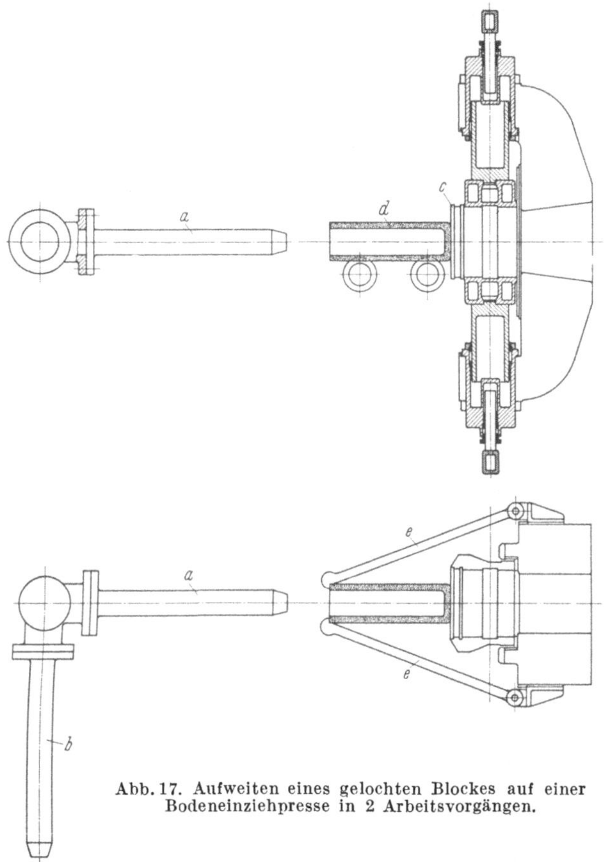

Abb. 17. Aufweiten eines gelochten Blockes auf einer Bodeneinziehpresse in 2 Arbeitsvorgängen.

in den gegen eine Platte *c* abgestützten Rohling *d* eingedrückt werden. Beim Herausziehen des Dornes halten die Stangen *e* den Rohling fest.

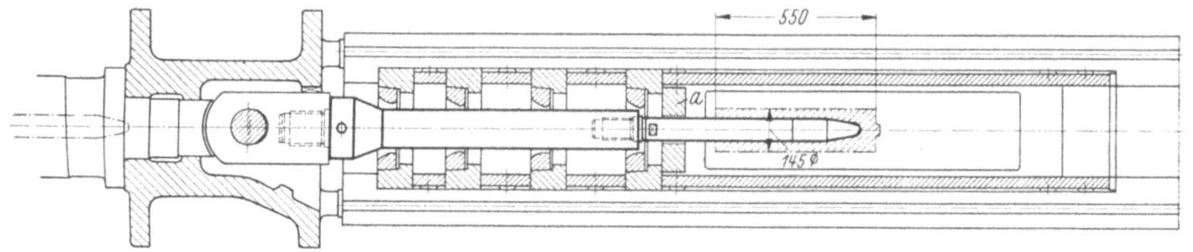

Abb. 18. Anordnung der Ziehringe und einer von Hand eingelegten Abstreifplatte bei der Herstellung von Geschoßhülsen.

In Abb. 18 sind die Werkzeuge zum Ziehen einer Geschoßhülse dargestellt. Die Hülse wird in einem einzigen Zuge hergestellt, wobei sie nacheinander vier Ziehringe durchläuft. Die Abstände der Ringe sind so groß, daß ein Teilzug immer erst beginnt, wenn der vorhergehende den ihm zugeordneten Ring freigegeben hat. Der hinter dem letzten Ziehring gezeichnete Abstreifer *a* wird nach jedem Zuge von Hand eingelegt und hat deshalb eine Hufeisenform. Zur Vermeidung der Einlegearbeit kann man auch nach Abb. 19 einen Abstreifer mit zwei federbe-

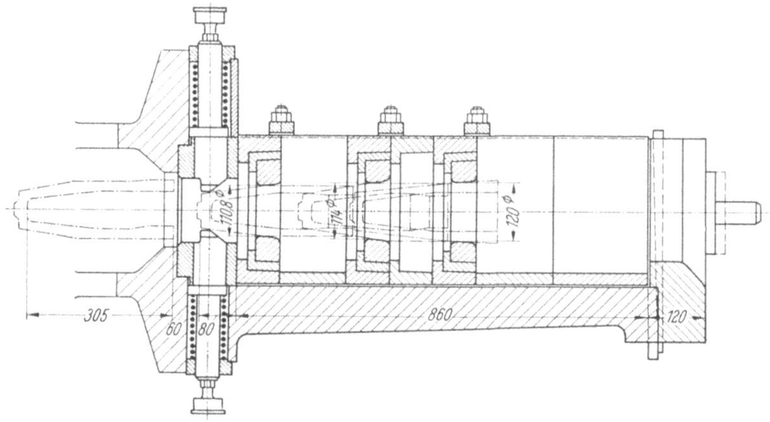

Abb. 19. Ziehbett mit Klinken zum selbsttätigen Abstreifen der Geschoßhülsen
in der Hubendlage.

lasteten Klinken hinter dem Ziehbett anordnen, wodurch man aber an eine feste Stellung des Abstreifers gebunden ist und immer den ganzen Hub zurücklegen muß.

Der Dorn wird in der Regel etwas konisch und zum leichten Aufbringen des Rohlings etwa 5 bis 10 mm kleiner als der Lochdurchmesser gehalten. Die Konizität beträgt 1 : 250. Das vordere Dornende ist auswechselbar und eingeschraubt, da es einem größeren Verschleiß ausgesetzt ist.

Für die Ziehpressen gibt es verschiedene Ausführungen. Man unterscheidet:

1. Ziehpressen mit festem Ziehdorn. Sie werden hauptsächlich verwendet, wenn ein kurzer Rohling in einem Zuge durch mehrere hintereinanderliegende Ziehringe fertig gezogen wird, wie es zum Beispiel bei der Herstellung von Geschoßhülsen üblich ist. Der Ziehhub muß also um die Länge des Rohlings größer gewählt werden.

Beim Ziehen von langen Hohlkörpern auf schweren Pressen nach Abb. 25 schiebt man den Rohling mit einem Kran auf den Ziehdorn und legt dann erst die Ziehringe in das Bett bzw. vor die Ziehtraversen.

2. Ziehpressen mit ausschwenkbarem Ziehdorn. Diese Pressen eignen sich besonders zum Ziehen von langen Hohlkörpern, z. B. von

Flaschen. Man kann in diesem Falle den Rohling vor dem Ziehen auf den ausgeschwenkten Dorn schieben und dadurch große Leerhübe vermeiden sowie auf Vordruckeinrichtungen verzichten.

3. Ziehpressen mit einem Ziehbett oder mit Ziehtraversen. In dem Ziehbett werden die Ziehringhalter in Rillen eingelegt oder mit Distanzstücken auf bestimmte Entfernungen eingestellt. Man benutzt das Ziehbett meistens für kleine Pressen zum Ziehen von Geschoßhülsen. Bei großen Ziehpressen wendet man mit Rücksicht auf einen geringen Materialaufwand zweckmäßig Ziehtraversen an, die an den Verbindungssäulen mit zweiteiligen Distanzhülsen festgelegt werden.

Die Pressen werden mit schräg- und horizontalliegenden Säulen ausgeführt. Bei der Anordnung eines Schwenkdornes ist die schräge Säulenstellung allgemein üblich; die Presse hat in diesem Falle den Vorteil der guten Zugänglichkeit.

Abb. 20 zeigt eine 750 t-Ziehpresse für Akkumulatorbetrieb mit festem Ziehdorn und einem Hub von 5,5 m. Der Zylinderholm a ist durch zwei

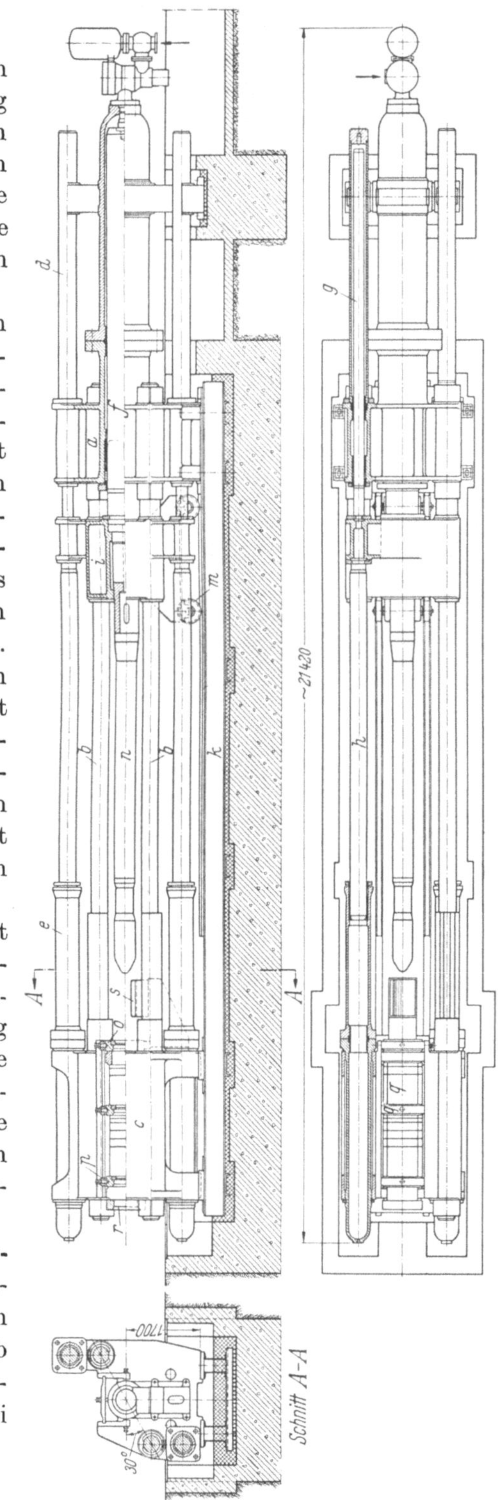

Abb. 20. 750 t-Ziehpresse mit feststehendem Dorn in der beweglichen Ziehtraverse. (Ausführung Eumuco A. G., Leverkusen-Schlebusch.)

schräg unter einem Winkel von 30% liegende Säulen *b* mit dem Ziehbett *c* verbunden. Über bzw. unter jeder Säule liegt auf der Zylinderholmseite ein Vordruckzylinder *d* und auf der Ziehbettseite ein Rückzugzylinder *e*. Sämtliche Plunger *f, g* und *h* greifen an der beweglichen Ziehtraverse *i* an, die auf dem Grundrahmen *k* mit vier Rollen *m* läuft. Der Ziehdorn *n* ist in dem Kopfende des Plungers *f* mit einer Keilverbindung befestigt. In dem Ziehbett *c* liegen drei Ziehringe in den

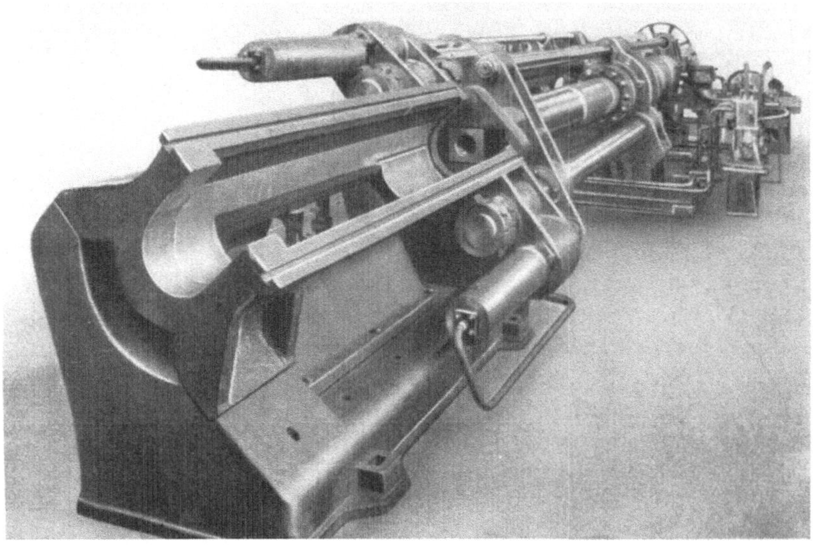

Abb. 21. Werkstattmontage einer 250 t-Ziehpresse mit schrägliegendem Bett, Ausfallöffnung und Abdrückzylindern. (Ausführung Hydraulik G.M.B.H., Duisburg.)

Ziehringhaltern *o*, die mit Druckschrauben in den Brücken *p* gesichert sind und sich an der Bettwand abstützen. Der mittlere Ziehring wird durch die Distanzstücke *q* festgehalten. Hinter dem Bett ist der Abstreifer *r* und vor ihm der Unterstützungsbock *s* angeordnet.

Alle Zylinder sind zweiteilig und an den Teilstellen mit Führungsbüchsen für die Plunger versehen, damit sie sich durch ihr Eigengewicht nicht durchbiegen können. Die Rückzugkraft ist in Anbetracht des großen Widerstandes beim Abstreifen verhältnismäßig groß und beträgt etwa 280 t; die Vordruckkolben lassen sich auf konstanten Druck einstellen, wodurch sich die Rückzugkraft und der Wasserverbrauch nach dem Abstreifen der Hülsen um etwa 50% verringern.

Wird die gleiche Presse mit einem Schwenkdorn versehen, so kann man wegen des kleinen Leerhubes auf die Vordruckkolben verzichten. Zur Erhöhung der Rückzugkraft beim Abstreifen sieht man in diesem

Falle am Ziehbett zwei Abstreifzylinder vor, deren Kolben die normale Rückzugkraft verdoppeln. Der Abstreifhub entspricht ungefähr der max. Länge des Hohlkörpers und wird im Zylinder begrenzt. Die Kolben haben mit der beweglichen Ziehtraverse keine Verbindung und bleiben nach beendetem Abstreifhub stehen. Aus Abb. 21 geht die Konstruktion eines Ziehbettes mit Abdrückzylindern hervor. Das Bett ist abweichend von Abb. 20 schräg angeordnet und besitzt im Boden eine lange Öffnung zum Durchfallen der gezogenen Hohlkörper.

Abb. 22. Werkstattmontage einer 3000 t-Ziehpresse für die Herstellung von Hochdruckflaschen. (Ausführung Hydraulik G.M.B.H., Duisburg.)

Abb. 22 zeigt eine Ziehpresse für eine Druckkraft von 3000 t und 9 m Hub während der Werkstattmontage. Sie dient zur Herstellung von Flaschen mit einem Durchmesser bis etwa 1300 mm und 7 m Länge. Der Ziehdorn ist ausschwenkbar und anstelle eines Ziehbettes sind zwei Ziehtraversen vorgesehen, von denen die erste fest und die zweite einstellbar ist. Da man die Abdrückzylinder an der festen Ziehtraverse schlecht unterbringen kann, erhöht man die Rückzugkraft mit einem Druckübersetzer, den man verhältnismäßig klein ausführt und, wenn nötig, mehrere Male hintereinander auf die Rückzugzylinder schaltet.

Aus Abb. 23 geht die Konstruktion einer selbsttätig arbeitenden Abstreifvorrichtung hervor. Sie besteht aus 2 zangenförmigen, hinter der Ziehtraverse angeordneten Hebeln, die durch Federkraft in der gezeichneten, geschlossenen Stellung gehalten werden. Die Hebel öffnen sich, wenn der Rohling beim Ziehen gegen die auswechselbaren, mit Schrauben in der Innenbohrung befestigten Einlaufstücke fährt.

Die Konstruktion des Zylinderholmes mit dem beweglichen Laufholm, der den Schwenkdorn aufnimmt, ist aus Abb. 24 ersichtlich. Der Zylinderholm a nimmt drei gleiche, nebeneinanderliegende Arbeitszylinder *b* auf, Die Plunger *c* sind zur Verringerung des Eigengewichtes hohl gebohrt und werden zur Vermeidung der Durchbiegung an ihren Enden in den Zylindern geführt. Je nach der Schaltung der einzelnen Zylinder auf Druck kann man mit 1000, 2000 oder 3000 t Ziehkraft arbeiten und sich veränderlichen Flaschenabmessungen anpassen.

Der Laufholm *d* gleitet an zwei Säulen *e*; die Anordnung der Rückzugplunger *f* entspricht der Darstellung in Abb. 20. Der Ziehdorn ist

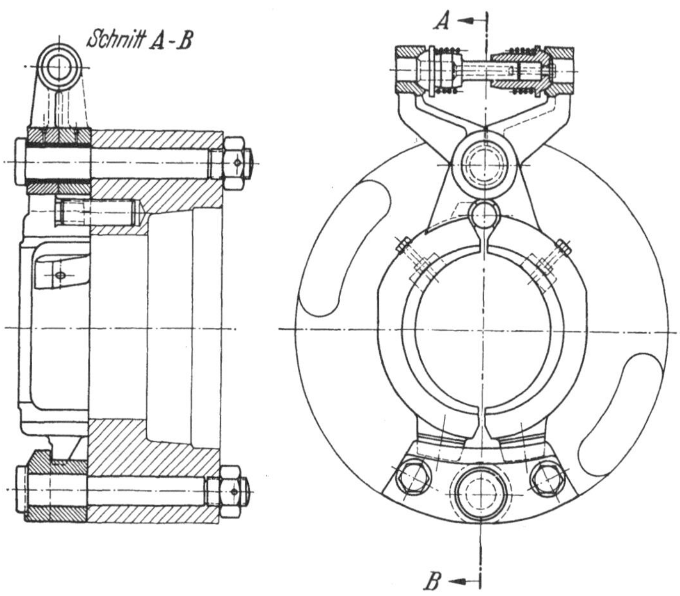

Abb. 23. Ziehtraverse mit angebauter selbsttätig wirkender Abstreifvorrichtung.

mit einer Keilverbindung in dem Dornhalter *g* befestigt, der um den Bolzen *h* gedreht wird. Zur Führung des Dornhalters beim Drehen dienen die Leisten *i*; die Druckübertragung auf den Laufholm findet an den Flächen *k* statt, so daß der Bolzen *h* entlastet bleibt. An den Enden des Bolzens sind die Hebel *l* aufgekeilt; sie stehen unter der Einwirkung von zwei kleinen Kolben *m*, deren zugehörige hydraulische Zylinder *n* im Zylinderholm liegen.

Der Ziehdorn ruht — auch während der Schwenkbewegung — auf einer Schlepptraverse *o* mit dem Gleitschuh *p*. Die Schleppstangen *q* haben Anschläge *r*, an welchen der Laufholm beim Vor- und Rückwärtsfahren die Traverse mitnimmt.

Eine Ziehpresse für eine Druckkraft von 1500 t und 10 m Hub mit feststehendem Ziehdorn sowie einer festen und zwei verstellbaren Zieh-

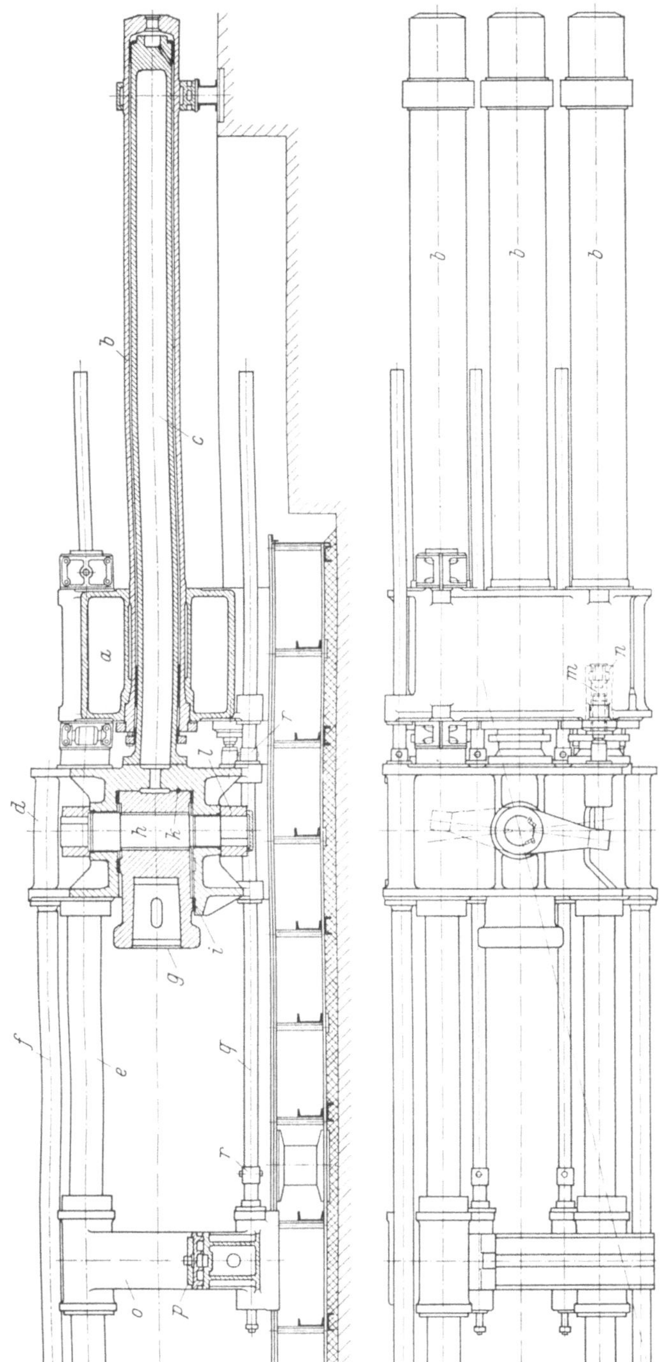

Abb. 24. Anordnung der Arbeitszylinder, des Schwenkdornes und des Dornauflagers bei der Ziehpresse nach Abb. 22.

traversen ist in Abb. 25 dargestellt. Die Presse besitzt für die Ausführung des Leerhubes und das Aufschieben des Rohlings auf den Ziehdorn zwei Vordruckkolben. Der mittlere Ziehzylinder enthält einen doppeltwirkenden Arbeitskolben, wodurch besondere Rückzugzylinder nicht erforderlich sind. Wird beim Ziehen die Rückzugkraft nicht gesteuert, d. h. läßt man sie konstant als Gegenkraft wirken, so erhält

Abb. 25. Werkstattmontage einer 1500 t-Ziehpresse. (Ausführung Schloemann A. G., Düsseldorf.)

man eine zweite Druckstufe für die Herstellung von kleinen Flaschen. Diese Bauart hat den Vorteil, daß sich auf der Pressenseite, wo die Ziehtraversen liegen, keine Zylinder befinden; dafür muß aber die Kolbendichtung in Kauf genommen werden.

Abb. 26 zeigt die Konstruktion des beweglichen Laufholmes und die Anordnung der Ziehtraversen. Der Plungerkopf a ist mit dem Dornhalter b im Laufholm c durch einen Ring d verbunden, der die Rückzugkraft aufnehmen muß; die Schlepptraverse e dient zur Unterstützung der Vordruckkolben. Der Laufholm gleitet an den beiden horizontal liegenden Säulen f, die auf dem Grundrahmen g mit Stützböcken h gelagert sind. Die Ziehtraverse i ist feststehend, während die beiden Traversen k und l durch zweiteilige Hülsen m auf verschiedene Abstände eingestellt werden können. Zur Unterstützung des Ziehdornes und zur Aufnahme des Rohlings vor und nach dem Ziehen sind mehrere im Grundrahmen verfahrbare Böcke n vorgesehen. Jeder Bock besitzt eine

Stützrolle *o*, die mit einem
hydraulischen Zylinder *p* gehoben wird, der sich über einem
festen Plunger *q* bewegt, wobei
die Führungsstangen *r* die Rollen gegen Verdrehen sichern.
Die bewegliche Druckleitung
besteht aus den Gelenkrohren *s*.

Die Konstruktion der in
Abb. 17 schematisch dargestellten Aufweitpresse, mit
der auch die Hohlkörper an
den Enden zugekümpelt werden können, geht aus Abb. 27
u. 28 hervor. Ein doppeltwirkender Kolben *a* läuft in
dem Zylinder *b*, der in dem
Holm *c* eingesetzt ist, über
dem sich der Bedienungsstand
mit den Steuerungen *d* befindet. Die Verbindung des Holmes mit dem Ständer *e* erfolgt
durch die beiden, schräg liegenden Säulen *f*, an welchen
die bewegliche Traverse *g* mit
dem schwenkbaren Dornhalter *h* geführt wird. Der Halter
sitzt auf dem Bolzen *i* mit dem
Ritzel *k* und den hydraulisch
angetriebenen Zahnstangen *l*.

In der vertikalen Achse des
Ständers liegen oben und unten zwei Zylinder *m*, mit den
sich zwangläufig gegeneinander bewegenden Plungern *n*.
An den Plungern sind die
Werkzeughalter *o* befestigt,
zur Aufnahme von zwei halbschalenförmigen Gesenken,
womit die fertig gezogenen Flaschen an den Enden eingezogen werden, siehe auch Abb. 75.

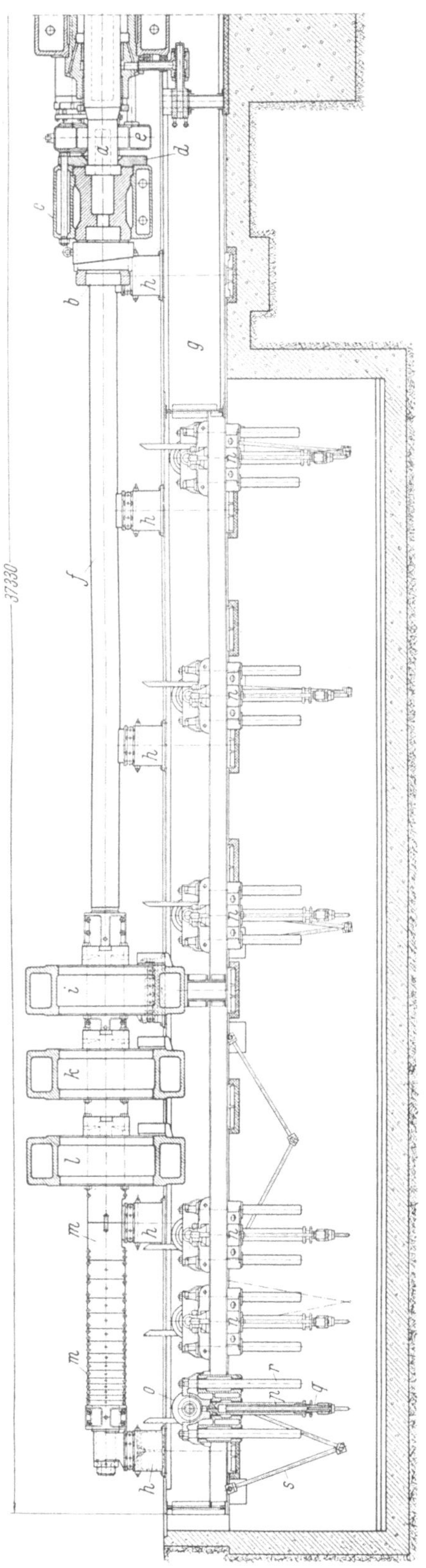

Abb. 26. Anordnung der Ziehtraversen und Stützböcke bei der Ziehpresse nach Abb. 25.

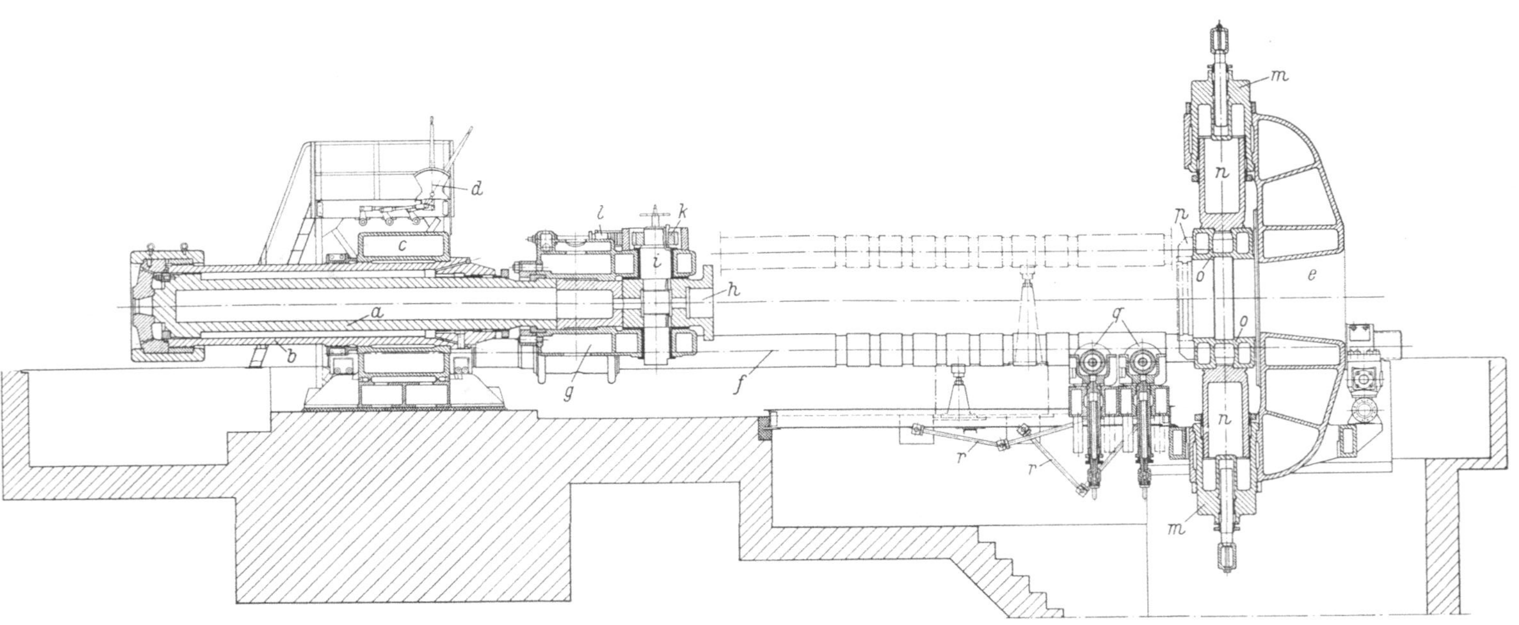

Abb. 27. Kombinierte 2000 t-Aufweitpresse und 800 t-Bodeneinziehpresse zur Herstellung von Hochdruckflaschen. (Ausführung Schloemann A. G., Düsseldorf.)

Abb. 28. Betriebsaufnahme der kombinierten Presse nach Abb. 27.

Vor den Werkzeughaltern liegt nach Abb. 29 eine Platte zum Abstützen der Rohlinge beim Aufweiten. Sie ist um die obere Säule schwenkbar und wird mit zwei Segmenten p gehalten.

Zwei fahrbare Rollenböcke q mit Gelenkrohren r dienen zur Auflage der Hohlkörper und haben die gleiche Bauart wie die Böcke nach Abb. 26.

Abb. 30 zeigt drei Pressenpaare zur Herstellung von Geschoßhülsen mit einem Kaliber von etwa 15 cm. Diese Bauart wird heute nur noch zum Lochen

Abb. 29. Anordnung der schwenkbaren Druckplatte an der kombinierten Presse nach Abb. 27 zur Verwendung als Gegenlager beim Aufweiten von gelochten Blöcken.

und Ziehen von großen Hülsen benutzt; sie ist für kleinere Hülsen zweckmäßiger gestaltet worden durch die sogenannte Drillingspresse, die in Abb. 31 dargestellt ist.

Die Presse besteht aus einer mittleren Lochpresse in Ständerbauart und aus zwei seitlichen, am Ständer angeordneten Ziehpressen. Die Lochpresse ist mit einem einschwenkbaren Stauchstempel versehen,

Abb. 30. Vertikale 400 t-Lochpressen und horizontale 175 t-Ziehpressen für die Herstellung von Geschoßhülsen.

um vor dem Lochen das Ende des Rohlings konisch anstauchen zu können. An der Konstruktion der Ziehpressen ist besonders hervorzuheben, daß der Ziehdorn feststeht und das Bett mit dem Ziehring von unten nach oben bewegt wird. Für die Aufwärtsbewegung sind je zwei im Ständerfuß eingesetzte Arbeitzylinder und für die Rückzugbewegung je zwei entsprechende Zylinder am Ständerkopf vorgesehen. Der von der Lochpresse kommende Rohling läßt sich bequem auf den ersten Ziehring aufsetzen (Abb. 31 links); die Beweglichkeit des Ziehbettes hat den Vorteil, daß man die vom Dorn abgestreifte Hülse durch eine Mulde auf Flurhöhe abfallen lassen kann, (Abb. 31 rechts). Die Presse baut sich durch die doppelte Verwendung des Ständers verhältnismäßig leicht und gestattet, durch die Anwendung von zwei Ziehpressen bei kürzesten Transportwegen eine hohe Produktion, die je nach Größe des Kalibers stündlich zwischen 60 und 150 Hülsen schwankt.

Die für die Ziehpressen verwendeten Werkstoffe sind:

Stahlformguß GS 45   für alle gegossenen Teile, z. B. Zylinderholme, Ziehbetten, Ziehtraversen, Stützböcke, zweiteilige Säulenmuttern, Schlepp- und Rückzugtraversen, Stützrollen usw.,

Schmiedestahl St 50   für Säulen, Preß- und Rückzugzylinder, Rückzugstangen, Steuergehäuse usw.,

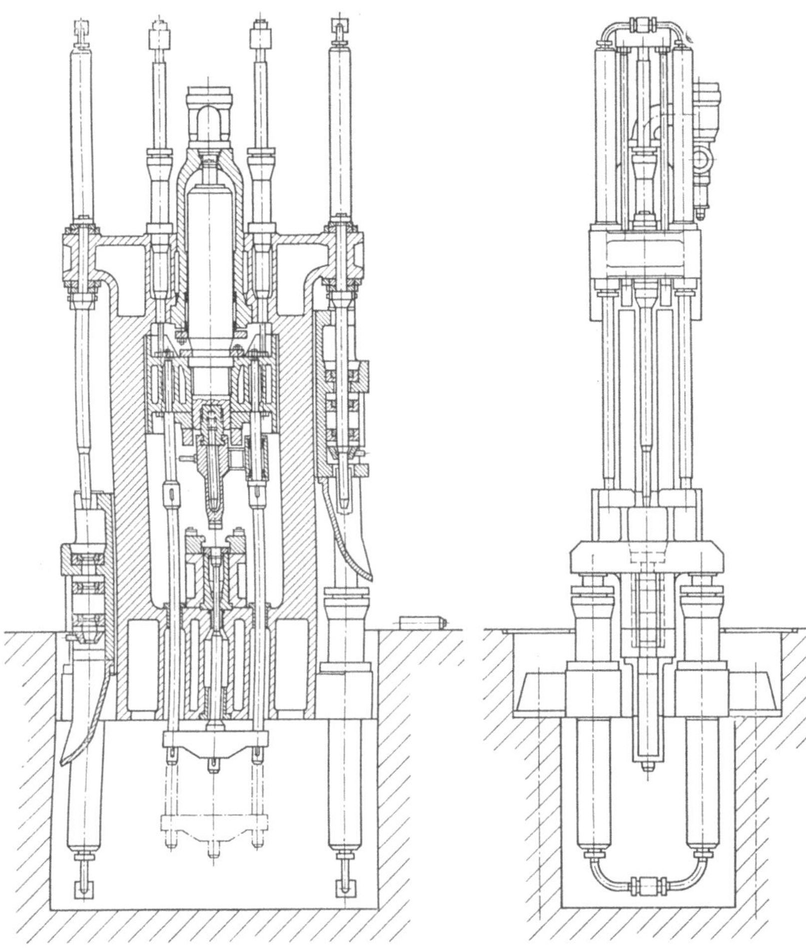

Abb. 31. Drillingspresse mit Stauchvorrichtung zur Herstellung von Geschoßhülsen für ein Kaliber von max. 15 cm. (Ausführung Hydraulik G. m. b. H., Duisburg.)

Schmiedestahl C 35.16 möglichst mit gasgehärteter Oberfläche für Plunger,
Legierter Stahl mit 120 kg/mm Festigkeit für Ziehringe,
Legierter Stahl mit 90 bis 110 kg/mm Festigkeit für Ziehdorne.

Die Arbeitsweise einer Ziehpresse mit Abdrückzylindern geht aus dem Steuerschema nach Abb. **32** hervor. Die Ziehpresse besitzt wegen der kleinen Leerhübe durch Anordnung eines Schwenkdornes keine Vorfülleinrichtung und infolgedessen nur eine einfache Vierventilsteuerung mit einer Drosselschraube zur Einstellung verschiedener Ziehgeschwindigkeiten und einem Drosselpfropfen zur Festlegung der Rückzuggeschwindigkeit.

Die Ventilhübe in den verschiedenen Steuerstellungen können aus dem Ventilerhebungsdiagramm abgelesen werden. Das Rückschlagventil *5* verhindert die Entstehung eines Überdruckes im Rückzug-

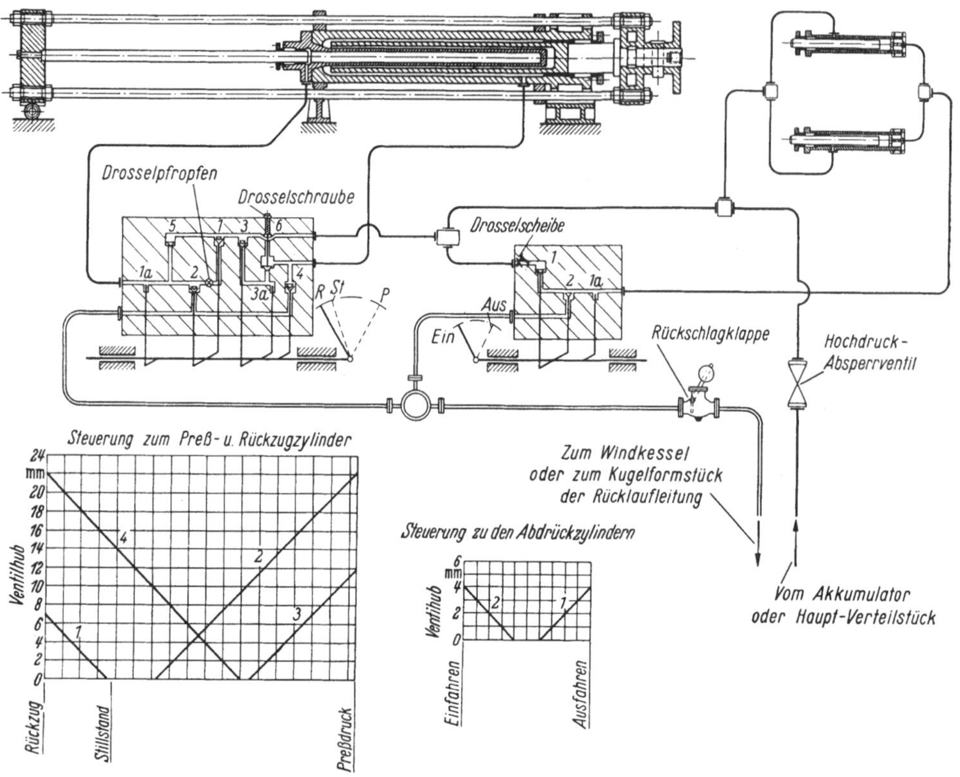

Abb. 32. Steuerschema für eine Ziehpresse mit Abdrückzylindern.

zylinder bei falscher Ventileinstellung. Die Entlastungsstifte *1a* und *3a* halten die Steuerwelle im Gleichgewicht (s. auch S. 241).

Für die Bewegung der beiden Abdrückkolben ist eine einfache Zweiventilsteuerung vorgesehen. Die Rückzugseiten sind mit der konstanten Druckleitung verbunden (s. S. 236).

c) Kaltfließpressen.

Der ungeheure Bedarf an kleinkalibriger Artilleriemunition — besonders für die Flugzeug- und Panzerabwehr — gab im letzten Kriege Veranlassung nach besseren und billigeren Herstellungsverfahren zu suchen, wobei es gelang, die Geschoßhülsen unter hohem Druck aus kalten

Stahlblöcken zu pressen. Man benutzte hierzu mechanische Pressen, auf welchen der Block zuerst aufsteigend gelocht und anschließend in einem oder mehreren Arbeitsvorgängen zu einer Hülse ausgespritzt wurde, Abb. 33. Der Werkstoff wird nach dem Lochen also nicht gezogen, sondern durch einen Ringquerschnitt verdrängt, der durch eine Matrize und den Lochdorn entsteht. Hand in Hand damit ging

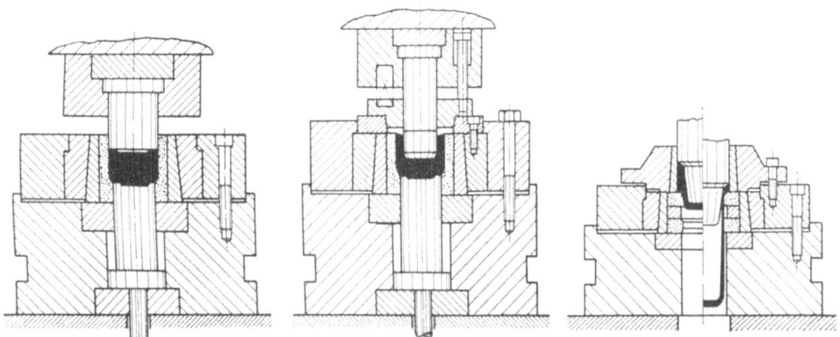

Abb. 33. Werkzeuge und Arbeitsvorgänge beim Kaltfließpressen von Hülsen. (Nach E. CRANE: Sheet Metal Industries, Juni 1953.)

die Werkstofforschung, um einen Stahl zu erzeugen, der sich kalt in so hohem Maße verformen läßt und trotzdem die Eigenschaften eines Sprengkörpers behält.

Die großen Vorteile des Kaltfließpressens bestehen vorwiegend in der Genauigkeit und in der Glätte des gepreßten Körpers, wodurch die ganze Bearbeitung einer Hülse mit Ausnahme des Eindrehens der Nute für den Führungsring fortfällt. Die Folge davon ist wieder eine große Werkstoffersparnis, da das Einschmelzen der Späne mit einem starken Abbrand verbunden ist.

Die wesentlichsten Schwierigkeiten, die sich den ersten Versuchen entgegenstellten, bestanden in dem Verschleiß der teuren Werkzeugstähle. Er wurde auf ein erträgliches Maß verringert durch das sogenannte „Bondern" des Rohlings; man versteht darunter das Überziehen der Oberfläche mit einer Phosphatschicht, die Schmiereigenschaften besitzt und Riefenbildungen vollkommen unterbindet.

Während man in Deutschland bis zur Beendigung des Krieges im Kaltfließpreßverfahren nur Hülsen mit einem Durchmesser bis max. 7,5 cm herstellte hat man in den USA nach dieser Zeit dieses Verfahren weiterentwickelt bis zu einem Kaliber von 10,5 cm (Abb. 34). Hierfür benutzt man keine mechanischen Pressen mehr; die Hohlkörper werden auf schweren hydraulischen Pressen hergestellt, für die vorzugsweise direkter Betrieb durch Öldruckpumpen gewählt wird.

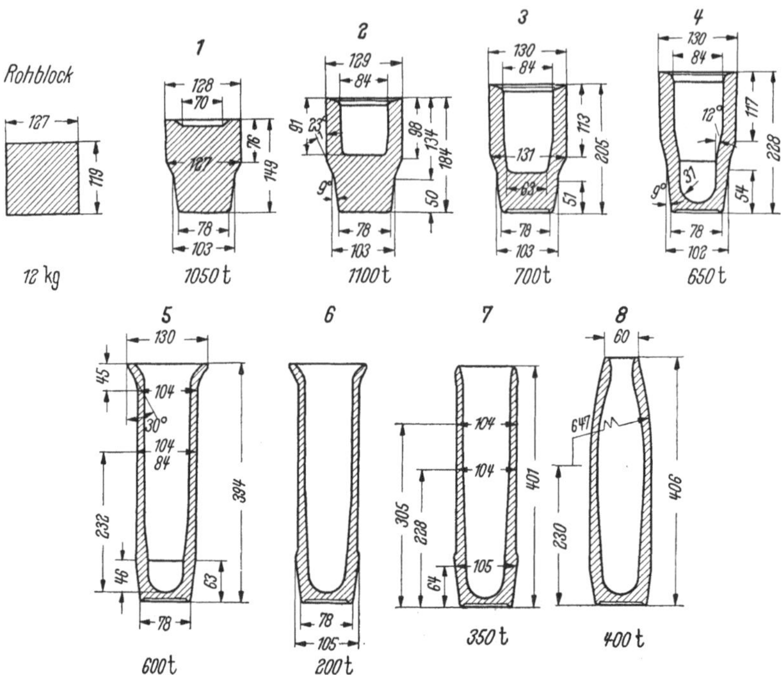

Abb. 34. Arbeitsstufen beim Kaltfließpressen von 10,5 cm Geschoßhülsen. (Nach W. Trinks: Mechanical Engineering, Oktober 1952.)

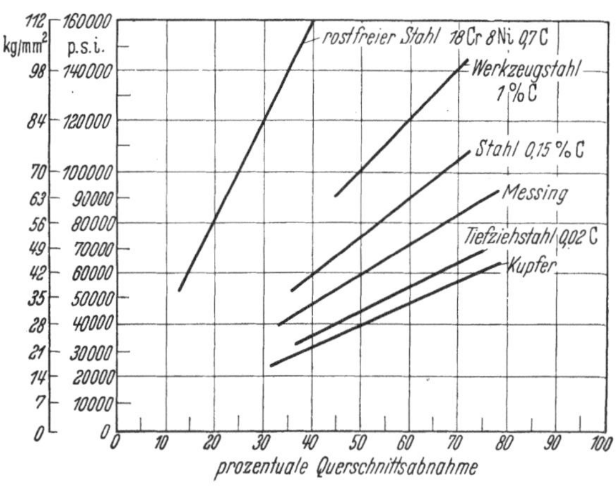

Abb. 35. Verlauf der spez. Druckkräfte in Abhängigkeit von der Querschnittsabnahme beim Kaltfließpressen von Stählen, Messing und Kupfer. (Nach E. V. Crane: Sheet Metal Industries, Juni 1953.)

Die Bestimmung der Druckkraft für Kaltfließpressen erfolgt nach den Erfahrungen mit ausgeführten Anlagen[1], wofür aus Abb. 35 einige, verschiedenen Werkstoffen zugeordnete Zahlenwerte entnommen werden können.

---

[1] Feldmann H. D.: Untersuchungen über den Kraft- und Arbeitsbedarf beim Kaltfließpressen verschiedener Stahlsorten. Stahl u. Eisen Bd. 73 (1953) Nr. 3.

Abb. 36 zeigt vier nebeneinanderstehende Kaltfließpressen mit direktem Öldruck-Pumpenantrieb für eine Druckkraft von je 4000 t zur Herstellung von Hohlkörpern aller Art; einige Musterstücke sind in Abb. 37 dargestellt.

Jede Presse besitzt einen geschlossenen, mehrteiligen Rahmen, der aus einem Ober- und Unterholm besteht, die durch vier Säulen mit-

Abb. 36. 4000 t ölhydraulische Kaltfließpressen mit Einzelantrieb. (Ausführung HPM The Hydraulic Press Manufacturing Company, Mount Gilead, Ohio, USA.)

einander verbunden sind. Die Säulen werden zwischen den Holmen mit Seitenwangen umgeben, an welchen sich der bewegliche Preßtisch mit nachstellbaren Leisten führt. Der doppeltwirkende Arbeitskolben wird im oberen Zylinder mit Kolbenringen und nach außen mit einer vulkanisierten Gewebepackung durch eine Stopfbüchse abgedichtet. Die Antriebspumpe ist mit einem Elektromotor direkt gekuppelt und auf einem Konsol angeordnet, das sich seitlich am Oberholm befindet. Für das Ausstoßen der gepreßten Hohlkörper wird zweckmäßig ein Gestänge nach Abb. 7 benutzt, das unter dem Einfluß der Rückzugkraft steht.

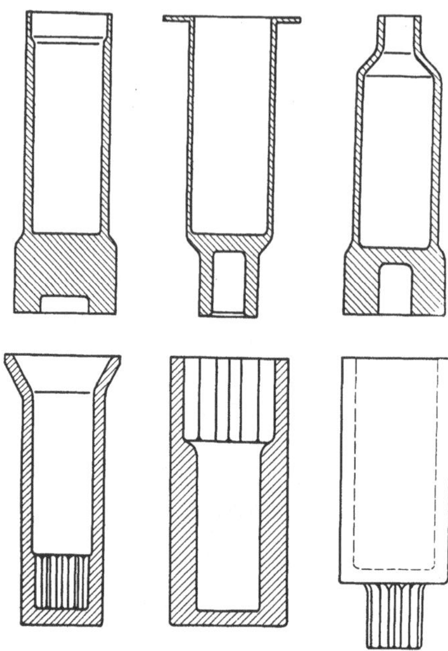

Abb. 37. Muster von Preßteilen, hergestellt auf den Kaltfließpressen nach Abb. 36.

Die max. Pumpenleistung ist zur Erzielung einer Arbeitsgeschwindigkeit von etwa 20 bis 30 mm/sek bemessen. Die Leergangsgeschwindigkeiten betragen etwa 250 bis 300 mm/sek.

Die Wirkungsweise der Presse geht aus Abb. 38 hervor. Der Kolben a läuft im Zylinder b. Beim leeren Abwärtsgang fließt das Öl in der angegebenen Pfeilrichtung von der Unterseite des Kolbens durch die Leitung g auf die Saugseite der Pumpe c, deren Fördermenge zur Regulierung der Kolbengeschwindigkeiten durch Verstellung des Pumpenhubes veränderlich ist. Die Einstellung erfolgt durch einen Servomotor d, der mit einem Schieber und dem Antriebshebel e gesteuert wird. Die Pumpe drückt das Öl durch die Leitung f auf die obere Kolbenseite. Die max. Kolbengeschwindigkeit im Leergang richtet sich nach dem

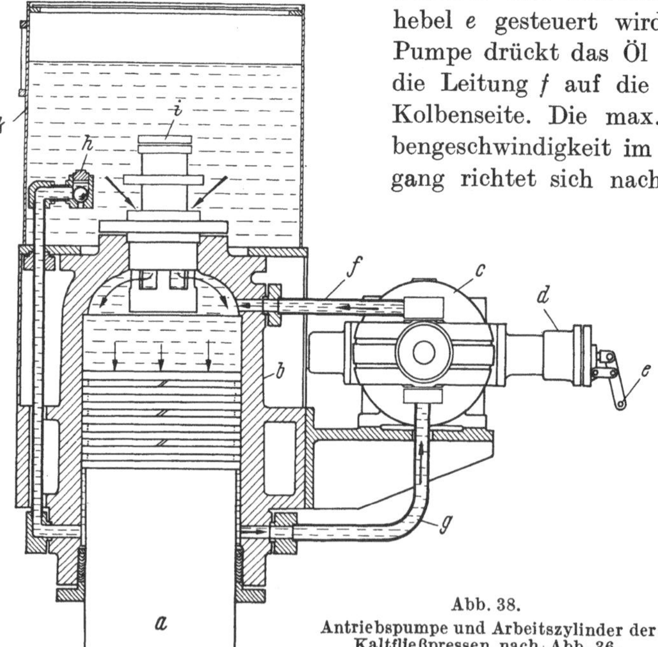

Abb. 38.
Antriebspumpe und Arbeitszylinder der Kaltfließpressen nach Abb. 36.

Saug- oder Schluckvermögen der Pumpe, das der Fördermenge entspricht. Bezeichnet Q die Fördermenge in l/min und f die Rückzugkolbenfläche in dm², so beträgt die Kolbengeschwindigkeit $v_{1\,max} = Q : f$ dm/min. Bei dem schnellen Abwärtsgang reicht die Fördermenge natürlich nicht aus, um den Zylinderraum über dem Kolben aufzufüllen; deshalb tritt zusätzliches Öl aus dem Sammelbehälter k durch das als Rückschlagventil wirkende Füllventil i in den Zylinder ein.

Nach Beendigung des Leerhubes setzt der Arbeitshub ein. Die Pumpe fördert ununterbrochen, nunmehr aber unter hohem Druck weiter, wobei sich die Bewegung des Arbeitskolbens erheblich verlangsamt und das Füllventil durch den im Zylinder herrschenden Druck geschlossen wird. Die größte Kolbengeschwindigkeit erhält man demnach zu: $v_{2\,max} = Q : F$, wenn F die Fläche des Arbeitskolbens angibt. Da die Ölförderung wesentlich größer ist als die von der Kolbenunterseite zufließende Ölmenge, muß zusätzliches Öl aus dem Sammelbehälter durch das Rückschlagventil f in die Saugseite der Pumpe eintreten.

Die Veränderung des Pumpenhubes erfolgt durch die Verstellung einer Exzenterscheibe, auf der die Kolben abrollen, Abb. 226. Wird die Exzentrizität durch eine Bewegung des Servomotors aufgehoben, so sinkt die Fördermenge auf den Wert Null, wodurch in der Presse eine Stillstandstellung auftritt. Stellt man die Exzentrizität nach der entgegengesetzten Seite her, so fördert die Pumpe wieder, jedoch mit vertauschten Saug- und Druckseiten bei unveränderter Drehrichtung. Diese Eigenschaft der Pumpe benutzt man, um die Bewegung in der Presse umzukehren. Der Ölfluß verläuft während der Rückzugbewegung also entgegengesetzt, wobei das Füllventil durch einen Kolben aufgedrückt wird, dessen Zylinder mit der Rückzugleitung g verbunden ist. Der Rückzugdruck bewirkt also gleichzeitig das Öffnen des Füllventiles. Die Rückzuggeschwindigkeit ist genauso groß wie die Leergangsgeschwindigkeit v_1.

Es ist anzunehmen, daß die ersten Anregungen zum Kaltfließpressen von der Kartuschhülsenfabrikation herrühren.[1] Die Kartuschhülsen werden ebenfalls kalt gepreßt, und zwar in der Weise, daß man auf einer hydraulischen oder mechanischen Oberdruckpresse aus einem runden Messingblech — der sogenannten Ronde — zunächst einen Napf preßt. Anschließend wird auf Ziehpressen die Wandstärke in mehreren Arbeitsspielen nach Vornahme von Zwischenglühungen heruntergezogen und zum Schluß der Boden verdichtet und ein Rand angestaucht.

---

[1] SCHNEIDER, K. G.: Fertigung von Kartuschhülsen. Z. VDI Bd. 84 (1940) Nr. 31.

Eine Hülse mit etwa 180 mm Außendurchmesser, 2 mm Wandstärke und 820 mm Höhe entsteht z. B. aus einem Messingblech mit 320 mm Durchmesser und 20 mm Stärke. Der Napf wird in 6 Zügen heruntergezogen. Zum Verdichten des Bodens und zum Anstauchen des Bodenrandes dient eine hydraulische 2000 t-Presse.

Bei der Bestimmung des Rondendurchmessers D aus dem Gewicht der Kartuschhülse soll die Beziehung bestehen $c = D : s \cong 25$, wobei s die Stärke der Ronde bedeutet.

Bei Überschreitung dieses Erfahrungswertes muß mit Faltenbildungen beim Napfpressen gerechnet werden. Unter günstigen Umständen — z. B. bei der Verwendung eines weichen Tiefziehstahles und besonders geeigneter Ziehringformen — kann man den Wert größer einsetzen mit $c = 25$ bis 40.

Der Mangel an Schwermetallen führte schon im ersten Weltkrieg zur Herstellung von Kartuschhülsen aus Weicheisen, und es gelang damals schon, Stahlkartuschen herzustellen, die den Messinghülsen überlegen waren.

In Abb. 39 sind die Arbeitsvorgänge für das Kaltpressen von Stahlkartuschen nach dem Doppelzug- und Fließpreßverfahren dargestellt. Beide Verfahren haben sich in der Praxis bewährt, wobei die Vor- und Nachteile noch umstritten sind. Das Doppelzugverfahren wird genau wie die vorbeschriebene Herstellung der Messinghülsen durchgeführt und hat seinen Namen durch die Verwendung von zwei Ziehringen erhalten, die unmittelbar hintereinanderliegen und die Querschnittsabnahme beim Ziehen auf jeden Ring zur Hälfte verteilen. Beim Fließpreßverfahren wird der Mantel des Napfes nach dem Umbördeln der Ronde im gleichen Arbeitsgang ausgespritzt. Dieses Fließpressen wird in einem zweiten Vorgang wiederholt, während die übrigen Züge dieselben sind wie beim Doppelzugverfahren.

Bei der Massenanfertigung von Kartuschhülsen erfolgt jeder Arbeitsvorgang zweckmäßig auf einer eigenen Presse. Die Größe der Pressen richtet sich nach den vorliegenden Erfahrungen, die durch wissenschaftliche Untersuchungen wertvoll ergänzt werden[1].

Abb. 40 zeigt eine reinhydraulische Kaltfließpresse in Ständerbauart für eine Druckkraft von 5000 t zur Herstellung von Stahlkartuschhülsen für schwerste Schiffsgeschütze. Im Ständeroberteil ist der Preßzylinder a eingesetzt mit aufgebauter Vorfülleinrichtung b. Der Betriebswasserdruck des Leitungsnetzes wird mit einem Druckübersetzer verdoppelt, so daß beim Pressen kleiner Hülsen mit dem halben Plungerdruck gearbeitet und die Wirtschaftlichkeit erheblich verbessert werden kann. Der Plunger c ist auf dem Laufholm ballig gelagert und zur

---

[1] BAUDER, U.: Tiefziehen von Hohlkörpern aus dicken Stahlblechen. Stahl u. Eisen Bd. 71 (1951) Nr. 10.

Vermeidung eines harten Anschlagens in der oberen Endlage mit einem
Drosselbolzen d versehen. Der Laufholm e wird im Ständer an nach-
stellbaren Leisten f gut geführt. Die Rückzugzylinder g sind in seitlichen
Ständeröffnungen untergebracht.

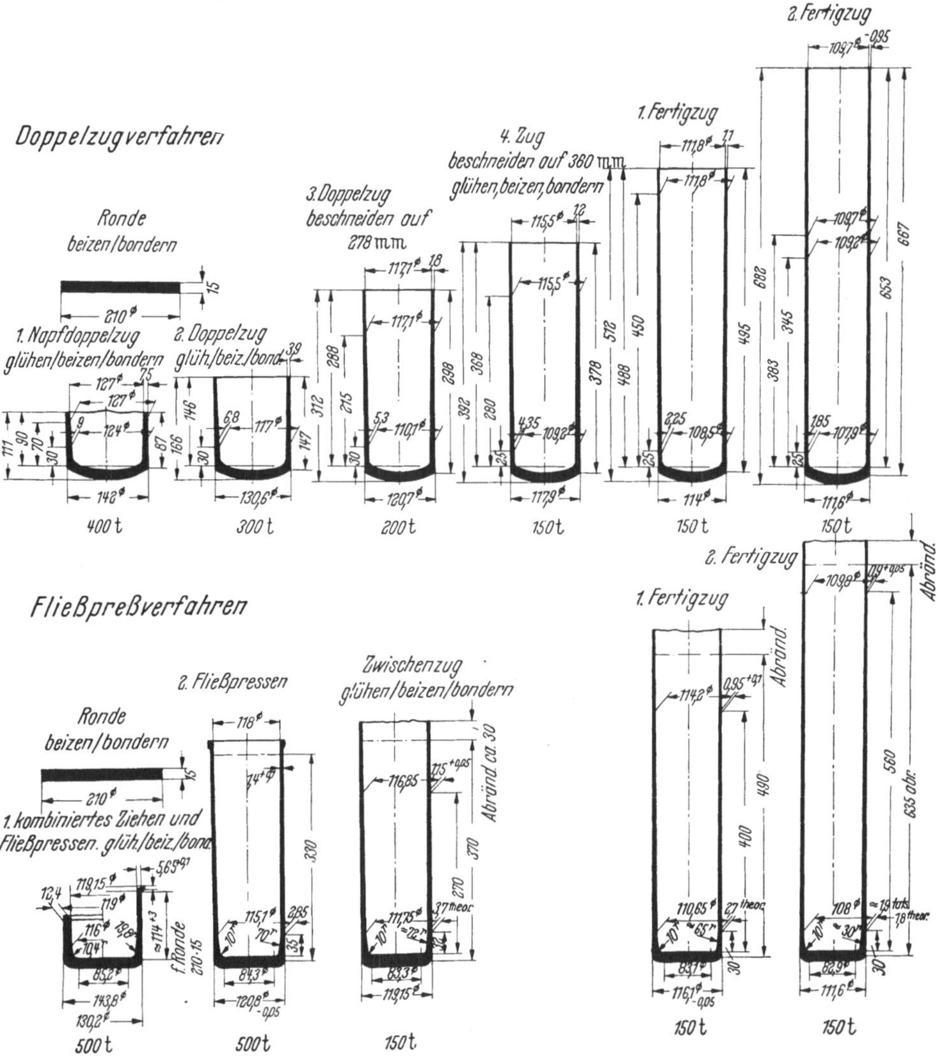

Abb. 39. Arbeitsstufen bei der Herstellung von Stahlkartuschhülsen nach dem Doppelzug-
und Fließpreßverfahren. (Nach H. D. FELDMANN: Stahl u. Eisen 72 (1952) u. U. BAUDER,
Stahl u. Eisen 71 (1951).

Unter dem Ständer befinden sich noch zwei Arbeitszylinder h, deren
Plunger i eine Druckkraft von etwa 400 t über eine Traverse k mit dem
Aufsatz l auf den Arbeitsstempel m übertragen. Durch diese Einrichtung

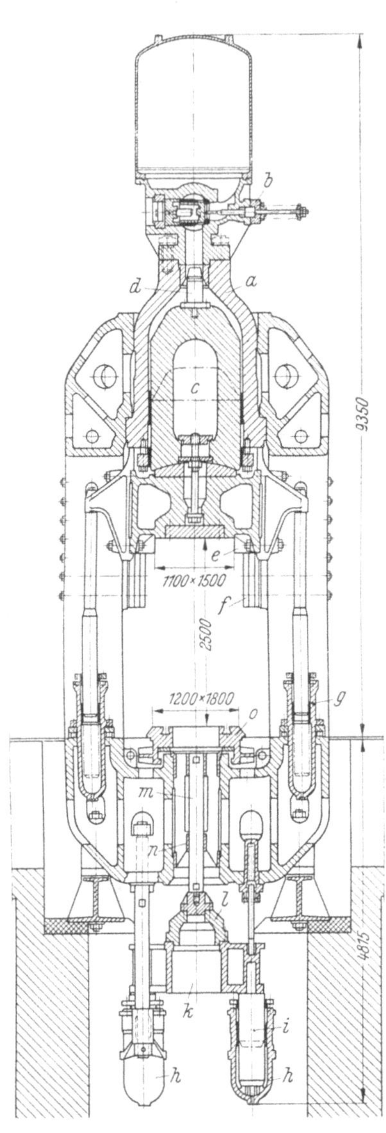

Abb. 40.
5000 t-Kaltfließpresse in Ständerbauart mit
Verschiebetisch und Ausstoßvorrichtung.
(Ausführung Hydraulik G. m. b. H., Duisburg.)

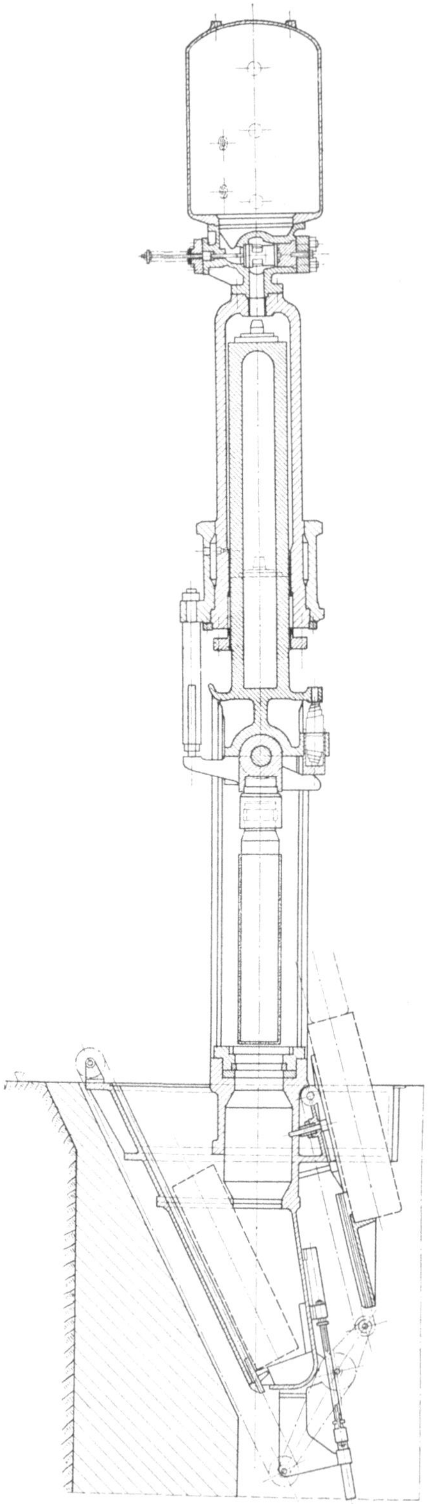

Abb. 41. 350 t-Ziehpresse zum Kaltziehen von
Stahlkartuschhülsen.

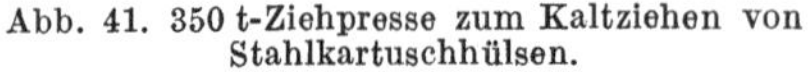

können auch Gegendrücke, Ausstoßbewegungen usw. hervorgerufen und die Anwendungsmöglichkeit der Presse außerordentlich vielseitig gestaltet werden. Die Anordnung von zwei Zylindern hat den Vorteil, daß nach dem Ausbau des Stempels m mit der Führung n in der Pressenachse eine große Öffnung zum Durchfallen langer Hülsen frei wird. Die gleiche Öffnung besitzt auch der Verschiebetisch o, der einen bequemen Werkzeugwechsel und unter besonderen Umständen auch das Arbeiten mit zwei Gesenken gestattet (s. S. 17).

Abb. 41 zeigt eine 350 t-Ziehpresse mit 2 m Hub zum Kaltziehen von Kartuschhülsen für 28 cm-Geschosse nach dem Doppelzugverfahren. Die Presse ist ebenfalls in Ständerbauart ausgeführt und besitzt einen eingesetzten Zylinder mit einer Vorfülleinrichtung genau wie die Presse nach Abb. 40. Der Ziehdorn ist in dem Laufholm schwenkbar gelagert, damit die Kartuschhülse vor dem Ziehen zur Vermeidung eines langen Leerhubes auf den Dorn geschoben werden kann. Das Schwenken erfolgt in der oberen Endstellung des Laufholmes, indem der Arm des Dornhalters gegen einen festen, einstellbaren Anschlag fährt. Der Dornhalterarm schlägt dabei gegen einen Federpuffer, um den beim Anschlagen auftretenden Stoß zu dämpfen. Nach dem Ziehen und Abstreifen fällt die Hülse auf einen Schrägaufzug, mit dem sie auf Flurhöhe befördert wird.

d) Hülsen-Einziehpressen.

Das Einziehen der Enden von Geschoßhülsen zu einer Spitze erfolgt in kaltem oder warmem Zustande auf vertikalen Pressen. Die Werkzeuge für das Kalteinziehen von 7,5 cm-Hülsen, die nach dem Fließverfahren hergestellt werden, sind in Abb. 42 dargestellt. Die Hülse wird in einem Bodengesenk eingespannt und von oben mit einem hutähnlichen und kegelförmig ausgedrehten Werkzeug eingedrückt. Der Kraftverlauf in Abhängigkeit vom Einziehhub geht aus der nebenstehend gezeichneten Kurve hervor; sie steigt am Ende des Hubes auf einen Wert von etwa 320 t an. Beim Rückzug des Werkzeuges muß die Hülse im Bodengesenk festgehalten werden. Zu diesem Zweck legt sich ein zweiteiliger Schieber, der mit einem Luftkolben geöffnet und geschlossen wird, in die Nute für den Führungsring der Geschoßhülse.

Das Warmeinziehen wird nach dem Vordrehen der Hülse vorgenommen und erfordert einen wesentlich geringeren Kraftaufwand.

Abb. 43 zeigt eine vertikale Zweisäulenpresse für eine Druckkraft von 150 t mit den Werkzeugen zum Warmeinziehen von 10,5 cm-Geschoßhülsen. Die Hülse wird in einem Untergesenk a auf den Ausstoßdorn b gesetzt und bei der Abwärtsbewegung des Obergesenkes c, das mit dem Ausstoßdorn durch den Stempel d die Traversen e und f sowie die Zugstangen g verbunden ist, bis auf die Bodenfläche h absenkt. Beim anschließenden Einziehen wird das Obergesenk c in der Bohrung i des Untergesenkes gut geführt, so daß sich die Achsen der beiden Gesenke nicht gegeneinander verschieben können. Der Einziehhub wird durch Auffahren des Obergesenkes genau begrenzt. Nach der Rückzugbewegung des Obergesenkes erfolgt das Ausstoßen der Hülse. Sie ist im Untergesenk — im Gegensatz zu der Einspannung nach Abb. 42 —

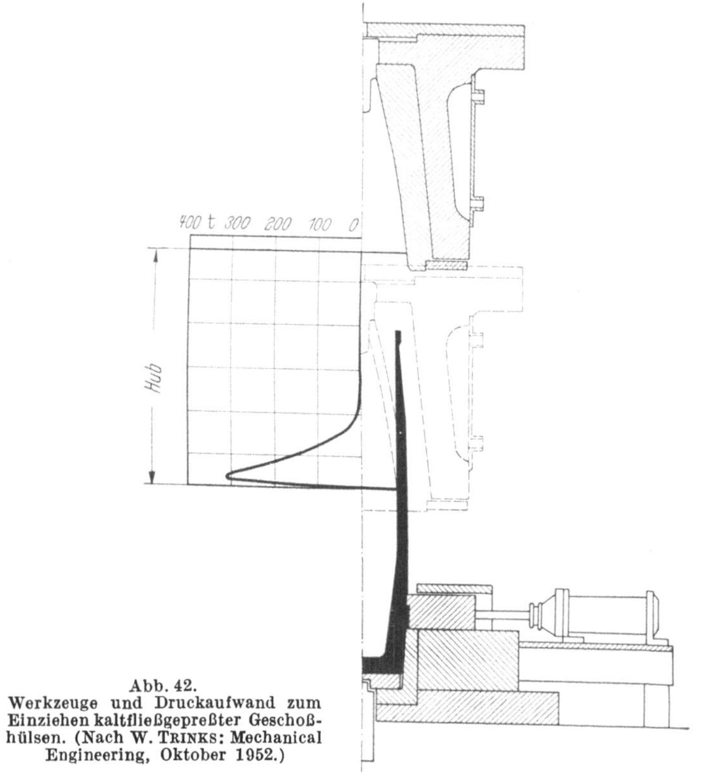

Abb. 42.
Werkzeuge und Druckaufwand zum Einziehen kaltfließgepreßter Geschoßhülsen. (Nach W. Trinks: Mechanical Engineering, Oktober 1952.)

lose eingesetzt und wird, falls sie am Obergesenk hängenbleibt, kurz vor dem Hubende mit dem Lösedorn k abgedrückt. Der Dorn ist in der Traverse f eingeschraubt und wird beim Abwärtsgang mit der Feder l um den Lösehub m zurückgedrückt.

Die Druckkraft zum Einziehen von Geschoßhülsen ermittelt man durch Versuche, wobei wissenschaftliche Untersuchungen[1] wertvolle

<hr>

[1] Sonntag, G.: Berechnung der Umformkräfte beim Stauchen achsensymmetrischer Schalen. Werkstattstechn. u. Masch.-Bau 42. Jg., H. 4, April 1952. — A. Nadai: Plastic States of Stress in Curvet Shells. A. S. M. E. März 1944.

Anhaltspunkte geben.

Bei überschlägigen Rechnungen nimmt man die Druckkraft so groß an, daß sie zum Stauchen des ringförmigen Querschnitts der Hülse ausreicht.

Die Pressen werden in Ständer- und Säulenkonstruktion ausgeführt; sie können an einer Akkumulatoranlage angeschlossen oder direkt durch Druckwasser- oder Öldruckpumpen betrieben werden.

Die Presse nach Abb. 43 ist für Druckwasserbetrieb eingerichtet; Unter- und Zylinderholm sind durch zwei Säulen miteinander verbunden. Man bevorzugt die Zweisäulenbauart wegen ihrer guten Zugänglichkeit. Der Arbeitsplunger ist fest in dem an den Säulen geführten Laufholm eingesetzt. Den Rückzugzylinder hat man zur Verkürzung der Bauhöhe in den Arbeitszylinder eingehängt. Zur Abdichtung der Plunger sind nachziehbare Stopfbüchsen vorgesehen. Die Wirkungsweise geht aus der Beschreibung der Lochpresse nach Abb. 7 u. 14 hervor.

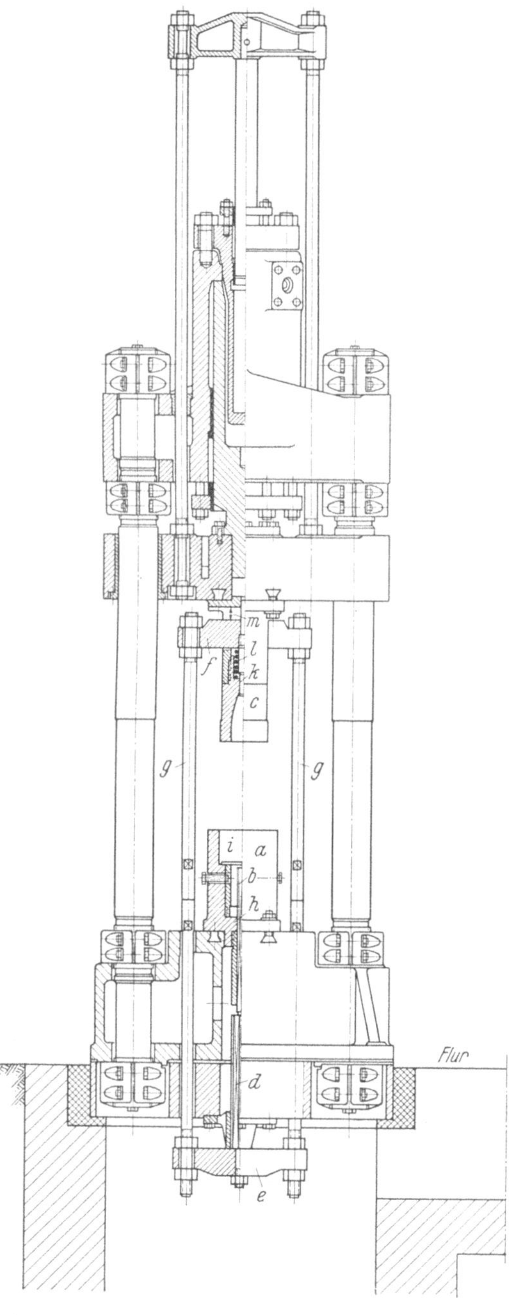

Abb. 43. 150 t-Einziehpresse mit Werkzeugen für 10,5 cm-Geschoßhülsen. (Ausführung Hydraulik G. m. b. H., Duisburg.)

e) Rohrform-Biegepressen.

In den letzten Jahren macht sich ein starker Wettbewerb zwischen den nahtlosen und den automatisch geschweißten Rohren bemerkbar. Die geschweißten Rohre stellt man aus Blechstreifen her, die in einem

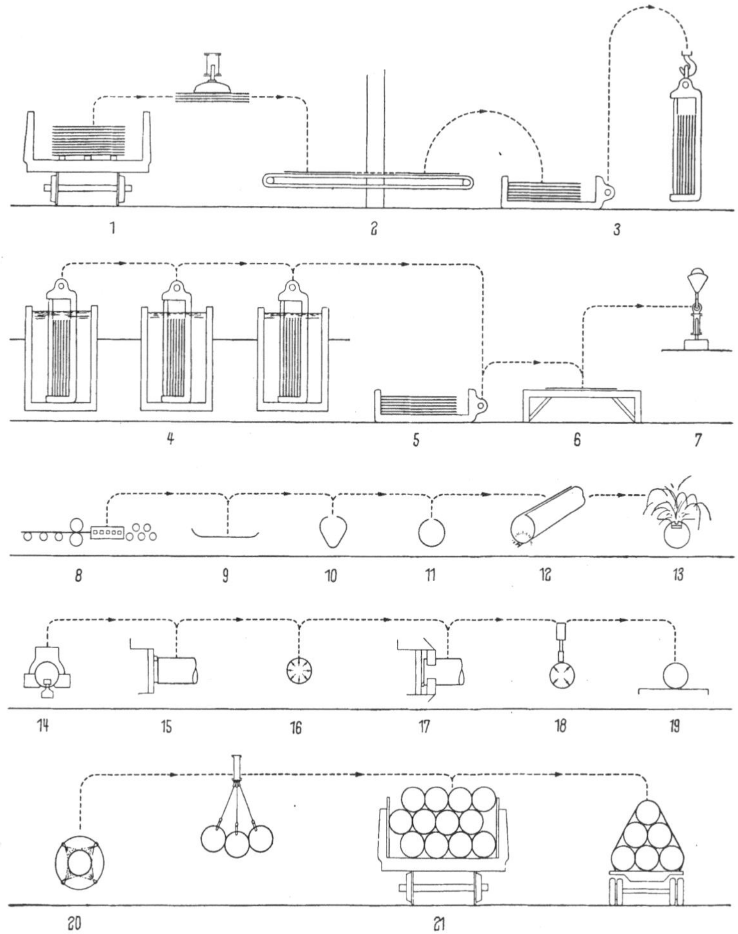

Abb. 44. Werdegang eines kaltgepreßten und geschweißten Rohres. *1* Entladen der Bleche, *2* Weitertransport und Richten, *3* Aufstapeln in einem Gehänge, *4* Beizen, *5* Ausladen, *6* Prüfen, *7* Transport mit Magnetkran, *8* Schweißkantenherstellung, *9* Anbiegen der Blechenden, *10* Durchbiegen des Bleches, *11* Schließen der Rohrform, *12* Anbringen von Ösen, *13* Elektrisches Stumpfschweißen, *14* Glätten der Schweißnaht, *15* Vordrehen des Rohrendes, *16* Kalibrieren durch Innendruck, *17* Fertigdrehen des Rohrendes, *18* Prüfen durch Innendruck, *19* Kontrolle, *20* Waschen, *21* Versand.

Walzwerk rund gebogen und anschließend an der Nahtstelle automatisch elektrisch verschweißt werden, im Gegensatz zu anderen älteren Schweißverfahren. Für Rohre mit großen Durchmessern verwendet man zum Rundbiegen der Bleche anstelle eines Walzwerkes auch hydraulische Pressen[1].

Abb. 44 zeigt den Werdegang eines Rohres, wobei vier hydraulische Pressen zur Anwendung kommen. Das Blech wird auf der 1. Presse zuerst an beiden Enden angebogen und anschließend auf der 2. Presse in der Mitte durchgedrückt; auf der 3. Presse erhält es erst die fertige Form. Nach dem Schweißen und Bearbeiten der Rohrenden wird das

Abb. 45. 2000 t-Anbiegepresse für Arbeitsvorgang 9 zum Biegen von Blechen mit 12 m Länge und $^1/_2$ Zoll Stärke. (Ausführung A. O. Smith Corp., Milwaukee, USA.)

Rohr auf der 4. Presse in einem geschlossenen Gesenk an den Stirnflächen abgedichtet, mit Wasser gefüllt, unter hohem hydraulischem Druck kalibriert und nach teilweisem Ablassen des Druckes bei geöffnetem Gesenk einer Druckprobe unterworfen.

In Abb. 45, 46 u. 47 sind drei Biegepressen dargestellt zur Herstellung von Rohren mit einem größten Innendurchmesser von 750 mm bei $^1/_2''$ Wandstärke und 12 m Länge. Die Pressen sind aus zwei bzw. drei gleichen Einzelpressen zusammengesetzt; die Druckkräfte betragen 2000 t zum Anbiegen und Durchbiegen der Bleche, während zum Fertig-

---

[1] Iron Steel Engr. Bd. 27 (1950) Nr. 6. — Iron Age Bd. 166 (1950) Nr. 26.

biegen insgesamt 16 000 t aufgewendet werden. Alle Pressen sind in Rahmenkonstruktion ausgeführt und mit oberen Arbeitszylindern sowie mechanisch angetriebenen Transportvorrichtungen versehen. Um bei der großen Tischlänge eine gleichförmige Bewegung der Arbeits-

Abb. 46. 2000 t-Vorbiegepresse für Arbeitsvorgang 10.
(Ausführung A. O. Smith Corp., Milwaukee, USA.)

kolben hervorzurufen, werden die Laufholme zweckmäßig parallel geführt. Hierfür kann man Zahnstangen oder Hebel, die auf eine gemeinsame Welle arbeiten, oder eine hydraulische Kupplung verwenden.

Abb. 48 zeigt einen Querschnitt durch das Kalibergesenk zum Aufweiten der Rohre[1]. Die Vorrichtung besteht aus zwei halbrunden Schalen, die um einen unteren Drehpunkt aufgeklappt werden können. Das Rohr wird von der Breitseite aus in das Gesenk gerollt. Nach der Verriegelung des Gesenkes erfolgt die Abdichtung der Stirnflächen mit

---

[1] Stahl u. Eisen Bd. 71 (1951) Nr. 25.

einer hydraulischen Einspannvorrichtung in ähnlicher Ausführung wie bei den Prüfpressen nach Abb. 77. Das Hochdruckwasser zum Kalibrieren wird mit einer Pumpe oder mit einem Übersetzer, vgl. Seite 96,

Abb. 47. 16000 t-Schließpresse für Arbeitsvorgang 11.
(Ausführung A. O. Smith Corp., Milwaukee, USA.)

in das Rohr gedrückt. Der Druck zum Aufweiten eines Rohres von 750 mm Innendurchmesser auf 762 mm bei $^1/_2''$ Wandstärke beträgt lt. Angaben 119 atü.

f) Rohrziehpressen.

Obgleich man für Rohrziehpressen im allgemeinen mechanischen Antrieb vorsieht, weicht man doch von dieser Regel ab, wenn große Kräfte bei verhältnismäßig geringen Arbeitsgeschwindigkeiten übertragen werden sollen.

Abb. 49 zeigt eine hydraulische Rohrziehpresse für eine Zugkraft

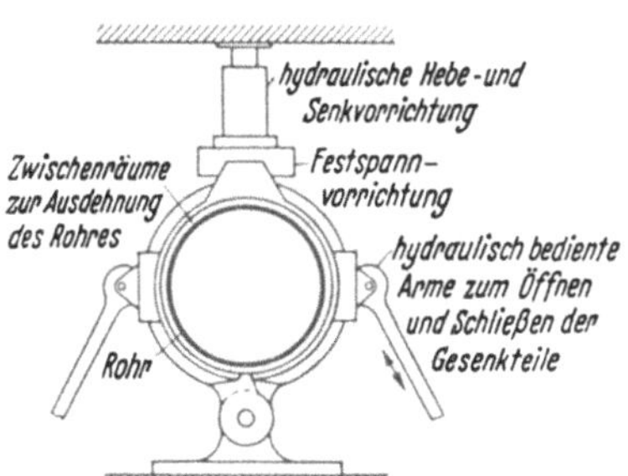

Abb. 48. Einspanngesenk für Arbeitsvorgang 18 zum Kalibrieren der Rohre.

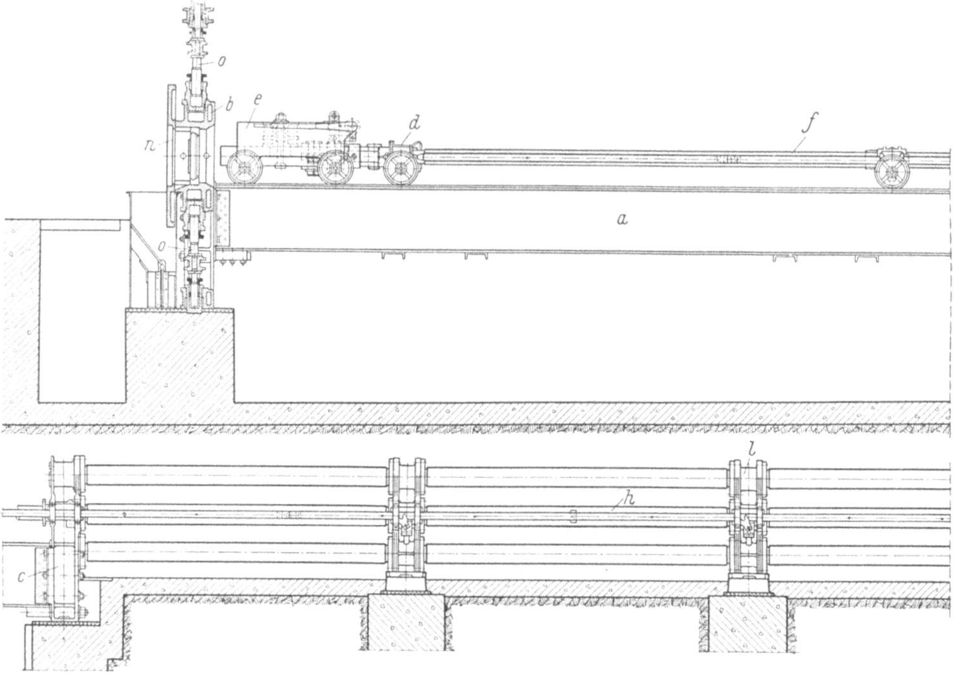

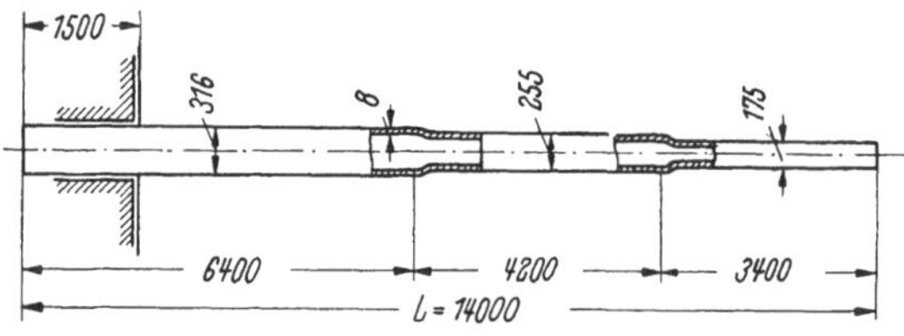

Abb. 49. 120 t-Rohrziehpresse zur Herstellung von Rohrmasten.

von 120 t bei 17 m Hub. Sie wird zur Herstellung von Rohrmasten nach Abb. 50 und zum Innenkalibrieren sowie Weiterziehen von Bohrrohren usw. verwendet.

Abb. 50. Rohrmast mit zwei Ziehstufen.

Die Ziehpresse besitzt ein langes Bett a aus starken Breitflanschträgern, die den vorderen Ziehholm b mit dem Zylinderholm c verbinden. Die bewegliche, auf zwei Rädern laufende Ziehtraverse d ist durch einen Bolzen mit dem Zangenwagen e gekuppelt. Die Zange wird durch einen Handhebel geöffnet und geschlossen. Die Bewegung der Ziehtraverse erfolgt durch zwei seitliche Kolbenstangen f, die als Differentialplunger ausgebildet und mit ihrem schwächeren Ende in die bewegliche Plungertraverse g eingesetzt sind. Die horizontalen Zylinder h werden im Zy-

linderholm c und in der Stütztraverse i gehalten. Für die Abdichtung
der Plunger sind an beiden Zylinderenden nachziehbare Stopfbüchsen
vorgesehen. Erhalten die Zylinder Druckwasser, so schieben die Kolben-

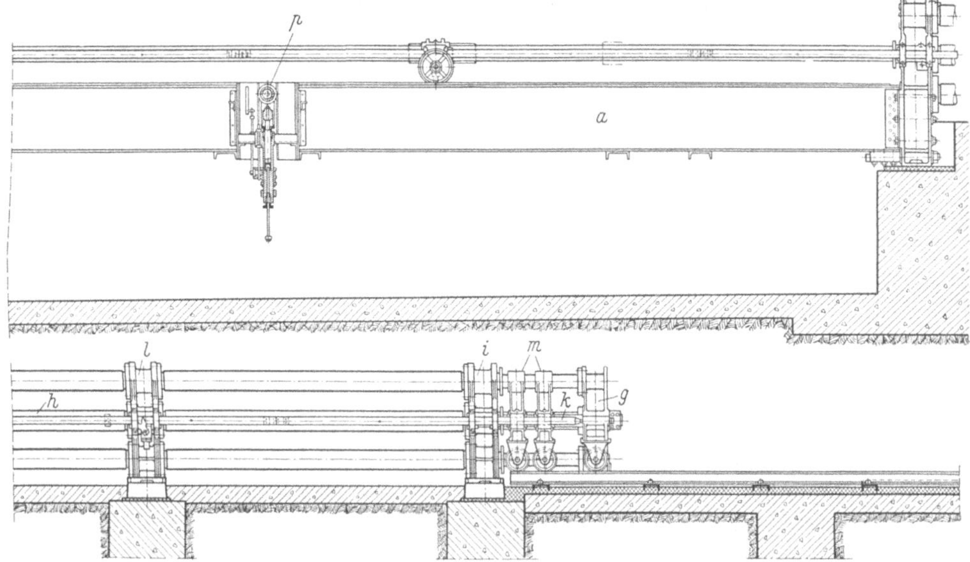

Ganze Baulänge ca. 58 m. (Ausführung Hydraulik G. M. b. H., Duisburg.)

stangen die Ziehtraverse im Leergang vorwärts. Die entgegengesetzte
Ziehbewegung erfolgt durch drei, in der Mittelebene übereinanderliegende, einfach wirkende Tauchkolben k, die auf die Plungertraverse g
drücken. Je nach Schaltung der Zylinder kann man mit dem mittleren,
den beiden äußeren oder sämtlichen Plungern arbeiten, so daß Druckstufen von 40, 80 und 120 t zur Verfügung stehen, wodurch beim Ziehen
von kleinen Rohren der Druckwasserverbrauch aus der Akkumulatoranlage entsprechend verringert wird. Die drei Zylinder sind ebenfalls
im Zylinderholm und in der Stütztraverse gelagert und besitzen nur an
dem der Plungertraverse zugekehrten Ende nachziehbare Stopfbüchsen.
Damit die Plunger nicht durchhängen, werden sie in den Zylindern an
drei Stellen geführt. Zu diesem Zwecke sind die Zylinder, die aus Rohren
bestehen, geteilt und an den Teilstellen Zwischentraversen l mit eingebauten Führungsbüchsen vorgesehen. Außerhalb der Zylinder werden
die Plunger in Schlepptraversen m unterstützt. Diese schieben sich
beim Einfahren der Plunger in die Zylinder zusammen und werden
beim Ausfahren durch ein Gestänge auf festgelegte Stützenentfernungen
gehalten (s. S. 32).

Beim Ziehen von großen Masten wird jeder Absatz bei einer Hitze
in drei Operationen gezogen, wobei das Auswechseln der Ziehringe sehr

schnell erfolgen muß. Deshalb befindet sich vor dem Ziehholm b eine Drehscheibe n mit drei Ziehringen und hydraulischem Antrieb. Das Drehen der Scheibe um 120° geschieht jeweils nach dem Lösen der Zange von der Rohrangel und Zurückschieben des Rohres, wobei der vorher benutzte Ziehring in einen Behälter mit Kühlwasser eintaucht.

Sollen Rohre innenkalibriert werden, so wird der Zangenwagen entfernt und die Ziehtraverse mit einer Dornstange verbunden, die aus einem langen Rohr mit einem aufgesetzten Stopfen besteht. Das zu kalibrierende Rohr wird über die Dornstange geschoben und am Ziehholm abgestützt, wobei es auf mehreren Laufrollen aufliegt.

Man kann die Ziehpresse auch benutzen, um Bohrrohre mit kleinen Walzfehlern zu Stahlmuffenrohren weiterzuverarbeiten. Hierfür muß das Rohr hinter dem Pilgerkopf eingezogen und durch einen zweiteiligen Ziehring gezogen werden. Um diesen Arbeitsvorgang zu ermöglichen, ist der Ziehholm zusätzlich mit zwei seitlichen, horizontalen Verschiebevorrichtungen für den ebenfalls zweiteiligen Ziehringhalter und mit zwei vertikalen Keilverriegelungen o ausgeführt. Außerdem ist das Ziehbett mit mehreren Stützrollen p versehen, die zur Auflage des gezogenen Rohres dienen. Die Rollen werden automatisch gehoben und gesenkt und von den Schlepptraversen gesteuert, wenn dieselben über sie hinwegfahren.

g) Blockbrecher.

Die auf Lochpressen oder Schrägwalzwerken zur Verarbeitung kommenden Rohblöcke werden zum größten Teil von gewalzten oder gegossenen Knüppeln mit quadratischem bzw. rundem Querschnitt ab-

Abb. 51. Gebrochene Rohblöcke mit Kerbeinschnitten an den Bruchstellen.

getrennt. Da das Sägen zu zeitraubend ist, unterteilt man die Knüppel in kaltem Zustande auf hydraulischen Blockbrechern. Das Brechen hat dabei noch den Vorteil, daß man an dem Gefüge der Bruchflächen leicht Werkstoffehler erkennen und infolgedessen fehlerhafte Blöcke von der Weiterverarbeitung ausschließen kann (Abb. 51).

Um einen Block brechen zu können, muß er vorher eingekerbt werden. Dies geschieht in der Weise, daß man den Block nach (Abb. 52) mit einem beweglichen Kerbmesser gegen ein feststehendes Kerbmesser drückt, wobei die senkrechte Lage der Blockachse zur Kerbebene durch zwei nachgiebige Stützen a aufrechterhalten wird, die nach dem Kerben den Block auch wieder in seine Ausgangsstellung zurückdrücken. Die Kerbtiefe beträgt je nach der Blockgröße 10 bis 30 mm; die Kerbmesser haben den Querschnitt eines gleichseitigen Dreiecks. Vor dem Brechen werden sie hochgezogen oder abgesenkt, wobei anstelle des beweglichen Messers eine Brechbacke tritt. Mit ihr drückt man den Knüppel gegen zwei feste Stützen, bis nach Überschreitung der Bruchfestigkeit die Trennung erfolgt.

Bei kleinen Blockbrechern bricht man den Block ausnahmsweise auch mit dem beweglichen Kerbmesser, ohne es vorher durch eine Brechbacke zu ersetzen, und begnügt sich der Einfachheit wegen nur mit dem Hochziehen des beim Kerben feststehenden Messers.

Hydraulische Blockbrecher baut man in Größen von etwa 100 bis 3000 t zum Brechen von Blöcken mit einem Durchmesser von etwa 100 bis 500 mm und einer gebrochenen Länge von etwa 250 bis 800 mm. Die Größe der Druckkraft erhält man aus der Beziehung

$$P \cdot 0{,}25\, l = W\, k_b \quad \text{zu:} \quad P = 4\, W\, k_b\, l^{-1}.$$

In dieser Gleichung bedeuten:

$k_b =$ Bruchfestigkeit des Werkstoffes,
$l =$ Abstand der Blockwiderlager.

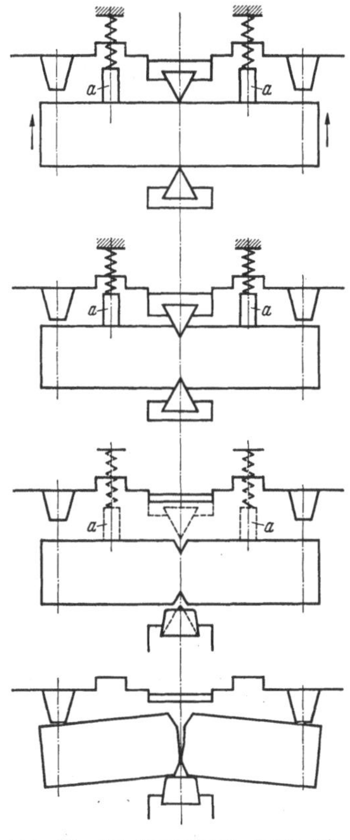

Abb. 52. Arbeitsvorgänge beim Einkerben und Brechen von Rohblöcken.

Für das Widerstandsmoment wird bei rundem Querschnitt der Wert $W = 0{,}1\, d^3$ eingesetzt, wobei d den Durchmesser des ungeschwächten Blockes angibt. Der erforderliche größere Druckaufwand zur Erzeugung der plastischen Formänderung sowie zur Überwindung der Reibungswiderstände im Blockbrecher kann wegen der Schwächung des Blockes durch den Kerbeinschnitt und wegen der Kerbwirkung vernachlässigt werden.

Für die Ausführung der Blockbrecher bevorzugt man die horizontale Bauweise. Man wählt die offene Ständerbauart für Brecher mit Drücken bis 250 t und die Viersäulen-Konstruktion für höhere Drücke bis etwa 3000 t.

Abb. 53 zeigt einen Blockbrecher in Ständerbauart. Der Block kann bequem von oben in die Maulöffnung eingelegt oder von der Seite über einen Rollgang transportiert werden; außerdem sind die Werkzeuge leicht zugänglich. Für hohe Drücke wird der Ständer, den man aus Stahlformguß herstellt, sehr schwer, so daß man in diesem Falle mit Rücksicht auf die Anschaffungskosten die Viersäulen-Konstruktion vorzieht.

Das beim Kerbvorgang feststehende Messer a befindet sich auf einem Schlitten b, der durch ein Gegengewicht c ausbalanciert ist und

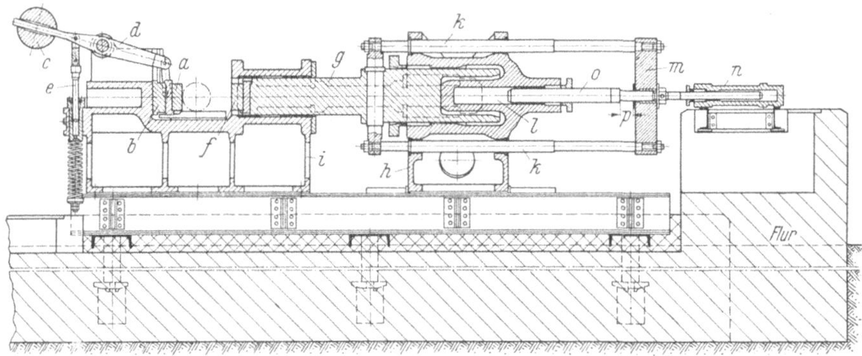

Abb. 53. 250 t-Blockbrecher in Ständerbauart. (Ausführung Hydraulik G.M.b.H., Duisburg.)

vor dem Brechen mit einem Hebel d durch Federkraft hochgezogen wird. Beim Senken des Schlittens wird der Hebel mit einem kleinen Kolben e durch hydraulischen Druck gehoben. Die beiden Auflager, gegen die sich der Block beim Brechen abstützt, bestehen aus auswechselbaren Druckstücken. Das bewegliche Kerbmesser f befindet sich an der Stirnfläche des abgesetzten Preßplungers g, der im Brechbügel und im Zylinder gut geführt wird. Die Abdichtung des Plungers erfolgt durch eine nachziehbare Stopfbüchse. Der Zylinderholm h ist mit dem Brechbügel i durch zwei seitliche Zuganker verbunden. Der Rückzugzylinder ist zur Verkürzung der Baulänge in den Arbeitszylinder eingegossen; die Rückzugstangen k sichern den Plunger g gegen Verdrehen.

Durch die plötzliche Entspannung des Druckwassers beim Brechvorgang entsteht im Rückzugzylinder l eine starke Stauung, die leicht zu einem Zylinderbruch führen kann. Man hat deshalb zur Sicherung des Zylinders hinter der Rückzugtraverse m einen Vordruckzylinder n angeordnet, dessen Kolben von dem verlängerten Rückzugplunger o gebildet wird. Beim Vorgehen des Arbeitsplungers drückt der Vordruckkolben auf die Rückzugtraverse, wodurch zwischen ihr und der

Druckfläche am Rückzugplunger ein Spielraum p entsteht. Die Rückzugtraverse kann also beim plötzlichen Vorschnellen des Arbeitsplungers einen Leerhub ausführen. Die gleiche Wirkung läßt sich auch durch die Anbringung eines Federpuffers erzielen.

Ein Blockbrecher in Viersäulen-Konstruktion ist in Abb. 54 u. 55 dargestellt. Auf einem Grundrahmen a befindet sich der Zylinderholm b,

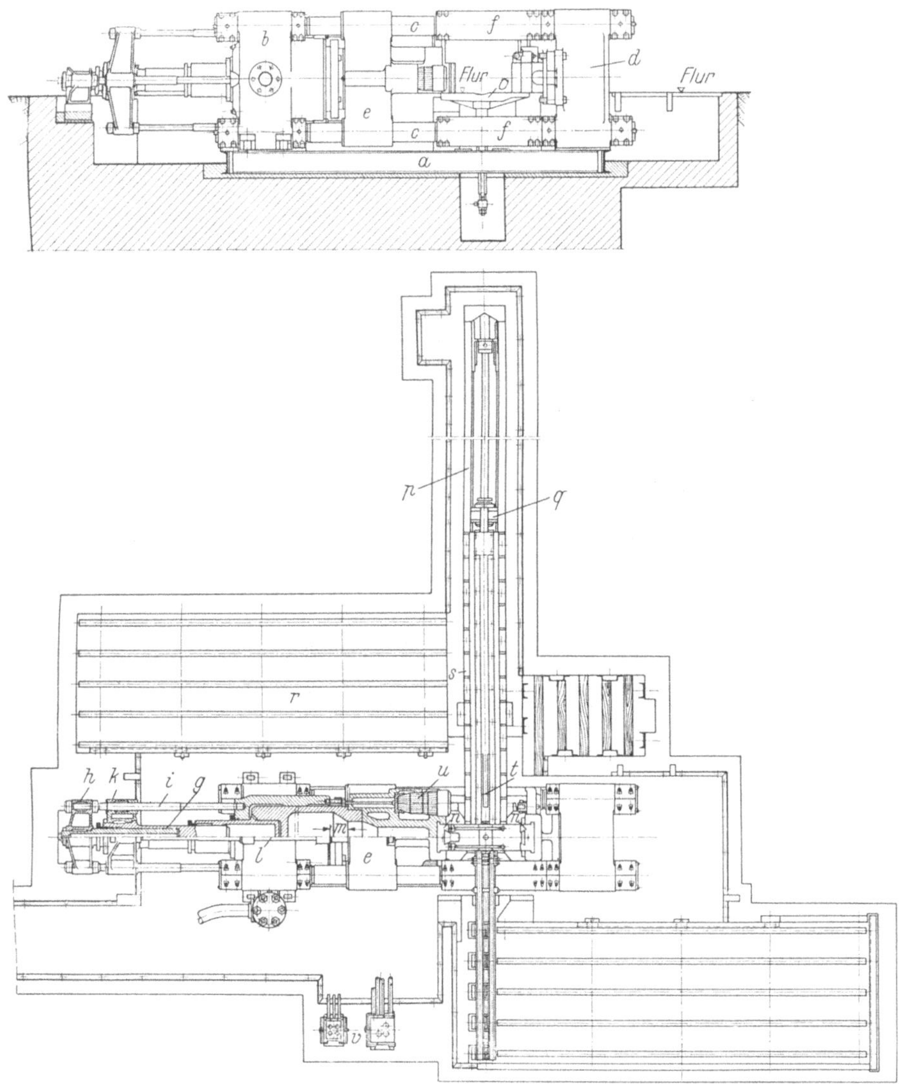

Abb. 54. 1000 t-Blockbrecher in Viersäulenbauart mit Blocktransportvorrichtung.
(Ausführung Schloemann A. G., Düsseldorf.)

der durch die Säulen c mit dem festen Gegenholm d verbunden ist. An den Säulen gleitet der Laufholm e; er fährt in seiner Endstellung gegen die Hubbegrenzungshülsen f.

Der Rückzugzylinder ist im Boden des Arbeitszylinders eingesetzt. Der Rückzugplunger g dient gleichzeitig als Zylinder für den in der feststehenden Traverse h eingesetzten Vordruckplunger. Die kraft-

Abb. 55. 2000 t-Blockbrecher mit Druckübersetzer und Rollgangtransport.
(Ausführung Schloemann A. G., Düsseldorf.)

schlüssige Verbindung zwischen der Traverse und dem Zylinderholm wird durch die beiden Säulen i hergestellt. Die bewegliche Rückzugtraverse k zieht an dem Laufholm e mit den Rückzugstangen l; dabei ist wieder Vorsorge getroffen, daß bei der Entlastung des Arbeitszylinders ein Relativhub m ausgeführt werden kann, um die Stauung des Wassers im Rückzugzylinder zu unterbinden.

Nach dem Einkerben des Blockes muß das feststehende Kerbmesser entfernt und das bewegliche Messer gegen eine Brechbacke ausgetauscht werden. Zu diesem Zweck werden die Messerschlitten n mit einem schmalen Hebetisch o gehoben, der gleichzeitig einen Übergang von der Blockverschiebevorrichtung zum Ablaufrost gestattet.

Die Blockverschiebevorrichtung besteht aus einem langen Rahmen p, in dem sich der Schlitten q bewegt. Der Antrieb erfolgt durch hydraulische Plunger. Die Blöcke rollen vom Zulaufrost r auf das Verschiebebett s und werden mit dem Stößel t in den Blockbrecher gedrückt. Damit beim Brechen der Blöcke der Laufholm nicht beschädigt wird, sind an seinen beiden Seiten Holzwiderlager u angeordnet. Die Steuerungen v besitzen drei Handhebel zur Schaltung der Plungerbewegungen beim Brechen und Verschieben der Blöcke sowie zum Senken der Kerbmesser.

Da der Arbeitshub für einen Blockbrecher sehr gering ist, so ist es zweckmäßig, einen hohen Betriebswasserdruck von etwa 400 bis 500 atü

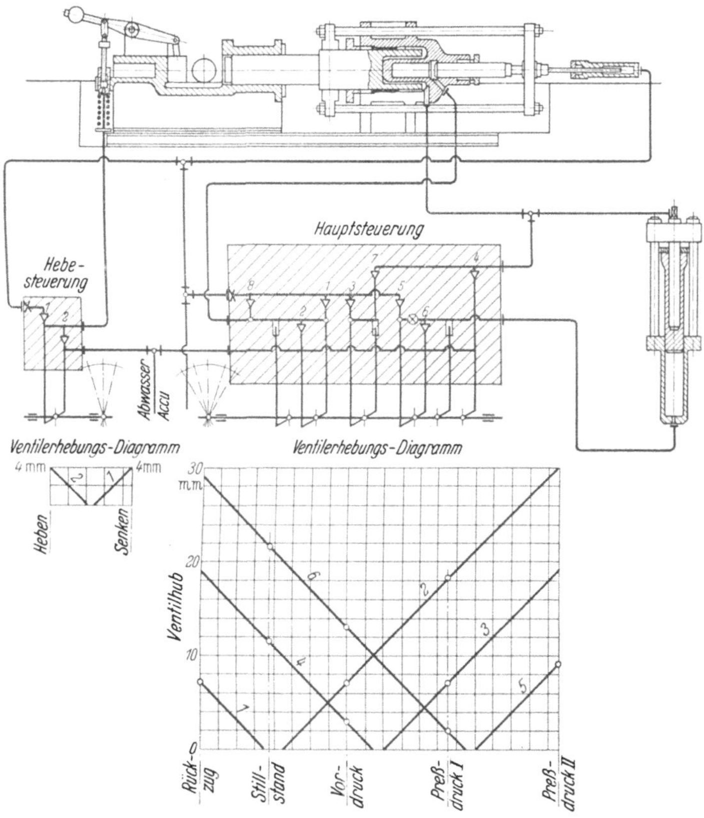

Abb. 56. Steuerschema für einen Blockbrecher mit Druckübersetzerbetrieb.

für den Arbeitszylinder zu wählen, um kleine Plunger- und Zylinderdurchmesser zu erhalten. Dieser Druck wird vorteilhaft mit einem Druckübersetzer erzeugt.

Die Wirkungsweise des in Abb. 53 dargestellten Blockbrechers geht aus dem Steuerschema nach Abb. 56 hervor.

Bringt man den Steuerhebel aus der Stillstandsstellung in die Vordruckstellung, so wird nach dem Ventilerhebungsdiagramm das Ventil 2 geöffnet und eine Verbindung des Rückzugzylinders mit der Abwasserleitung hergestellt. Der Vordruckkolben schiebt den Arbeitsplunger im Leergang so lange vorwärts, bis die Kerbmesser am Block zum Anliegen kommen. Die Vordruckkraft entsteht durch den konstanten Druck im Vordruckzylinder. Die Ventile *4* und *6* waren bereits in der Stillstandsstellung geöffnet. Bei der Vordruckbewegung saugt der Arbeitsplunger das Füllwasser durch Ventil *4* in den Hauptzylinder. Durch Ventil *6* ist der Niederdruckzylinder des Druckübersetzers ebenfalls mit der Abwasserleitung verbunden, so daß das Füllwasser auch in den beweglichen Hochdruckzylinder des Übersetzers eintreten kann, der durch den Fülldruck und sein Eigengewicht in seine Ausgangsstellung zurückgeht.

Geht man mit dem Handhebel weiter in die Stellung Preßdruck I, so wird Ventil *4* geschlossen und Ventil *3* geöffnet. Das Druckwasser tritt in den Hauptzylinder ein und auf die Hochdruckseite des Übersetzers. Der Arbeitsplunger geht vor und kerbt den Block. Anschließend legt man den Steuerhebel in die Rückzugstellung und fährt den Arbeitsplunger etwas zurück, damit man das hintere Kerbmesser hochziehen kann. Diese Bewegung erfolgt durch die Bedienung einer einfachen Zweiventilsteuerung. In der Rückzugstellung der Hauptsteuerung erhält der Rückzugzylinder durch das geöffnete Ventil *1* Druckwasser, wodurch der konstante Vordruck überwunden wird.

Um den Block brechen zu können, wird der Steuerhebel zunächst wieder in die Vordruckstellung gebracht. Nach dem Anliegen des Kerbmessers geht man mit dem Hebel in die Stellung Preßdruck I. Dann erfolgt durch den Übergang in die Stellung Preßdruck II die Einschaltung des Druckübersetzers, dessen Niederdruckzylinder durch das geöffnete Ventil *5* Druckwasser erhält. Das Wasser aus dem Hochdruckzylinder wird in den Hauptzylinder verdrängt; das Rückschlagventil *7* verhindert einen Übertritt des Hochdruckwassers in die Druckwasserleitung. Nach erfolgtem Bruch wird die Steuerung wieder auf Rückzug gestellt.

h) Rohrstauch- und Kalibrierpressen.

Zum Anstauchen, Umbördeln, Aufweiten, Einziehen und Kalibrieren der Rohre verwendet man Rohrstauch- und Kalibrierpressen (Abb. 57). Auf ihnen wird das warme Rohrende in einem zweiteiligen Gesenk zuerst eingespannt und anschließend verformt (Abb. 58). Während man das Aufweiten, Einziehen und Kalibrieren meistens mit einem einzigen Arbeitshub ausführt, erfordert das Anstauchen von Bunden und das Umbördeln oder Umfalten der Rohrwand mehrere Arbeitsvorgänge und wiederholtes Anwärmen.

Abb. 59 zeigt das Stauchen eines Bundes an einem Rohr in drei Arbeitsvorgängen. Bei der ersten Stauchung wird das Rohrende zunächst in der Wand verstärkt, dann folgt ein Vorstauchen des Bundes

Abb. 57. Rohrstauchpresse mit 200 t Stauchdruck und 350 t Einspanndruck für Rohre mit 15 m Länge und 360 mm Durchmesser. (Ausführung Schloemann A. G., Düsseldorf.)

und zum Schluß das Fertigstauchen. Wenn man die Anzahl der Arbeitsvorgänge und die Formen der Werkzeuge festlegt, geht man davon aus, daß bei einem Stauchhub der Ausgangsquerschnitt der Rohrwand um etwa 50 % verstärkt werden kann. Überschreitet man diesen Wert, so entsteht leicht eine Faltenbildung, die unter allen Umständen vermieden werden muß.

Nach jeder Stauchung wird das zweiteilige Einspann- und Stauchgesenk a geöffnet. Beim Zurückziehen des Stauchdornes b bleibt das Rohrende fest auf ihm sitzen bis der Ring c an einem Abstreifring d anschlägt, wodurch bei der Weiterbewegung das Rohrende vom Dorn abgedrückt wird. Der Ring liegt in einer Abstreiftraverse e, die mit dem

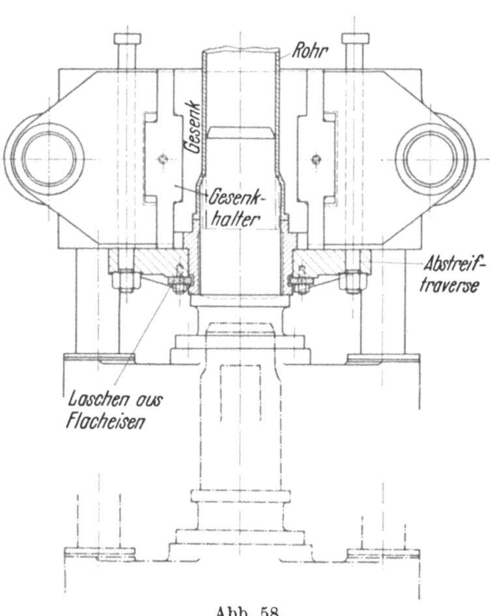

Abb. 58.
Werkzeuge mit Abstreiftraverse zum Bundstauchen.

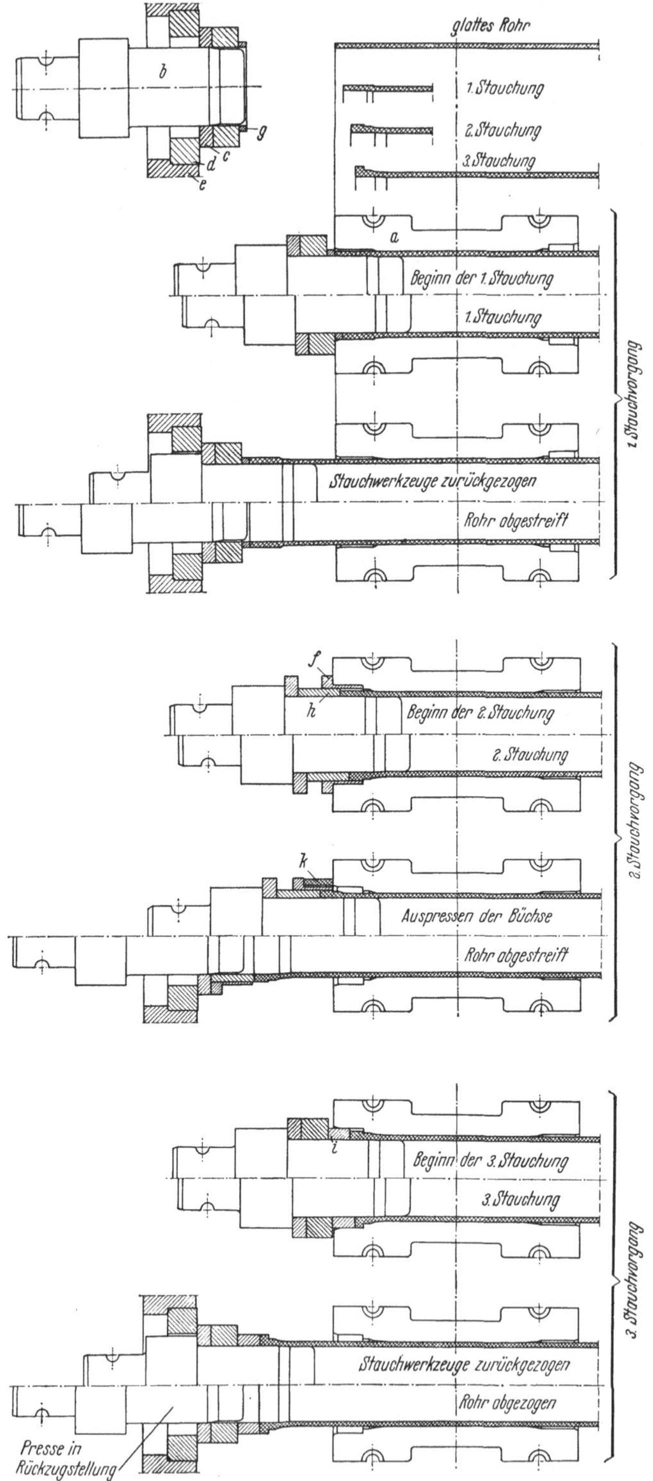

Abb. 59. Arbeitsvorgänge beim Anstauchen eines Rohrbundes.

Stauchholm verbunden ist und in der Rohrachse zur Anpassung an die für verschiedene Rohrgrößen erforderlichen Werkzeuge etwas verschoben werden kann.

Die Anfertigung der Werkzeuge erfolgt unter Berücksichtigung des geringsten Kostenaufwandes. Das zweiteilige Stauchgesenk a läßt sich zum Beispiel für alle drei Arbeitsvorgänge verwenden, wenn man es von beiden Seiten benutzt und für die zweite Stauchung eine einteilige Büchse f einlegt. Auch der Stauchdorn bleibt bei allen drei Operationen derselbe; er wird mit aufgelegten Ringen g, h und i versehen, die sich dem Gesenk im Außendurchmesser und dem Stauchhub in der Länge anpassen. Um nach dem zweiten Arbeitsvorgang den Rohrbund aus der Büchse f herauszubekommen, wird zunächst der Dorn mit der Büchse und dem Rohr etwas zurückgezogen. Dann setzt man ein hufeisenförmiges Zwischenstück k hinter den Bund der Büchse und drückt anschließend den Stauchring h ganz durch sie hindurch. Für das Aufhängen und den Transport der Ringe benutzt man leichte Fahrbahnen mit Handzügen und Gegengewichten.

Bei gleichbleibender, laufender und großer Erzeugung lohnt sich die Aufstellung mehrerer Stauchpressen nebeneinander, wodurch man den Werkzeugwechsel vermeiden und im Fließverfahren arbeiten kann. Diese günstigen Voraussetzungen sind in den meisten Rohrwerken jedoch nicht vorhanden.

Versuche auf einer Stauchpresse mit mehreren, nebeneinanderliegenden Stauchgesenken und mit einem an der beweglichen Stauchtraverse verschiebbaren Dorn zu arbeiten, haben infolge der ungünstigen exzentrischen Druckwirkung keine nennenswerten Erfolge gehabt.

Abb. 60 zeigt zwei Arbeitsvorgänge auf einer Rohrstauchpresse zum Umbördeln der Rohrenden. Nach dem Aufweiten des Rohrendes erfolgt das Einwalzen mehrerer Rillen, die bei dem anschließenden Stauchvorgang die Faltenbildung veranlassen. Diese Rohrverbindungen werden vorzugsweise für große Rohrdurchmesser ausgeführt, da sie mit verhältnismäßig schwachen Pressen hergestellt werden können.

Etwas einfacher als das Anstauchen von Bunden gestaltet sich das Verstärken der Rohrenden nach Abb. 61. Diese Arbeiten werden vorgenommen, wenn die Rohre an ihren Enden ein Außengewinde erhalten sollen. In gleicher Weise verstärkt man auch zum Beispiel die Enden von Bohrrohren durch Verkleinerung des Innendurchmessers für die Anbringung eines Innengewindes.

In dem oberen Bild liegt die Stauchbüchse a am Rohr an, nachdem sie vorher zusammen mit dem Dorn b einen bestimmten Leerhub zurückgelegt hat. Die Büchse bleibt bei der Weiterbewegung des Dornes zunächst stehen bis der Dornhalter c den Abstreifring d mitnimmt; in dieser Stellung hat der Dorn die Stauchöffnung des zweiteiligen Gesenkes *e* nach innen abgeschlossen. Beim weiteren Vorgehen des Dornes beginnt die Stauchung bis der Ring *d* am Gesenk anliegt. Nach dem

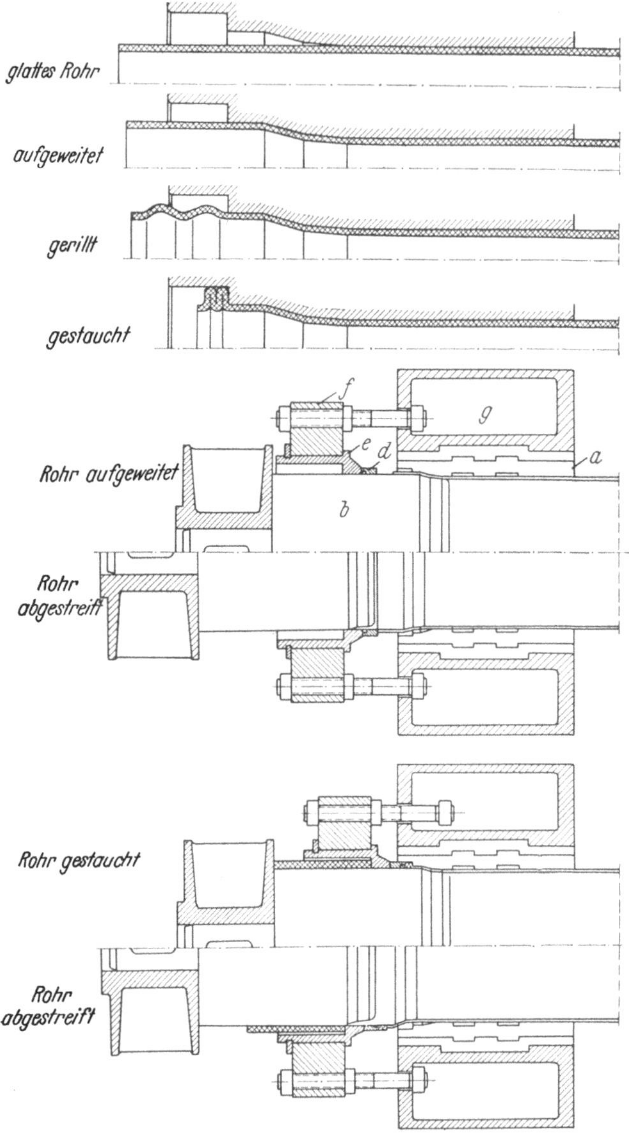

Abb. 60. Arbeitsvorgänge bei der Herstellung eines gebördelten Rohrbundes.

Öffnen des Gesenkes wird der Dorn mit dem Rohr zurückgezogen; anschließend erfolgt in der bereits geschilderten Weise das Abstreifen.

In dem mittleren und unteren Bild wiederholt sich der gleiche Arbeitsvorgang nach vorausgegangenem Werkzeugwechsel.

Bei der Bestimmung des Stauchdruckes richtet man sich vorwiegend nach Erfahrungen. Das Bundstauchen erfordert den größten Kraftaufwand, während für die übrigen Arbeiten wesentlich geringere

Abb. 61. Arbeitsvorgänge beim Verstärken der Rohrwand zur Aufnahme eines Gewindes.

Druckkräfte genügen. Gute Erfahrungswerte für die Druckkräfte bei der Herstellung verschiedener Rohrverbindungen gehen aus den Tabellen 3 u. 4 hervor.

Will man den Stauchdruck P rechnerisch erfassen, so geht man aus von der Beziehung:

$$P = f\, W_{st}.$$

In dieser Gleichung bedeuten:

$f =$ größte Bundfläche unter Berücksichtigung einer ausreichenden Bearbeitungszugabe,

$W_{st} =$ spez. Stauchwiderstand.

Man wählt je nach Größe der Rohre $W_{st} = 25 \div 15$ kg/mm² für Kohlenstoffstähle, worin auch der Kraftaufwand zur Überwindung der Widerstände für die Beschleunigung und Plungerreibung eingeschlossen ist.

Für das Aufweiten und Einziehen von Rohren errechnet man die erforderliche Kraft zweckmäßig aus der Verformungsarbeit, die bei Volumengleichheit aufgewendet werden muß, um ein zylindrisches Gefäß mit dem Durchmesser d_1 auf d_2 zu erweitern oder zu verengen, wobei für die Reibungsarbeit zwischen Dorn und Rohr eine genügende Reserve vorzusehen ist.

Die Einspannkraft P_1 für das Stauchgesenk wird fast ausschließlich nach Erfahrungen bestimmt. Man wählt: $P_1 = 0,75 \div 1,5\, P$ und wendet die unteren Grenzwerte an, wenn es sich bei der Herstellung der Rohrverbindungen um Bördel- oder Faltarbeiten handelt.

Für eine überschlägige Bestimmung der Einspannkraft gilt die Beziehung:

$$P_1 = d\,l\,p.$$

In dieser Gleichung bedeuten:

$d =$ Innendurchmesser des Rohres,

$l =$ größte Stauchlänge,

$p =$ spez. Innendruck, unter dem sich die Formänderung beim Stauchen vollzieht. Ein guter Erfahrungswert ist $p \cong 600$ kg/cm².

Die Rohrstauchpresse nach (Abb. 62) besteht aus der vorderen, horizontalen Stauchvorrichtung, der vertikalen Einspannvorrichtung und der hinteren Säulenverlängerung mit der Rohrunterstützungs- und Transportvorrichtung.

Der Stauchzylinder a ist mit dem Stauchholm b durch zwei seitliche Säulen c verbunden, an welchen die Stauchtraverse d geführt wird. Der Zylinder ruht auf einem Grundrahmen und erhält angegossene Augen für die Säulenbefestigung. Der Rückzugzylinder ist hinter dem Preßzylinder angeordnet; zur Verkürzung der Baulänge kann man auch zwei seitliche Rückzugzylinder vorsehen. Die Rückzugkraft P_r wählt man mit Rücksicht auf das Abstreifen des Rohres vom Stauchdorn zu

Tabelle 3. *Stauch- und Einspannkräfte beim Aufweiten, Einziehen und Stauchen von Rohren.*

Stauch-		Einspann-		Aufweiten				Einziehen				Stauchen								
Druck	Hub	Druck	Hub																	
t	mm	t	mm	d	d_1	D	D_1	d	d_1	D	D_1	d	d_1	D	a	d_1	d_2	s	D_1	D_2
60	500	125	160	290	305	320	334	290	305	259	276	169	178	187	110	100	108	4	133	183
80	600	150	250	382	400	415	432	382	400	338	358	192	203	214	140	150	160	5	185	239
110	700	200	300	576	600	615	638	576	600	534	560	241	254	267	170	200	211	5,5	238	296
150	800	250	350	770	800	816	844	770	800	723	755	290	305	320	200	250	262	6	291	353

Tabelle 4. *Stauch- und Einspannkräfte beim Stauchen und Bördeln von Rohren.*

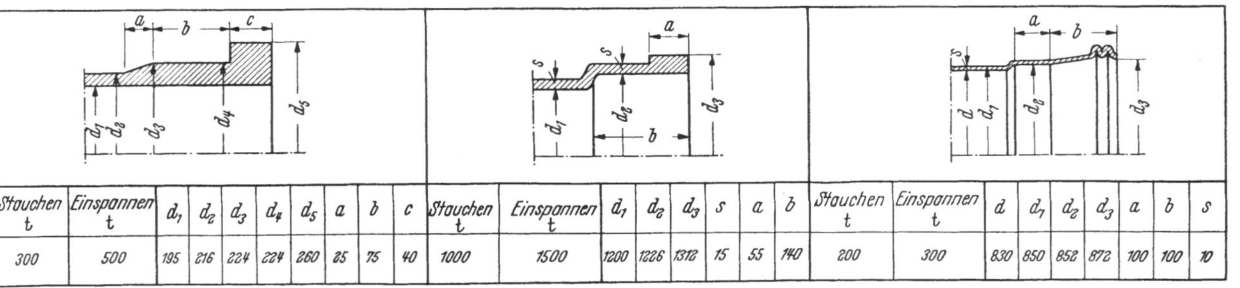

Stauchen t	Einspannen t	d_1	d_2	d_3	d_4	d_5	a	b	c
300	500	195	216	224	224	260	25	75	40

Stauchen t	Einspannen t	d_1	d_2	d_3	s	a	b
1000	1500	1200	1226	1312	15	55	140

Stauchen t	Einspannen t	d	d_1	d_2	d_3	a	b	s
200	300	830	850	852	872	100	100	10

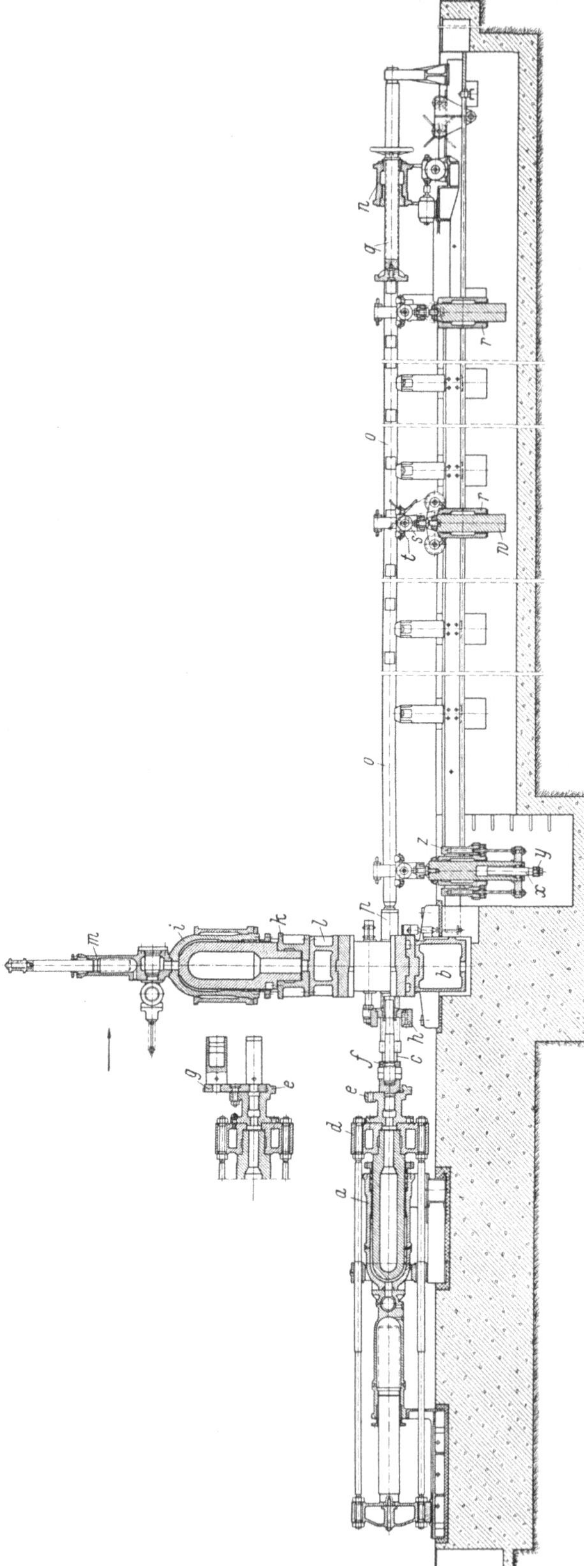

Abb. 62. Rohrstauchpresse mit 300 t Stauchdruck und 500 t Einspanndruck sowie Rohrtransportvorrichtung. (Ausführung Hydraulik G. M. B. H., Duisburg.)

$P_r = 0,2 P$, wobei P die Größe der Stauchkraft angibt und der Gegendruck durch das Füllwasser den Wert von $p = 0,05 P$ nicht überschreiten soll.

Vor der Stauchtraverse d befindet sich das Druckstück e mit dem Dornhalter f, in dem der Dorn mit einem Keil befestigt ist. Das Druckstück e kann auch mit einer Drehscheibe g zur Aufnahme von zwei Stempeln zum Aufweiten und Einziehen der Rohre versehen werden, wodurch sich der Werkzeugwechsel beschleunigen läßt.

Vor dem Stauchholm b liegt die Abstreiftraverse h; sie ist durch zwei Säulen mit dem Holm verbunden und in der Längsachse der Presse verschiebbar (Abb. 58).

Zur Ausführung des Leerhubes mit der Stauchtraverse b ordnet man bei vielen Stauchpressen seitlich am Zylinderholm noch zwei Vordruckkolben mit zugehörigen Zylindern an. Man kann den Leerhub auch mit einem hohen Windkesseldruck von etwa 8 bis 10 atü zurücklegen; in diesem Falle benötigt man aber eine erhöhte Rückzugkraft für die Einspannvorrichtung, wofür ein Windkesseldruck von 2 bis 3 atü genügt.

Da die Arbeitswege beim Stauchen verhältnismäßig klein sind, sieht man für schwere Pressen gern einen Druckübersetzer vor, um mit zwei Druckstufen arbeiten zu können. In der ersten Stufe wirkt in dem Stauchzylinder der von der Druckwasseranlage herrührende Druck; in der zweiten Stufe kommt dagegen der von dem Druckübersetzer erhöhte Druck zur Anwendung. Das Übersetzungsverhältnis wird vorteilhaft mit 1 : 2 gewählt. Man spart also beim Verarbeiten von Rohren, für die die erste Druckstufe genügt, erhebliche Druckwassermengen und schont Presse und Steuerung durch die sich ergebenden geringeren Beanspruchungen.

Die vertikale Einspannvorrichtung besteht aus einer Ständer- oder Säulenpresse mit 2 oder 4 Verbindungssäulen, die den Kraftschluß zwischen dem Stauchholm b und dem Zylinder i herstellen. Die Viersäulenbauart wird für große Pressen wegen ihrer besseren Standfestigkeit der Zweisäulenbauart vorgezogen. An den Säulen gleitet der Laufholm k mit dem oberen Gesenkhalter l, der sich in dem Stauchholm führt und mit diesem eine geschlossene, zylindrische Öffnung zur Aufnahme der Einspanngesenke bildet. Für den Rückzug des Laufholmes k ist über dem Einspannzylinder i der Rückzugzylinder m angeordnet, dessen Plunger auf eine Traverse drückt, die durch zwei Zugstangen mit dem Laufholm verbunden ist. Die Rückzugkraft $P_{1\,r}$ wird nach den Eigengewichten der beweglichen Teile und dem max. Gegendruck, den das Füllwasser im Einspannzylinder hervorruft, bemessen. Man wählt in der Regel $P_{1\,r} = 0,06 \div 0,08\, P_1$.

Beim Bundstauchen und vor allen Dingen beim Innenstauchen reicht die durch das Einspannen des Rohrendes auftretende Reibungskraft zum Festhalten des Rohres nicht aus. Man sieht deshalb zur Aufnahme des Gegendrucks hinter dem Stauchholm ein Widerlager vor, wogegen sich das freie Rohrende abstützt (Abb. 63). Dieses Widerlager besteht aus einer Traverse *n*, die wegen der unterschiedlichen Rohrlängen verfahrbar und durch zwei Säulen *o* mit den Säulen *c* der Stauchvorrichtung verbunden ist. Die Verbindungsstelle *p* liegt hinter dem

Abb. 63. 1000 t Rohrstauchpresse zur Verarbeitung von Rohren mit 1500 mm Durchmesser und 13 m Länge. (Ausführung Hydraulik G.M.B.H., Duisburg.)

Stauchholm und wird entweder mit zweiteiligen Gewindemuffen oder Traversen hergestellt, wie es jeweils die Zwei- oder Viersäulenkonstruktion der Stauchvorrichtung bedingt.

Die verfahrbare Traverse überträgt den Druck auf die Säulen durch zwei hufeisenförmige Schieber, die in Einkerbungen liegen. Das Einsetzen der Schieber erfolgt gleichzeitig, und zwar entweder mit elektrischem Antrieb und Druckknopfsteuerung oder von Hand durch Umlegen eines Kipphebels. Bei einfachen, älteren Pressen werden die Schieber häufig einzeln von Hand eingelegt. Anstelle der Einkerbungen bevorzugt man an den Säulen auch oft Eindrehungen, die sich billiger herstellen lassen. Zur Festlegung der Traverse benutzt man dann nicht mehr Schieber, sondern zweiteilige Ringe, die mit einer Spindel gleichzeitig geöffnet oder geschlossen werden, wobei der Antrieb ebenfalls elektrisch oder von Hand erfolgt.

Die Einkerbungen oder Eindrehungen an den Säulen haben einen Abstand von 0,5 bis 0,8 m, so daß die verfahrbare Traverse nur auf eine angenäherte Rohrlänge eingestellt werden kann. Für die Feineinstellung besitzt sie in der Mitte eine starke Spindel *q* mit einer runden und ballig gelagerten Kopfplatte, wogegen sich das Rohr abstützt. Die Spindel wird bei kleinen Rohrstauchpressen von Hand und bei großen Pressen

mit elektrischem An-
trieb und Druckknopf-
steuerung gedreht. Das
gleiche gilt für die Ver-
stellung der Traverse,
die man mit Rädern
auf den Säulen oder auf
den im Fundament lie-
genden Schienen für die
Rohrunterstützungen
laufen läßt — je nach
Ausführung der Säulen
mit Einkerbungen oder
Eindrehungen.

Die beiden Säulen
werden in einem Bock
gelagert; außerdem muß
man sie auf ihrer ganzen
Länge mehrfach unter-
stützen. Die Säulen-
hülsen der verfahrbaren
Traverse sind deshalb
an der Unterseite ge-
schlitzt.

Werden die Rohre
mit einem Kran oder
Elektrozug transpor-
tiert, so legt man sie
in der Presse auf ein-
fache Rollenunterstüt-
zungsböcke ab, die auf
Schienen laufen und
bei einer Änderung der
Rohrlänge von Hand
verschoben werden. Die
richtige Höhenlage der
Rollen stellt man mit
einer Spindel ein.

Rollt man dagegen
die Rohre auf einem Rost
nach Abb. 64 von einer
Seite der Presse ein und
an der anderen wieder

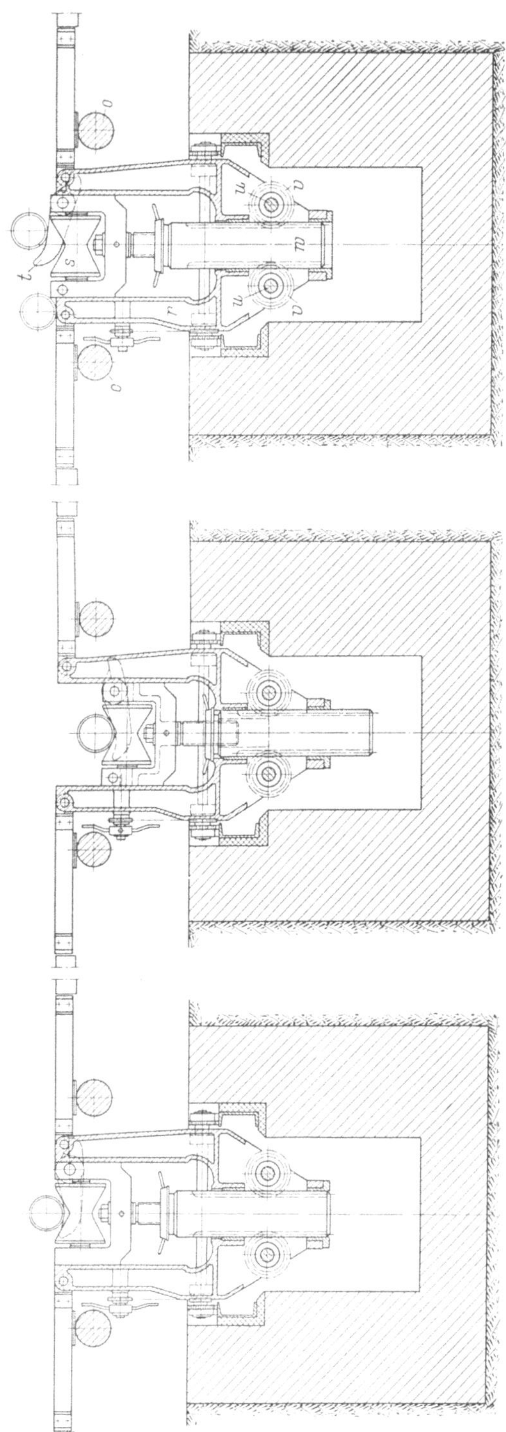

Abb. 64. Rohrunterstützung an der Presse nach Abb. 62 beim Einbringen und Auswerfen eines Rohres.

aus, so versieht man die Unterstützungsböcke *r* zweckmäßig mit einer Einlege- und Auswerfvorrichtung. Beim gleichzeitigen Senken der Rollen *s* wird von den nebeneinanderliegenden Rohren immer nur ein einzelnes für den Einlauf vom Rost in die Presse freigegeben. Werden die Rollen gehoben, so stoßen kurz vor ihrer höchsten Stellung die Auswerfhebel *t* — die sich neben jeder Rolle befinden — gegen einen Anschlag und befördern das Rohr auf den Ablaufrost.

Zum gleichzeitigen Heben oder Senken aller Unterstützungsrollen sind zwei durchlaufende Wellen *u* vorgesehen, die in den Stützböcken *r* die Ritzel *v* drehen und Längsnuten für das Verfahren der Böcke besitzen. Diese Ritzel greifen in einen beiderseits verzahnten und doppelt geführten Stempel *w* ein, der die mit einer Spindel einstellbare Unterstützungsrolle trägt. Die Bewegung der beiden Wellen geht von einem feststehenden Unterstützungsbock aus, der unmittelbar hinter dem Stauchholm *b* angeordnet ist. Der zugehörige Stempel dient gleichzeitig als hydraulischer Zylinder für den feststehenden Plunger *x*, der durch eine Traverse *y* und zwei seitliche Zugstangen mit dem Bock verbunden ist. Die beiden seitlichen Zylinder *z* sind für die Abwärtsbewegung des Stempels vorgesehen.

Beim Stauchen von Rohren mit kleinem Durchmesser und großer Länge ist es zuweilen erforderlich, sie an den Unterstützungsböcken einzuspannen, damit sie nicht ausknicken können. In diesem Falle verwendet man eine kombinierte Rohrunterstützung mit Einspannvorrichtung, wie z. B. für Rohrprüfpressen nach Abb. 81.

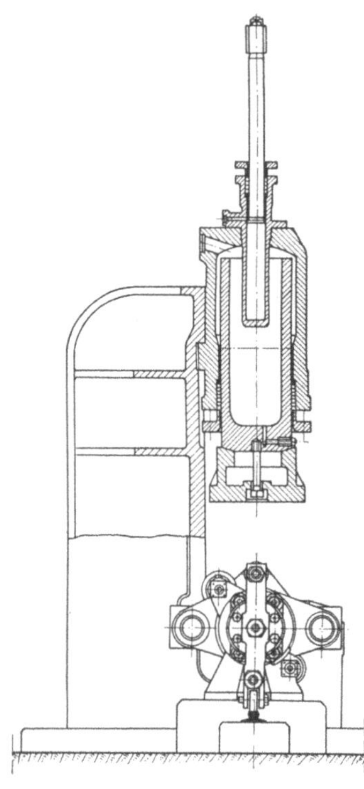

Abb. 65.
Rohrstauchpresse mit Einspannvorrichtung in einhüftiger Ständerbauart.

Werden laufend Rohre ohne große Längenunterschiede verarbeitet, so kann man das Hin- und Herfahren der Traverse an der Säulenverlängerung vermeiden, wenn man die Einspannvorrichtung als Ständerpresse ausführt. Abb. 65 zeigt die Anordnung des Ständers quer zur Presse; sie setzt eine einseitige Beschickung voraus und hat dafür den Vorteil, daß man mit einer verhältnismäßig kleinen Ständerausladung auskommt.

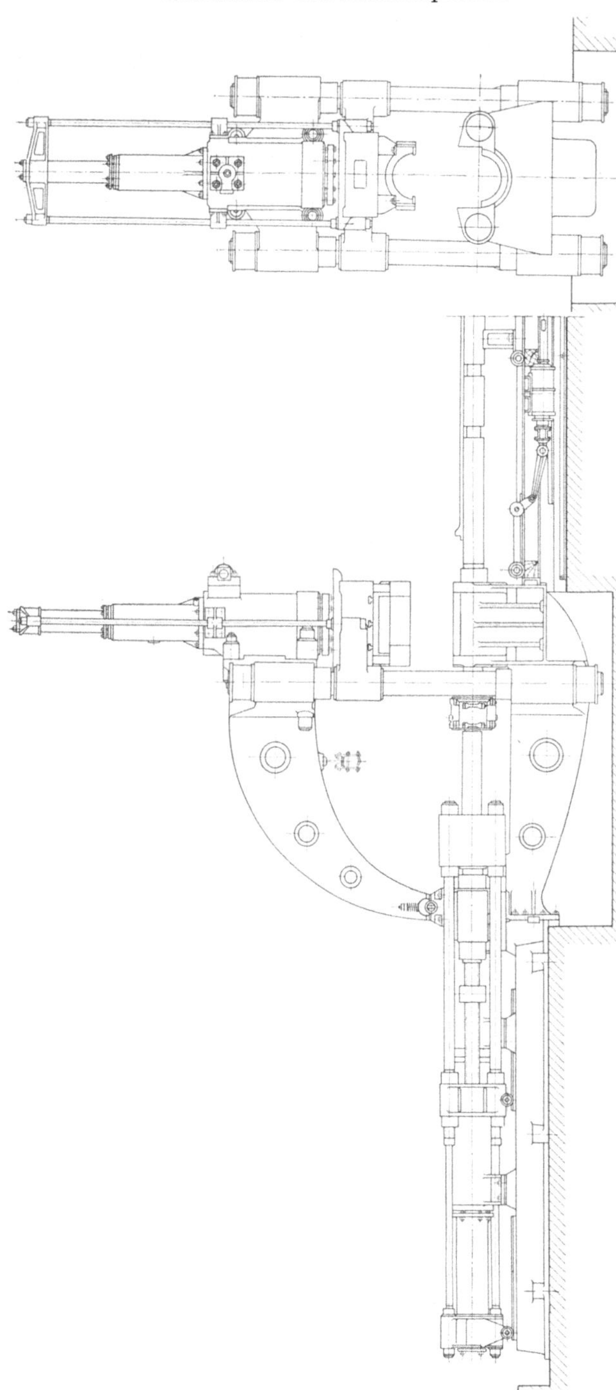

Abb. 66. Rohrstauchpresse mit Einspannvorrichtung in Bügelbauart. (Ausführung Eumuco A. G., Leverkusen-Schlebusch.)

Soll der Rohrtransport durchlaufend erfolgen, so ist die Ständerbauart nach Abb. 66 u. 67 zu empfehlen. Das Stauchgesenk liegt in diesem Falle vollkommen frei. Der Einspannzylinder und der Stauchholm haben die Form eines Bügels und werden auf beiden Seiten des Stauchzylinders abgestützt. Die Verbindung der beiden Bügel erfolgt durch zwei starke Säulen, die auch zur Führung des Laufholmes mit dem oberen Einspanngesenk dienen.

Die Presse wird mit Druckwasser aus einem Niederdruckakkumulator betrieben und ist mit zwei Druckübersetzern (Abb. 67) ausgerüstet, um kleine Querschnitte für den Stauch- und Einspannplunger zu er-

Abb. 67. Betriebsaufnahme der Presse nach Abb. 66 in Verbindung mit 2 Druckübersetzern für die Stauch- und Einspannvorrichtung.

halten und durch Einrichtung zweier Druckstufen die Wirtschaftlichkeit zu erhöhen. Dem Vorteil der freien Zugänglichkeit zu den Stauchgesenken steht als Nachteil der größere Materialaufwand gegenüber.

In Abb. 68 ist eine Rohrstauchpresse mit einer Einspannvorrichtung dargestellt, bei welcher der obere Gesenkhalter verriegelt wird. Er befindet sich in einem geschlossenen Rahmen und wird mit zwei Zugstangen, die an der Traverse a befestigt sind, durch den Kolben b aufwärts bewegt. Das Absenken erfolgt durch die auf dem Kolben c wirkende Druckkraft; der zugehörige Zylinder d befindet sich in der Traverse e, die durch die beiden Stangen f mit dem Ständer verbunden ist. Für die Verriegelung des Gesenkhalters h sind seitlich am Ständer,

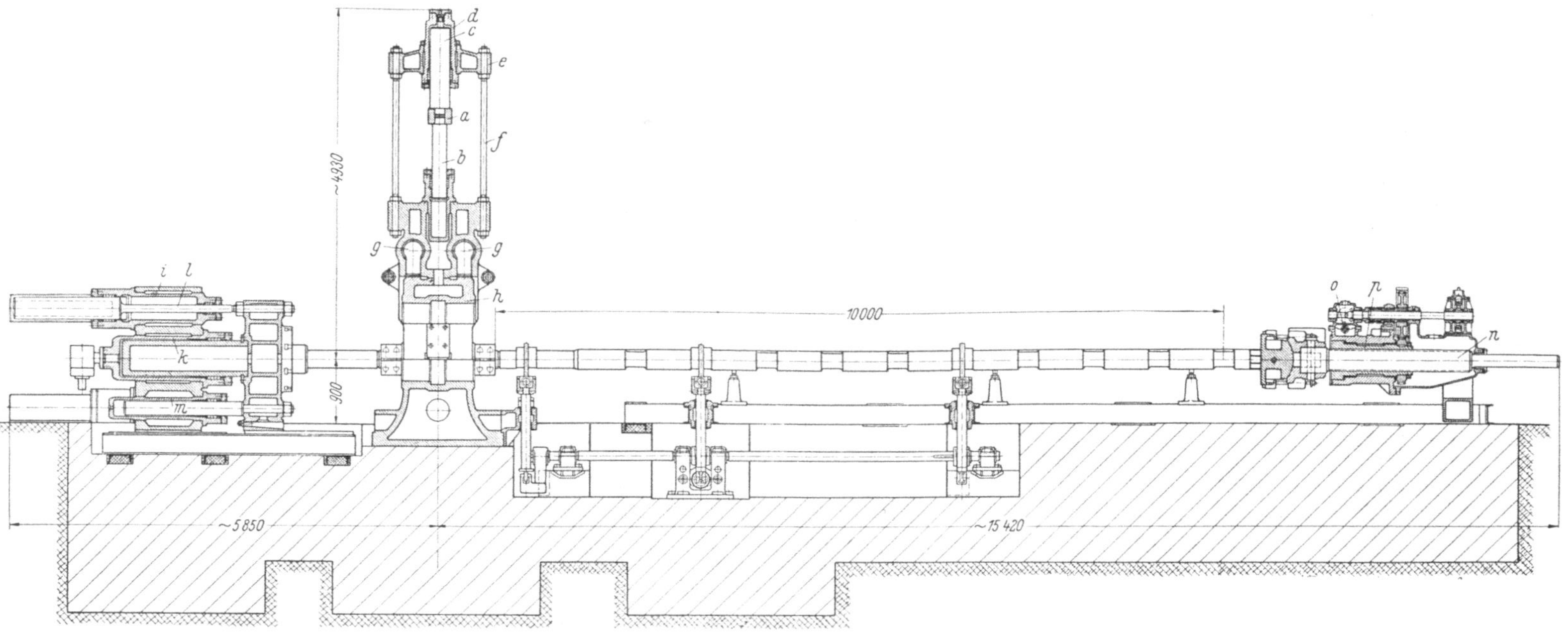

Abb. 68. Rohrstauchpresse mit Einspannvorrichtung in geschlossener Ständerbauart und Keilverriegelung für das Einspanngesenk. (Ausführung Maschinenfabrik Meer A. G., M.-Gladbach.)

siehe Abb. 69, zwei Zylinder mit doppeltwirkenden Kolben zum Verschieben von zwei Keilen vorgesehen; diese Keile sind im Ständer an
den Stellen g zylindrisch und auf dem Gesenkhalter flach geführt.

Der Zylinderholm i zur Stauchvorrichtung enthält den mittleren
Stauchzylinder k, die beiden Rückzugzylinder l und die Vordruck-

Abb. 69. Betriebsaufnahme der Rohrstauchpresse nach Abb. 68.

zylinder m. Der Stauchzylinder steht in Verbindung mit einem Druckübersetzer.

Auf der Säulenverlängerung läuft der Gegenhalter mit der Einstell-
spindel n. Der elektrische Antrieb kann sowohl mit der Welle o des
Fahrwerkes als auch mit der Spindelmutter p gekuppelt werden. Das
Öffnen und Schließen der zweiteiligen Backen an den Säulen wird von
Hand durch Drehen einer Spindel vorgenommen.

Die Rohrunterstützungen sind feststehend angeordnet und besitzen
einen hydraulischen Antrieb mit einer gemeinsamen Welle in ähnlicher
Ausführung wie die Konstruktion nach Abb. 64.

Abb. 70 zeigt eine Einspannvorrichtung mit Keilverriegelung für den Gesenkhalter *a* an einer der ersten Pressen, die in dieser Bauart ausgeführt wurden. Die Riegelzylinder *b* befinden sich an jeder Seite des Ständers und spannen — da es sich um eine kleine Presse handelt — den Gegenhalter nur an den Seiten fest, im Gegensatz zur Ausführung

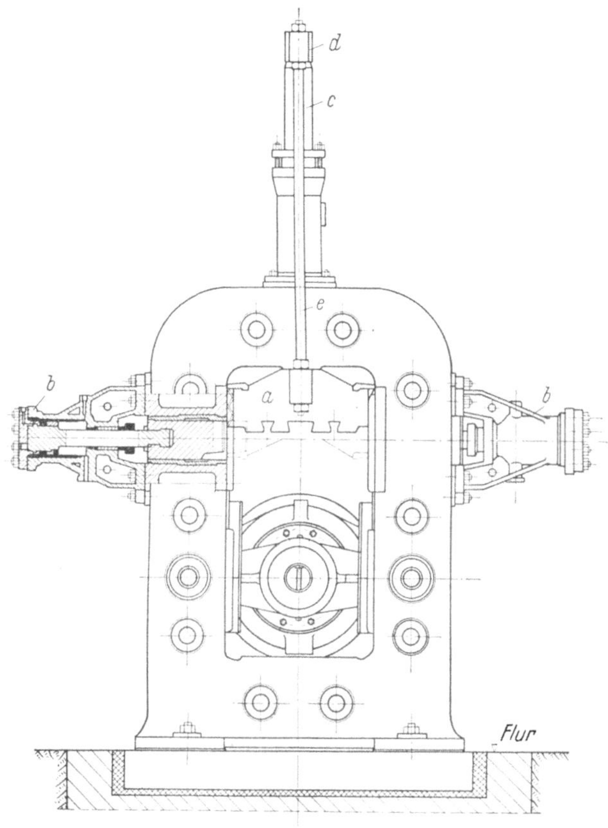

Abb. 70. Rohrstauchpresse mit Einspannvorrichtung in geschlossener Ständerbauart und Keilverriegelung an beiden Ständerseiten.

nach Abb. 68, wobei die Keile durchlaufend angeordnet sind. Das Absenken des Gesenkhalters erfolgt durch sein Eigengewicht; zum Heben dient ein hydraulischer Kolben *c*, der auf die Traverse *d* drückt, die durch zwei seitliche Zugstangen *e* mit dem Gesenkhalter verbunden ist.

Die Mehrzahl der heute verwendeten Rohrstauchpressen besitzt eine Einspannvorrichtung mit Plungerverriegelung. Sie erfordert eine größere Bauhöhe, hat dafür aber den Vorteil, daß sie beim Stauchen nicht atmet und durch eventuell auftretende Sprengkräfte nicht überlastet werden kann.

Wird eine Rohrstauchpresse nur zum Aufweiten, Einziehen und Kalibrieren verwendet, so genügen verhältnismäßig kleine Druckkräfte;

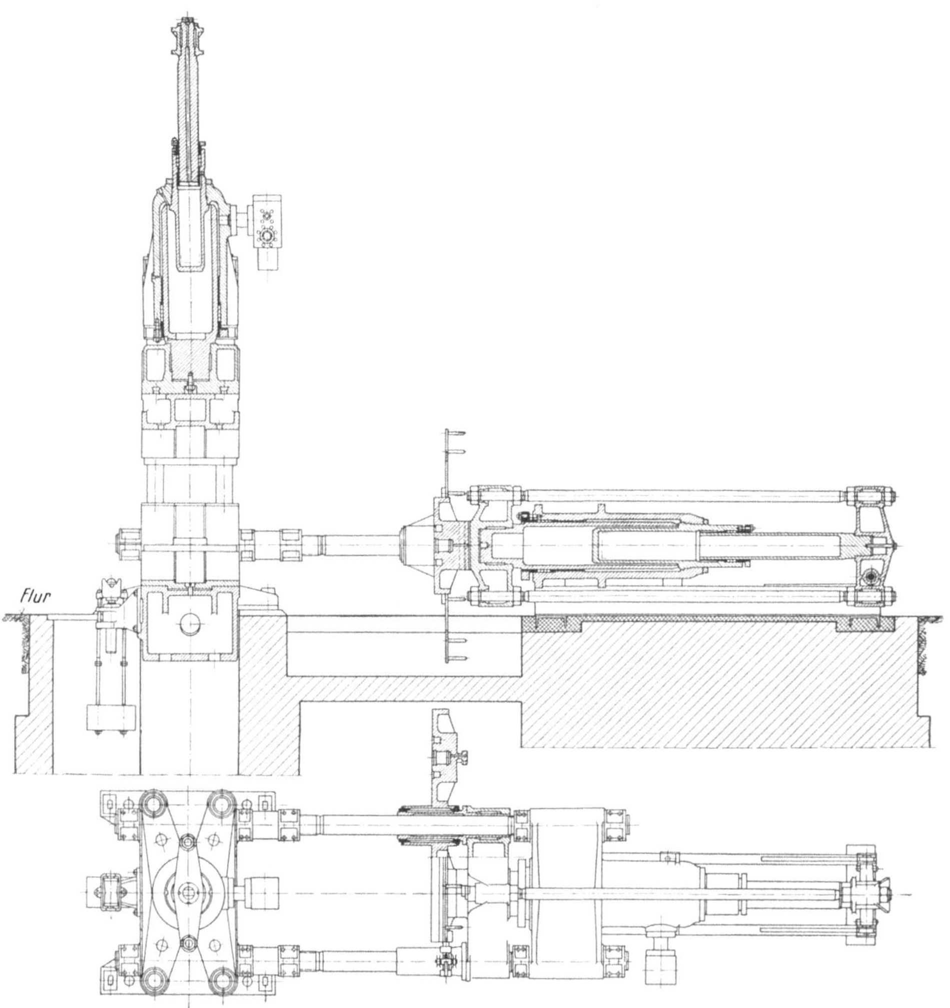

Abb. 71. 350 t-Rohraufweit- und Einziehpresse mit Drehscheibe zur Aufnahme von 2 Stempeln. (Ausführung ·Schloemann A. G., Düsseldorf.)

man braucht das Rohr nicht mehr abzustützen und kann auf die Säulenverlängerung verzichten. Abb. 71 u. 72 zeigen eine ausschließlich zur Vornahme dieser Arbeiten gebaute Presse, die als besondere Einrichtung noch eine um eine Säule schwenkbare Drehscheibe aufweist zur Auf-

nahme mehrerer Werkzeuge. Auf diesen Pressen lassen sich verschiedene
Arbeitsvorgänge hintereinander erledigen, da das Rohr in der Einspannvorrichtung nur festgehalten wird und ein Auswechseln der Einspanngesenke nicht erforderlich wird.

Abb. 72. Werkstattmontage der Aufweitpresse nach Abb. 71.

Man hat diese Pressen auch bereits nach Abb. 73 mit beweglichem
Ober-. und Untergesenk ausgeführt, und zwar durch Anordnung eines
Kniehebelsystems, das innerhalb des Pressenrahmens liegt und mit
hydraulischem Antrieb versehen ist; für die Gesenke ist dabei noch ein
besonderer Keilverschluß vorgesehen. Die Konstruktion hat den Vorteil, daß man die Rohre durch die Presse rollen kann, ohne sie in
ihrer Achse verschieben zu müssen; die Bauweise wird jedoch nur für
verhältnismäßig kleine Druckkräfte angewendet.

6*

Für die wichtigsten Einzelteile einer Rohrstauchpresse verwendet man folgende Werkstoffe:

Stahlformguß GS 45   für alle Gußstücke, z. B. Stauchholme, Laufholme, Ständer, Stauch- und Einspannzylinder, Gesenkhalter, Stützböcke und Traversen,

Kokillenhartguß   für alle Plunger mit einem Durchmesser von $D \geqq 300$ mm,

Stahl C 35.16   für alle Plunger mit einem Durchmesser von $D \leqq 300$ mm möglichst mit gasgehärteter Oberfläche,

St 50   für Säulen, Stangen, Steuergehäuse,

Legierter Stahl   für Dorne und Ringe,

Bronze   für Zylinderbüchsen und Ventile.

Das Steuerschema für eine Rohrstauchpresse zeigt Abb. 74. Sowohl die Stauch- als auch die Einspannvorrichtung besitzt eine Steuerung

Abb. 73. Rohraufweit- und Einziehpresse mit Kniehebel-Einspannvorrichtung zum Durchrollen der Rohre. (Ausführung Maschinenfabrik Meer A. G., M.-Gladbach.)

mit der gleichen Anzahl und Anordnung der Ventile. Auch das Ventilerhebungsdiagramm ist für beide Steuerungen gleich. Im Leergang erfolgt die Bewegung entweder durch das Eigengewicht der beweglichen Teile oder durch den konstanten Druck in den Vordruckzylindern. Das Rückschlagventil in jeder Steuerung verhindert die Entstehung eines Überdruckes in den Rückzugzylindern, wenn das Abwasserventil 2 versagen sollte. Die Stößel der Füllventile werden gleichzeitig mit den Rückzugkolben gesteuert. Sämtliche Bewegungen können nach den im Diagramm angegebenen Ventilstellungen genau verfolgt werden.

Eine ähnlich wie eine Rohrstauchpresse aussehende Maschine zeigt Abb. 75. Sie dient zum Ankümpeln von Böden an starkwandigen Rohren und Kesseln, die entweder nahtlos geschmiedet, gezogen, gewalzt oder geschweißt worden sind. Bei diesem Herstellungsverfahren wird das Kesselende gleichmäßig von oben und unten mit einem der Bodenform entsprechend ausgebildeten Gesenk eingedrückt, wobei nach jedem Hub der Kessel um ein bestimmtes Winkelmaß gedreht und nach jeder Umdrehung etwas vorgeschoben wird. Die Bodenwand erfährt dabei infolge der Stauchung eine nach der Kesselmitte hin zunehmende Verstärkung.

Die Einziehpresse besitzt in der Regel einen oberen und einen unteren Arbeitszylinder. Der Plungerdruck beträgt etwa 800 t und ist in dieser

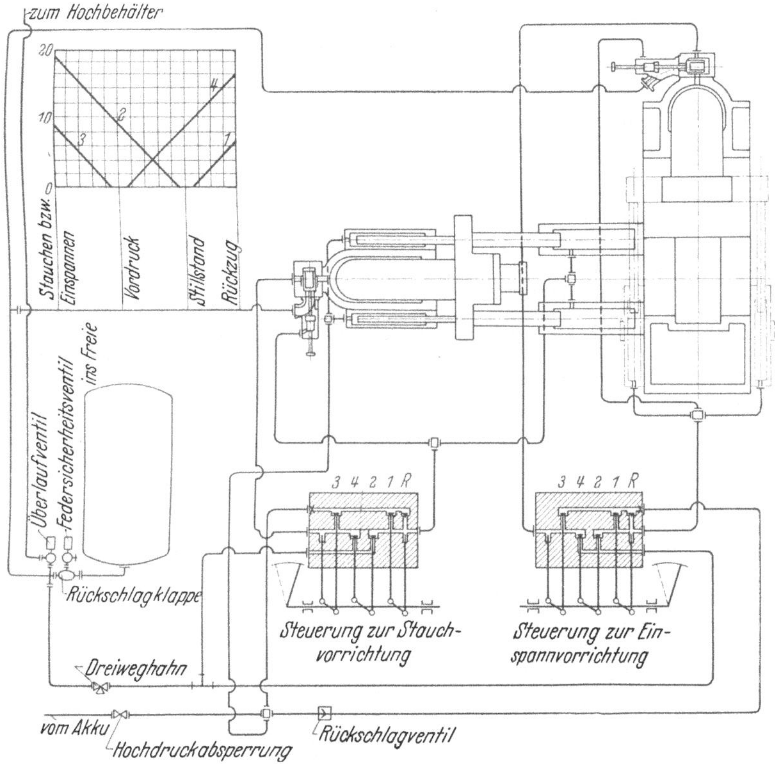

Abb. 74. Steuerschema für eine Stauch- und Einspannpresse.

Größe ausreichend, um Kessel mit einem Außendurchmesser von etwa 1800 mm bei 100 mm Wandstärke einzuziehen. Um die Plungerbewegungen zwangläufig zu gestalten, kann man sie entweder hydraulisch bzw. mechanisch kuppeln oder durch eine Steuerung beeinflussen, die selbsttätig das Voreilen eines Plungers durch Drosselung der Druckwasserzufuhr verhindert. Das freie Kesselende wird an einer Planscheibe befestigt, die, wie bei einer Drehbank, mehrere verstellbare Einspannbacken hat mit gemeinsamem Antrieb. Diese Planscheibe ist drehbar und kann mit einer starken Spindel vor und rückwärts verschoben

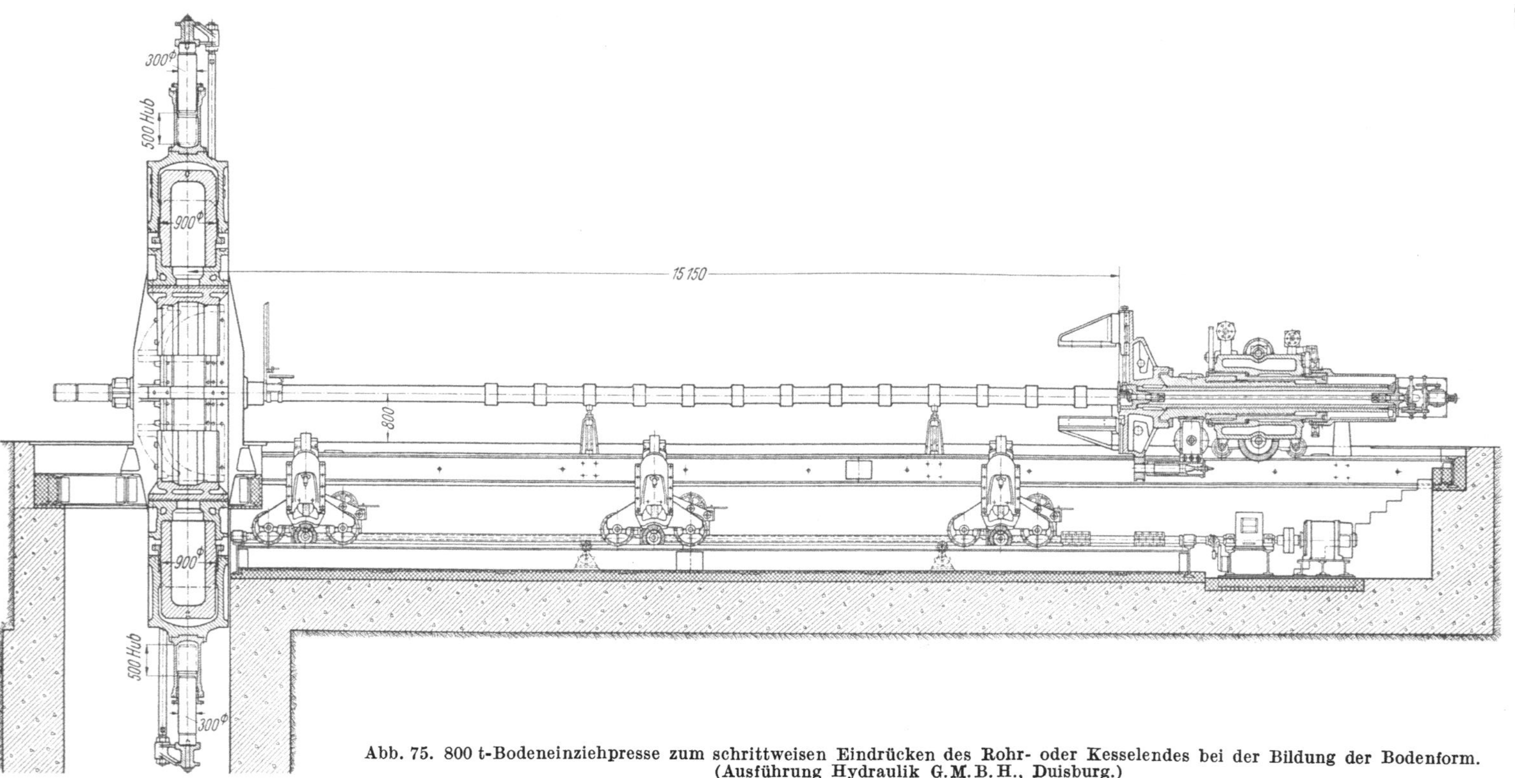

Abb. 75. 800 t-Bodeneinziehpresse zum schrittweisen Eindrücken des Rohr- oder Kesselendes bei der Bildung der Bodenform. (Ausführung Hydraulik G.M.B.H., Duisburg.)

werden. Die Spindel ist in einer fahrbaren Traverse gelagert, die mit der Einziehpresse durch zwei Säulen verbunden wird. Die Säulen besitzen Eindrehungen für die Feststellung der Traverse mit zweiteiligen Backen. Sie werden wie bei einer Rohrstauchpresse gleichzeitig geöffnet oder geschlossen. Für das Drehen und Verschieben der Planscheibe sowie zum Verstellen der Traverse sind elektromotorische Antriebe vorgesehen.

Zur Unterstützung und zum gleichmäßigen Heben und Senken des Kessels dienen mehrere, in der Rohrachse verschiebbare Rollenböcke, deren Hubwerk von einer gemeinsamen Welle elektrisch angetrieben wird.

Durch Anbau einer horizontalen Stauchvorrichtung hinter der Einziehpresse ist man in der Lage, die Maschine auch als Rohrstauchpresse zur Herstellung von Flanschverbindungen zu verwenden.

Das Einziehen der Kesselenden läßt sich auch auf einfachen, horizontalen Zweisäulenpressen durchführen. Bei diesem Verfahren drückt man wie auf den Hülseneinziehpressen, siehe Abb. 43, mit einem einteiligen Gesenk, das die Form des Bodens hat, gegen die Stirnseite des Kessels, der sich auf der anderen Seite an einer verstellbaren Traverse abstützt. Die aufzuwendende Druckkraft ist in diesem Falle natürlich erheblich größer als bei der Einziehpresse nach Abb. 75 und beträgt für die angegebenen Kesselbaumaße etwa 2000 t (Abb. 121). Die Entscheidung für die Wahl der einen oder anderen Pressenkonstruktion hängt im allgemeinen von den Anschaffungskosten und der weiteren Verwendungsmöglichkeit der Presse ab.

Die ersten Versuche, Kessel an ihren Enden schrittweise einzuziehen, wurden auf einer 1000 t - Kümpelpresse nach Abb. 76 ausgeführt. Pressen dieser Bauart besitzen obere und untere Zylinder, siehe Abb. 126, und können infolgedessen in beiden Richtungen arbeiten. Als Vorrichtung zum Einziehen der Kesselenden genügt also ein auf dem Unterholm der Kümpelpresse befestigter kräftiger Stützbock, der durch zwei Säulen mit einer verstellbaren Traverse zum Abstützen des hinteren Kesselendes kraftschlüssig verbunden ist. Diese Traverse besitzt — ähnlich wie in Abb. 75 — eine Planscheibe mit Druckspindel und Drehwerk. Die beiden Einziehgesenke werden mit den beweglichen Arbeitstischen gegeneinander gefahren, wobei die Gleichförmigkeit der Bewegung der Geschicklichkeit des Steuermanns überlassen bleibt.

i) Rohrprüfpressen.

Die Rohre werden nach der Bearbeitung ihrer Enden einer Druckprobe unterworfen. Zu diesem Zweck bringt man sie in eine horizontale Prüfpresse, in der zunächst jedes einzelne Rohr an den Stirnflächen mit zwei Preßplatten abgedichtet und anschließend mit Wasser gefüllt wird. Als Dichtung verwendet man Matten aus Hanf oder vulkanisiertem Gewebe. Beim Füllen muß man beachten, daß die eingeschlossene Luft aus dem Rohr restlos entweicht. Nach dem Füllen läßt man

Abb. 76. Bildung der Bodenform unter einer 1000 t-Kümpelpresse. (Ausführung Rheinische Röhrenwerke, Mülheim/Ruhr.)

Druckwasser in das Rohr eintreten. Der Prüfdruck richtet sich nach dem Werkstoff und der Wandstärke der Rohre; er schwankt normalerweise zwischen 20 und 200 atü, in Sonderfällen wendet man auch Drücke von 1000 bis 1200 atü an.

Die Einspannkraft P für eine Rohrprüfpresse erhält man aus der Beziehung:

$$P = c \cdot f \cdot p .$$

In dieser Gleichung bedeuten:

f = Außenquerschnitt des Rohres,
p = max. Prüfdruck,
c = 1,1.

Der Faktor c ist ein Zuschlag für die Abdichtung des Rohres, wobei noch berücksichtigt werden muß, daß in Wirklichkeit der Prüfdruck auf einer Fläche wirkt, die kleiner ist als der äußere Rohrquerschnitt.

Eine Rohrprüfpresse nach Abb. 77 besteht aus der hydraulischen Einspannvorrichtung und der verfahrbaren Traverse, die durch zwei Säulen kraftschlüssig miteinander verbunden sind.

Ein Beispiel für die Konstruktion der Einspannvorrichtung zeigt Abb. 78. Der Einspannplunger a wird im Zylinder b in einer Grundbüchse geführt und mit einer nachziehbaren Stopfbüchse abgedichtet.

Abb. 77. 125 t-Rohrprüfpresse zum Abpressen von 15 m langen Rohren mit einem Druck von 200 atü. (Ausführung Schloemann A. G., Düsseldorf.)

Er sitzt auf einer hohlgebohrten Stange c und drückt auf die vordere, bewegliche Traverse d, deren zentrale Bohrung an der Stange c abgedichtet wird und den Eintritt des Füllwassers in das zu prüfende Rohr gestattet. Schräg zur Füllbohrung liegt ein Entlüftungsrohr e, das mit einem Handhebel f nach oben bis zum Anliegen an der Rohrwand bewegt werden kann. Das Entlüftungsrohr ist als Schieber ausgebildet und schließt in seiner tiefsten Stellung den Luft- bzw. Wasseraustritt ab. Für den Leergang der beweglichen Traverse d sind zwei Vordruckkolben g vorgesehen, so daß im Hauptzylinder nur für das Einspannen der Rohre Druckwasser verbraucht wird. Das Auffüllen des Zylinders erfolgt mit Niederdruckwasser.

Die Plungerstange c bewegt sich durch einen hinter dem Zylinder b angeordneten Füllzylinder h, aus dem das Füllwasser durch mehrere Schlitze i in die Bohrung der Stange eintritt. Das Stangenende ist mit einer Traverse k verbunden, auf die zwei Rückzugplunger l drücken. Die Rückzugzylinder m sind mit dem Füllzylinder h in einem Stück gegossen. Der Hauptzylinder erhält für die Befestigung der beiden

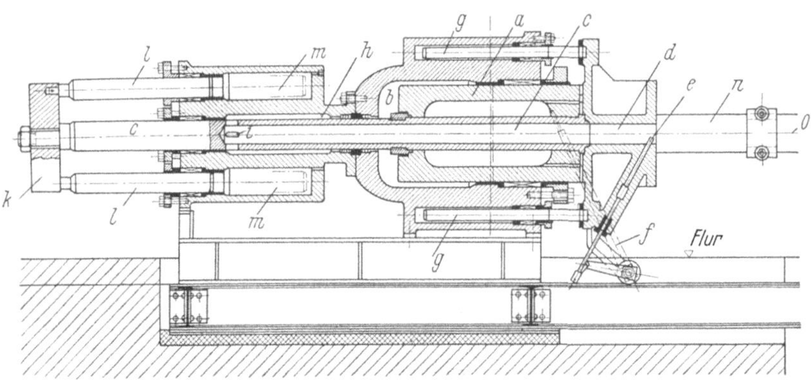

Abb. 78. Rohreinspannvorrichtung (Ausführung Hydraulik G.M.B.H., Duisburg.)

seitlichen Säulen n, welche Anschläge o für die Hubbegrenzung der Traverse d besitzen, angegossene Augen. Die Säulen sind auf der Gegenseite nach Abb. 79 in einem Stützbock p gelagert.

Die verfahrbare Traverse g läuft auf Schienen und überträgt den Gegendruck mit zweiteiligen Backen r auf die beiden Säulen n, die dafür Eindrehungen erhalten. Die Backen werden mit einem Handhebel s ähnlich wie bei einer Rohrstauchpresse durch ein Gestänge gleichzeitig geöffnet oder geschlossen.

Das Fahrwerk besteht aus dem Flanschmotor t, der eine Schneckenwelle u antreibt. Das Schneckenrad steht mit einer Reversierkupplung in Verbindung und bewegt nach dem Einrücken des Kupplungshebels v die Radwelle w in einer der beiden Drehrichtungen.

Da die Rohrenden nicht immer genau parallel zueinander stehen, wird die verfahrbare Traverse mit einer kugelig gelagerten und elastisch befestigten Druckplatte x versehen. In dieser Platte befinden sich noch ein Entlüftungsrohr y, das für verschiedene Rohrgrößen ausgewechselt werden kann und ein Ventil z zum Absperren des Füllwassers. Diese Entlüftungsvorrichtung ist jedoch nicht erforderlich, wenn sich eine ähnliche Einrichtung in der vorderen Traverse nach Abb. 78 befindet.

Die beiden Säulen, welche die Einspannvorrichtung mit der verfahrbaren Traverse verbinden, liegen meistens in horizontaler Ebene und werden zur Vermeidung der Durchbiegung in kurzen Abständen mit einfachen Böcken unterstützt.

Weniger verbreitet sind Prüfpressen mit schräg liegenden Säulen, die man vornehmlich zum Prüfen von Rohren mit großem Durchmesser ausführt, um die Vorteile einer besseren Zugänglichkeit und

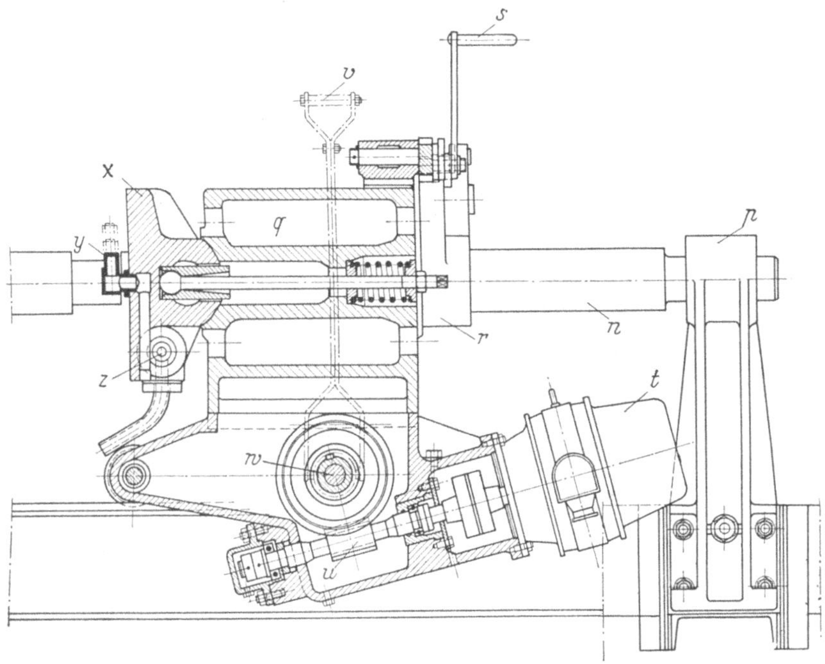

Abb. 79. Verstellbare Traverse. (Ausführung Schloemann A. G., Düsseldorf.)

eines einfacheren Rohrtransportes ausnutzen zu können, indem man die Rohre durch die Presse rollt. Durch diese schräge Anordnung ist man gezwungen, zur Unterstützung bzw. Aufhängung der oberen Säule einen Träger vorzusehen, der auf dem Zylinderholm und dem Säulenstützbock aufliegt. Abb. 80 zeigt eine Prüfpresse für Rohre mit einem Durchmesser bis 2400 mm und 13 m Länge, bei der die obere Säule zur Vermeidung der Durchbiegung an einem Fachwerkträger hängt.

Die Leistungsfähigkeit einer Prüfpresse wird stark beeinflußt durch die Einrichtungen für den Transport und die Unterstützung der Rohre.

Haben die Rohre große Durchmesser und werden sie mit einem Kran transportiert, so genügen zur Unterstützung einfache in der

Rohrachse verfahrbare Böcke mit einstellbaren Rollen. Die Verstellung der Böcke und der Rollen kann von Hand erfolgen.

Werden die Rohre über einen Rost zu- und abgerollt und liegen die Säulen der Prüfpresse in horizontaler Ebene, so ist es zweckmäßig, eine Rohrunterstützung in gleicher oder ähnlicher Ausführung wie für die Rohrstauchpressen vorzusehen.

Beim Prüfen von sehr langen Rohren mit verhältnismäßig kleinen Durchmessern muß die Vorrichtung noch zusätzlich zum Einspannen

Abb. 80. 1000 t-Rohrprüfpresse zum Abpressen von Rohren und Kesseln mit einem max. Durchmesser von 2400 mm und 13 m Länge. (Ausführung Hydraulik G.M.B.H., Duisburg.)

der Rohre eingerichtet sein, um ein Ausknicken zu verhindern. Die Konstruktion einer derartigen Vorrichtung zeigt Abb. 81.

Auf einem Fundamentrahmen a befinden sich mehrere Unterstützungsböcke b, die mit vier Rädern über Schienen laufen und von Hand verschoben werden. Die gegenseitigen Abstände legt man am Rahmen mit zwei Steckern c fest. In jedem Bock befindet sich ein gut geführter Stempel d, der am oberen Ende ein Druckstück trägt, das die beiden Arme e gelenkig miteinander verbindet. Zwischen den Armen e sind Laufrollen f angeordnet. Seitlich von den beiden Armen liegen die Einspannhebel g mit den Drehpunkten h; ihre Bewegung wird durch ein Lineal von dem Stempelhub abgeleitet. In der höchsten Stempelstellung erhält das Rohr durch den Vorsprung i am Arm e zwangläufig die Bewegungsrichtung zum Ablaufrost.

Am unteren Ende des Stempels ist die Druckrolle k gelagert. Sie läuft auf einem durchgehenden Träger l, dessen Flansch mit zwei Klauen umfaßt wird. Der Träger dient zum gleichzeitigen Heben und Senken aller Stempel; er liegt so tief, daß die verfahrbare Traverse nicht be-

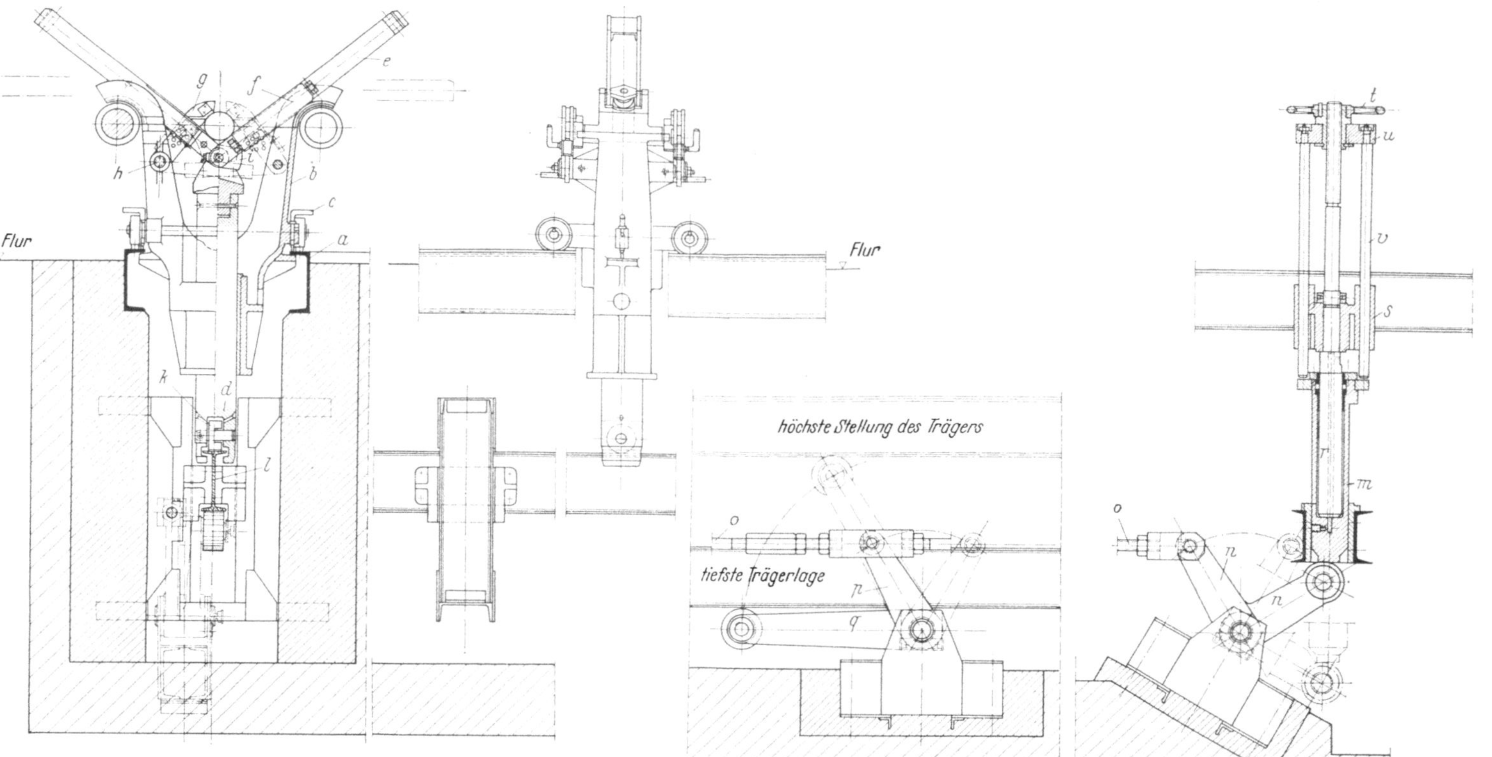

Abb. 81. Fahrbare Rollenböcke zum Unterstützen, Einspannen, Einrollen und Auswerfen der Rohre. (Ausführung Schloemann A.G., Düsseldorf.)

hindert wird. Bei der Aufwärtsbewegung des Trägers *l* drückt der Zylinder *m* auf den Winkelhebel *n*, der durch die Zugstange *o* und mit dem Hebel *p* die Kraft auf den Antriebshebel *q* überträgt. Die Abwärtsbewegung des Trägers erfolgt durch das Eigengewicht.

Der Zylinder *m* gleitet über dem feststehenden Plunger *r*, der sich an der im Fundamentrahmen befestigten Traverse *s* befindet. Der

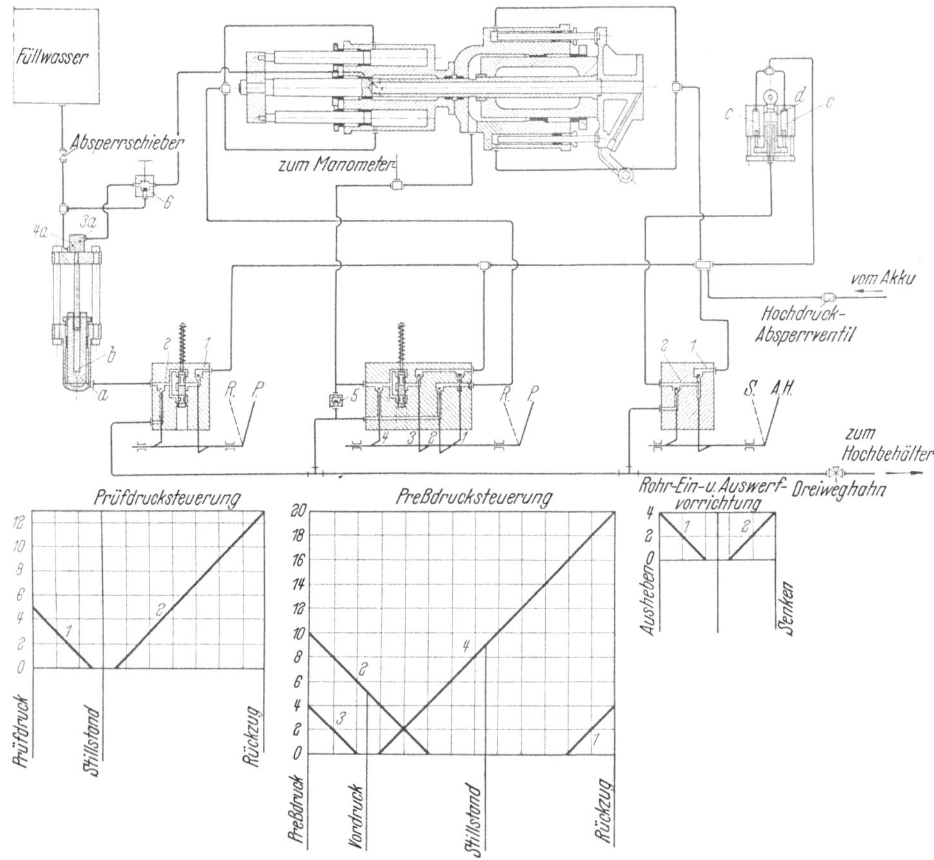

Abb. 82.
Steuerschema für eine Rohrprüfpresse mit Druckübersetzer zur Lieferung des Prüfwassers.

verlängerte Plunger ist mit Gewinde versehen. Durch Drehen des Handrades *t* wird die Traverse *u* mit den Stangen *v* abwärts bewegt und der Zylinderhub nach oben den verschiedenen Rohrdurchmessern entsprechend begrenzt.

Abb. 82 zeigt das Steuerschema für eine Rohrprüfpresse. Die Hauptsteuerung besitzt die Ventile *1* bis *4* sowie eine eingebaute Druckreguliervorrichtung, siehe auch Abb. 216, mit der die Einspannkraft beliebig verändert werden kann; sie richtet sich nach den Rohrquerschnitten und Prüfspannungen und wird aus Diagrammtafeln abgelesen, die man am Steuerstand gut sichtbar anbringt (Abb. 83).

Die beiden Vordruckzylinder stehen unter dem konstanten Druck des Leitungsnetzes. In der Stillstandstellung ist nach dem Ventilerhebungsdiagramm nur Ventil *4* geöffnet, das eine Verbindung des Einspannzylinders mit der Abwasserleitung herstellt. Bewegt man den

Abb. 83.
Steuerstand an einer Rohrprüfpresse. (Ausführung Maschinenfabrik Meer A. G., M.-Gladbach.)

Steuerhebel in die Vordruckstellung, so werden Ventile *4* und *2* geschlossen bzw. geöffnet. Die Vordruckkolben bewegen die Einspannplatte vorwärts, da das Wasser aus den beiden Rückzugzylindern durch Ventil *2* in die Abwasserleitung fließen kann. Das Auffüllen des Einspannzylinders erfolgt durch Nachströmen des Abwassers durch das Rückschlagventil *5*. In der Preßdruckstellung wird das Ventil *3* zusätzlich geöffnet; das Druckwasser tritt in den Einspannzylinder ein und wird in der Reguliervorrichtung auf einen bestimmten Druck gedrosselt. Legt man den Steuerhebel in die Rückzugstellung, so werden die Ventile *2* und *3* geschlossen und die Ventile *4* und *1* geöffnet. Das Druckwasser tritt in die Rückzugzylinder ein, die Rückzugkraft überwindet den konstanten Druck der Vordruckkolben, während das Wasser aus dem Einspannzylinder durch Ventil *4* in die Abwasserleitung fließt.

Ist das zu prüfende Rohr nach Beendigung des Vordruckhubes eingespannt, so läßt man durch Öffnen des Absperrschiebers *6* Füllwasser durch den Füllzylinder in das Rohr eintreten, wobei die Luft durch das Entlüftungsrohr in der beweglichen Preßplatte aus dem Rohr verdrängt wird. Um die Luft beim Füllen schnell und restlos abführen zu können, montiert man die Prüfpresse oft etwas geneigt zur horizontalen Achse.

Kommt das Druckwasser zum Prüfen der Rohre aus einer Akkumulatoranlage, an der auch die Zylinder der Prüfpresse angeschlossen sind, so tritt durch den Abfluß des Prüfwassers dauernd ein Wasserverlust auf, der durch den Zufluß von Wasser aus der Werksleitung wieder ersetzt werden muß. Der Kreislauf des Wassers in der hydraulischen Anlage wird dadurch unterbrochen, wodurch man den Nachteil in Kauf nehmen muß, dem Wasser keine Emulsion zusetzen zu können, die infolge ihrer Schmierfähigkeit und des Korrosionsschutzes den Verschleiß der Plunger und Dichtungen sehr verringert. Man kann diesen Übelstand vermeiden, wenn man nach dem Steuerschema zur Erzeugung des Prüfwassers einen Druckübersetzer oder — wenn der Prüfdruck geringer ist als der Betriebswasserdruck — einen Druckverminderer aufstellt in Verbindung mit einer Steuerung, welche die Ventile *1* und *2* sowie eine Druckreguliervorrichtung zur beliebigen Veränderung des Prüfdruckes enthält. Ist also das zu prüfende Rohr gefüllt und der Absperrschieber *6* wieder geschlossen, so bewegt man den Steuerhebel für den Übersetzer in die Prüfdruckstellung, wodurch Ventil *1* geöffnet und Ventil *2* geschlossen wird. Das. Druckwasser gelangt über Ventil *1* und die Druckregelvorrichtung in den Zylinder des Druckübersetzers; der Plunger *a* bewegt sich aufwärts und drückt das Prüfwasser aus dem Zylinderraum *b* durch das Ventil *3a* in den Füllzylinder. Sollte infolge von Undichtigkeiten usw. das Hubvolumen des Druckübersetzers nicht genügen, so geht man mit dem Steuerhebel in die Rückzugstellung. Durch Öffnen des Ventiles *2* und Schließen des Ventiles *1* bewegt sich der Plunger *a* wieder abwärts, wobei das Füllwasser durch Ventil *4a* in den Zylinderraum *b* nachströmt. Man kann nunmehr einen neuen Druckhub ausführen — der Übersetzer wirkt also wie eine Pumpe.

Die Liefermenge Q des Druckübersetzers soll sein:

$$Q = 1{,}5 \cdot c \cdot V \cdot p.$$

Es bedeuten:

$c = 0{,}45 \cdot 10^{-5} =$ Kompressionskoeffizient für Wasser bei einem Druck bis 400 atü,

$V =$ Volumen des größten Rohres und der gesteuerten Druckleitung,

$p =$ größter Prüfdruck.

Der Faktor 1,5 berücksichtigt den Aufwand an Prüfwasser für Lufteinschlüsse, Gefäßausdehnung und Undichtigkeiten.

Die in dem Steuerschema noch enthaltene dritte Steuerung mit den Ventilen *1* und *2* gehört zur Einspann- und Auswerfvorrichtung,

bei der die Rückzugkolben *c*
unter konstantem Druck stehen,
so daß nur die Kolbenseite *d* gesteuert zu werden braucht.

Für die Wahl der Werkstoffe,
die man für die wichtigsten Teile
einer Prüfpresse verwendet, gelten die Angaben für die Rohrstauchpressen auf Seite 84.

Außer der beschriebenen Rohrprüfpresse gibt es — vorzugsweise
zum Prüfen von Rohren mit
kleinen Durchmessern — noch
eine ganze Reihe von Sonderaus-
führungen, wovon ein Beispiel
in Abb. 84 dargestellt ist. An
dieser Bauart ist besonders auf-
fallend, daß — im Gegensatz zu
der beschriebenen Einrichtung —
durch die Abdichtung der Stirnflächen keine Knickbeanspru-
chung im Rohr auftritt.

Die Prüfvorrichtung besteht
aus einem langen Rahmen *a* aus
Profileisen, der an einem Ende
einen feststehenden Einspannkopf *b* besitzt, durch den das
Füll- und Prüfwasser zugeführt
wird. Der bewegliche Einspannkopf *c* läuft auf dem Rahmen
mit vier Rollen und wird fest
gestellt, wenn man mit einem
Handgriff *d* eine Klinke *e* in eine
auf beiden Rahmenseiten angeordnete Zahnstange *f* einfallen
läßt. Zur Feineinstellung des
Kopfes dient eine Spindel *g*, die
ebenfalls von Hand durch Drehen
eines Kegelradantriebes *h* bewegt wird. In den beiden Ein-
spannköpfen nach Abb. 85, wird
das Rohr mit einer Manschette
an der Innenwand abgedichtet,

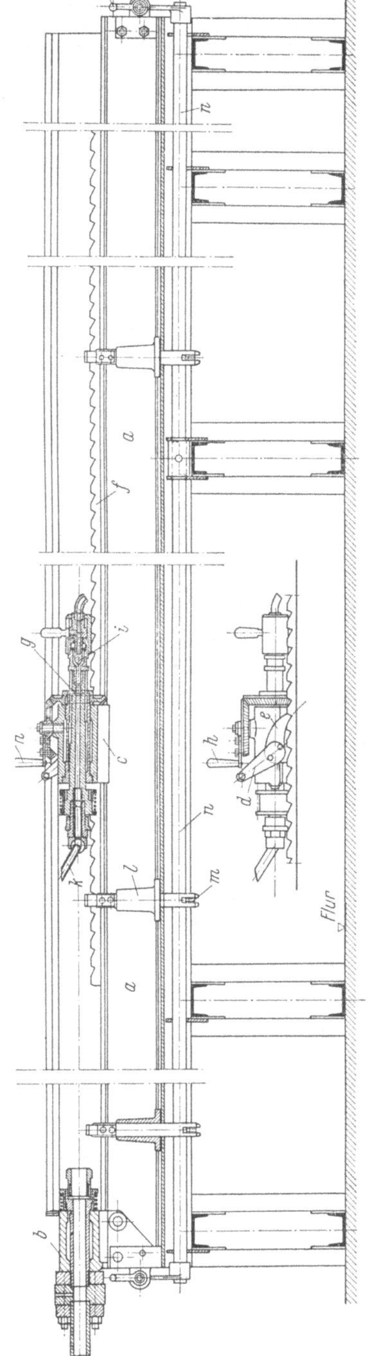

Abb. 84. Rohrprüfvorrichtung mit festem und verstellbarem Einspannkopf zum Abdichten des Rohres an der Innenwand. (Ausführung Hydraulik G. M. B. H., Duisburg.)

so daß es vollkommen frei von einer Einspannkraft bleibt; nachteilig ist dabei nur, daß für die verschiedenen Rohrdurchmesser entsprechende Manschetten eingebaut werden müssen.

Für die Manschetten verwendet man Leder oder vulkanisierte Gewebe. Damit die Dichtungskanten beim Aufschieben eines Rohres nicht verletzt werden, umgibt man die Packung mit einem durch Federkraft vorgeschobenen Ring.

Die Einrichtung zur Entlüftung des Rohres beim Füllen befindet sich am beweglichen Einspannkopf. Die Luft entweicht durch einen hinter dem Kopf angeordneten Schieber i, der sich durch den Prüfdruck selbsttätig schließt. Das Entlüftungsrohr k ist an einem Drehzapfen befestigt, damit es für die verschiedenen Rohrdurchmesser eingestellt werden kann. Zur Auflage der Rohre dienen mehrere Stützen l, die auf

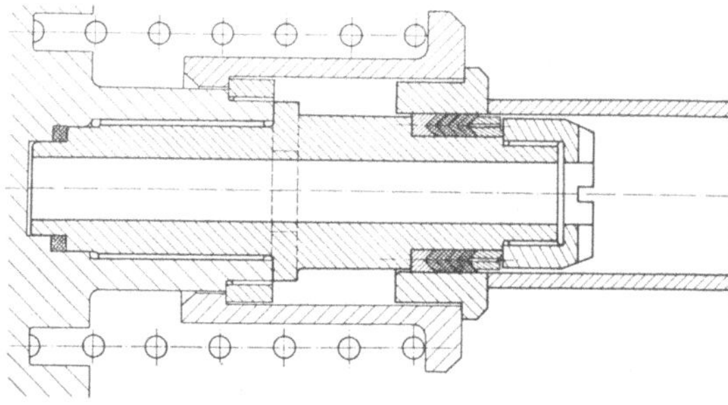

Abb. 85. Einspannkopf mit Rohr vor dem Aufschieben über die Manschettendichtung.

Hebeln m sitzen und mit einer gemeinsamen Welle n und einem Handhebel o zum Einbringen und Auswerfen der Rohre gehoben und gesenkt werden können.

Für die Massenprüfung von Rohren mit gleichen Durchmessern und gleichen Längen kann man auch mehrere Einspannköpfe auf Drehscheiben vorsehen und durch eine Unterteilung der Arbeitsvorgänge erheblich Zeit gewinnen.

In einzelnen Fällen stellt man auch die Bedingung, daß die Rohre — dem Betriebszustand entsprechend — gleichzeitig mit Innendruck und axialer Zugkraft geprüft werden sollen. Man verwendet dann Einspannköpfe, die an dem Rohrbund gehalten werden. Sind die Rohrenden glatt, so werden sie zum Aufschrauben eines Bundes mit einem Gewinde versehen, das man später wieder absticht.

k) Dornstauchpressen.

Bei der Herstellung von Rohren nach dem Pilgerschrittverfahren sind die Pilgerdorne einem starken Verschleiß ausgesetzt. Sie werden deshalb nach einer bestimmten Abnutzung überholt, d. h. warm gestaucht und nach dem Erkalten überdreht und geschliffen.

Das Stauchen erfolgt auf hydraulischen Pressen, wobei der Dorn auf seiner ganzen Länge in einem geschlossenen Gesenk liegt oder an mehreren Stellen seines Umfanges mit Leisten gehalten wird.

Der Stauchdruck P läßt sich aus der Gleichung bestimmen:

Es bedeuten: $$P = f k_f\,.$$

f = max. Dornquerschnitt,
k_f = spez. Formänderungswiderstand.

Man wählt

k_f = 1200 ÷ 1000 kg/cm² für Dorne bis 100 mm Durchmesser
und k_f = 1000 ÷ 600 kg/cm² für Dorne von 100 bis 400 mm Durchmesser.

Den Aufbau einer Dornstauchpresse mit 400 t Druckkraft und Dreipunkteinspannung für Dorne mit einem Durchmesser bis 300 mm zeigt Abb. 86. Die Presse besteht aus einem Stahlgußrahmen, der links die Stauchvorrichtung und rechts ein Widerlager besitzt. Die lichte Weite reicht aus, um Dorne mit einer max. Länge von 4 m zu stauchen.

Der Stauchzylinder a ist in den beiden Rahmenträgern b eingespannt. Den Rückzugzylinder c hat man zur Verkürzung der Baulänge in den Stauchzylinder eingehängt. Die Stauchtraverse wird durch seitliche Rückzugstangen gut geführt.

Die Werkzeuge bestehen aus einem unteren Stützträger und einem oberen, dachförmigen Gesenk, die zusammen den Dorn an drei Punkten des Umfanges halten. Das Obergesenk befindet sich an einem, im Rahmen geführten Schlitten d, der mit einem Kolben e durch hydraulischen Druck hochgehalten wird. Das Absenken erfolgt durch das Gewicht des Schlittens. In seiner Endstellung findet eine Verriegelung statt, indem zwei längsverschiebbare Keile f im oberen Rahmenträger auf zwei Keilflächen am Schlitten zum Anliegen gebracht werden. Die Keile sind durch zwei Stangen g miteinander verbunden und werden durch den Kolben h mit hydraulischem Druck bewegt. Beim Lösen der Keile drücken zwei Gegenkolben auf eine Traverse p, an der die Stangen befestigt sind. Der Keil- oder Kolbenhub wird durch seitliche Anschläge begrenzt und durch eine Verstellung der Mutter q beliebig verändert; das Obergesenk kann also auf verschiedene Dorndurchmesser eingestellt werden, indem die Spindel i mit einer Handkurbel k, die sich an der Widerlagerseite des Rahmens befindet, gedreht wird. Mit dieser Handkurbel dreht man gleichzeitig eine Spindel l, die mit zwei Muttern m den unteren Stützträger verstellt, so daß beim Stauchen

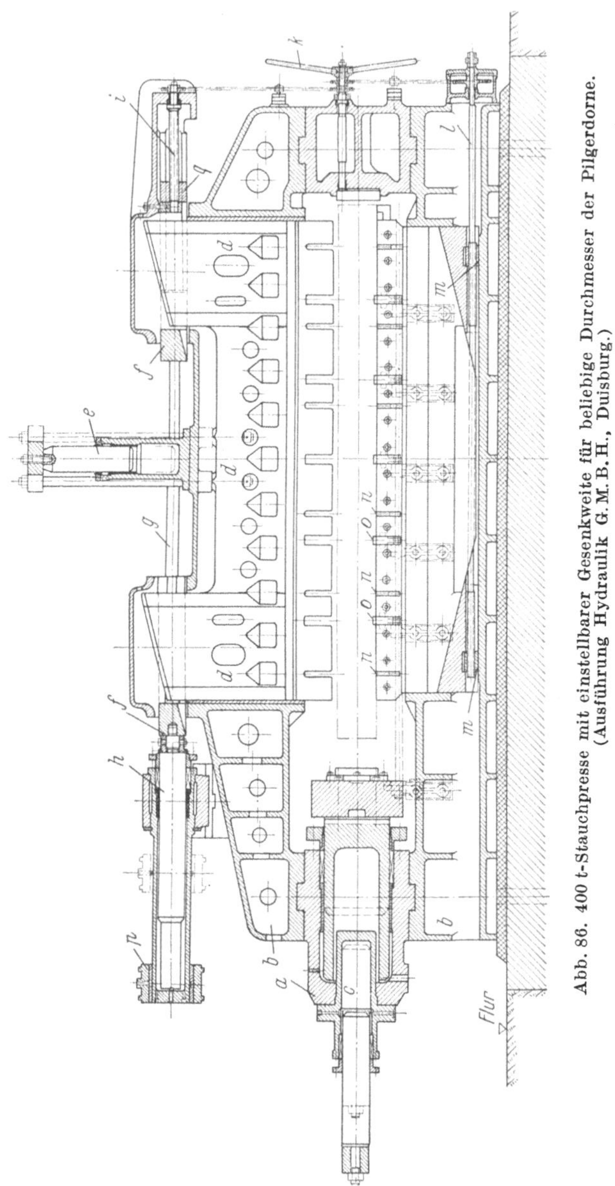

Abb. 86. 400 t-Stauchpresse mit einstellbarer Gesenkweite für beliebige Durchmesser der Pilgerdorne. (Ausführung Hydraulik G. M. B. H., Duisburg.)

die Dornachsen immer auf der Zylindermitte liegen. Die Öffnung der Gesenke für die verschiedenen Dorndurchmesser wird auf einem Zifferblatt abgelesen.

Der Ein- und Ablauf der Dorne erfolgt durchlaufend auf einem Rost, der an Flacheisen in den Schlitzen n angelenkt ist. Beim Einlauf

schlägt der Dorn in Pressenmitte gegen die Nocken von mehreren
Hebeln, die im unteren Rahmenträger in den Schlitzen *o* angeordnet
sind und ein Durchrollen des Dornes auf die andere Pressenseite verhindern. Nach dem Stauchen wird der Dorn mit den gleichen Hebeln
auf den Ablaufrost geworfen. Die Hebel sitzen auf einer gemeinsamen
Welle, die entweder von Hand oder maschinell durch hydraulischen
Druck gedreht wird. Das Obergesenk ist zum Überfahren der Hebel
und des Rostes entsprechend ausgeklinkt.

In Abb. 87 u. 88 ist eine Dornstauchpresse für die gleichen Verhältnisse in einer anderen Bauart dargestellt. Auf dieser Presse wird der Dorn
von beiden Seiten gestaucht und die Bewegung des Obergesenkes durch
elektrischen Antrieb veranlaßt.

Die Presse besitzt zwei Ständer *a*, in welchen zwei schräg liegende
Säulen *b* gelagert sind, die den Kraftschluß zwischen den beiden Stauch-
zylindern *c* herstellen. Die Kolben *d* sind doppeltwirkend und infolge
ihrer langen Führung in der Lage, einseitig auftretende Stauchwider-
stände aufzunehmen, so daß man von einer Verstellung des Untergesenkes absehen kann. Der Hub jedes Kolbens braucht nur halb so
groß zu sein wie bei der Presse nach Abb. 86.

Für die Auf- und Abwärtsbewegung des oberen Gesenkträgers ist
in jedem Ständer eine Spindel *e* vorgesehen. Der Spindelantrieb besteht
aus einer Mutter *f* mit einem Kegel- und Stirnradvorgelege *g* und *h* der
Schaltkupplung *i* und dem Elektromotor *k*. Beide Spindelantriebe sind
durch die Welle *l* miteinander verbunden.

Für den Ein- und Ablauf der Dorne besitzt die Presse vier Trans-
porthebel *m*, die um die untere Säule geschwenkt werden. Für den
Hebelantrieb ist eine Kurbel *n* vorhanden, die mit einer Lenkstange
an einem Hebel angreift. Die Gesenke sind zur Aufnahme der vier
Hebel geschlitzt.

An einem der beiden Ständer befindet sich noch eine Kühlvor-
richtung für das Dornende. Die beiden Schieber werden gleichzeitig
gesteuert und stehen mit zwei Rohrgabeln in Verbindung, durch die
beim Schließen das Wasser auf den Dorn gespritzt wird.

Die Dornstauchpresse nach Abb. 89 hat zwei dachförmige Gesenke
mit Vierpunkteinspannung für die Dorne, die durch eine Spindel verstellt werden kann. Die Bewegung des Obergesenkes erfolgt hydraulisch; anstelle der Verriegelung sind zwei Druckzylinder in dem Rahmen
eingebaut.

Abb. 90 zeigt das Steuerschema für eine Dornstauchpresse, ein-
gerichtet für den Anschluß an zwei Druckwasseranlagen mit einem
Betriebswasserdruck von 60 und 200 atü. Die Presse besitzt zwei
Steuerungen für die Stauch- und Einspannvorrichtung. Die erste
Steuerung ist für beide Betriebswasserdrücke, die zweite dagegen nur

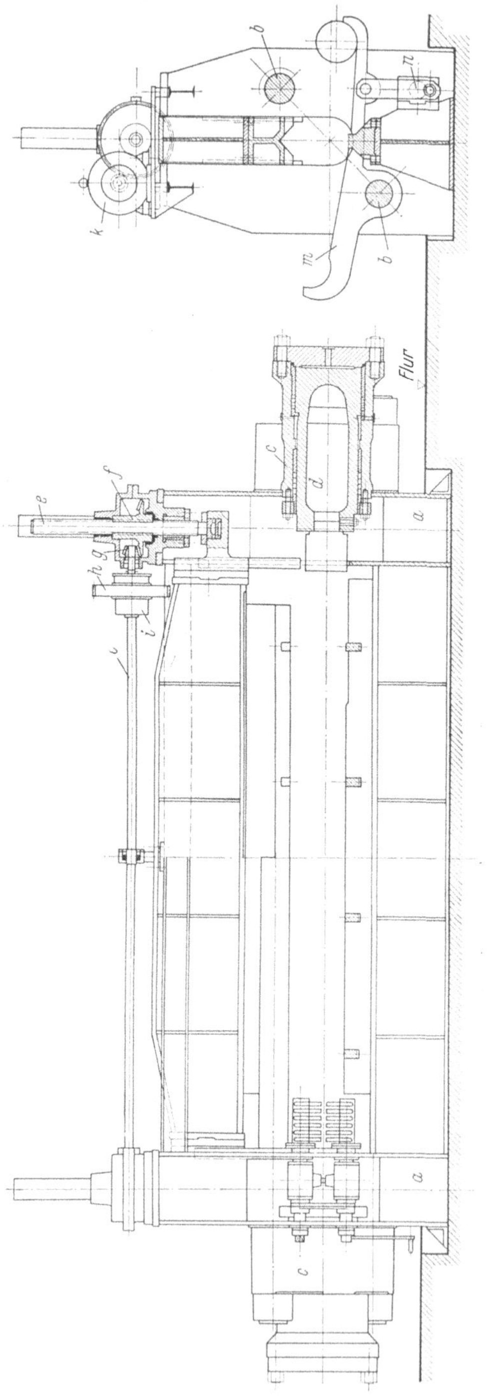

Abb. 87. 400 t-Stauchpresse mit zwei Stauchplungern und elektrischem Antrieb für die Verstellung des Obergesenkes. (Ausführung Eumuco A. G., Leverkusen-Schlebusch.)

für den Niederdruck eingerichtet. Bedient man die Steuerung zur Stauchvorrichtung und geht man mit dem Handhebel aus der Stillstandstellung in die Preßdruckstellung *I*, so sind nach dem Ventil-

Abb. 88. Werkstattmontage der Stauchpresse nach Abb. 87.

erhebungsdiagramm nur die Ventile *3* und *4* geöffnet. Der Stauchplunger geht vorwärts, bis der Druck auf 60 atü ansteigt; das Wasser aus dem Rückzugzylinder kann dabei durch das Ventil *4* entweichen. In der

Abb. 89. 600 t-Stauchpresse für Pilgerdorne mit 400 mm Durchmesser und 4 m Länge.
(Ausführung Schloemann A. G., Düsseldorf.)

Preßdruckstellung *II* ist auch noch das Ventil *5* geöffnet. Der höhere Druck von 200 atü tritt in den Stauchzylinder ein, wird aber durch das Rückschlagventil *6* daran gehindert, in die Niederdruckanlage überzutreten. Das Rückschlagventil *7* gestattet einen Rückfluß aus dem

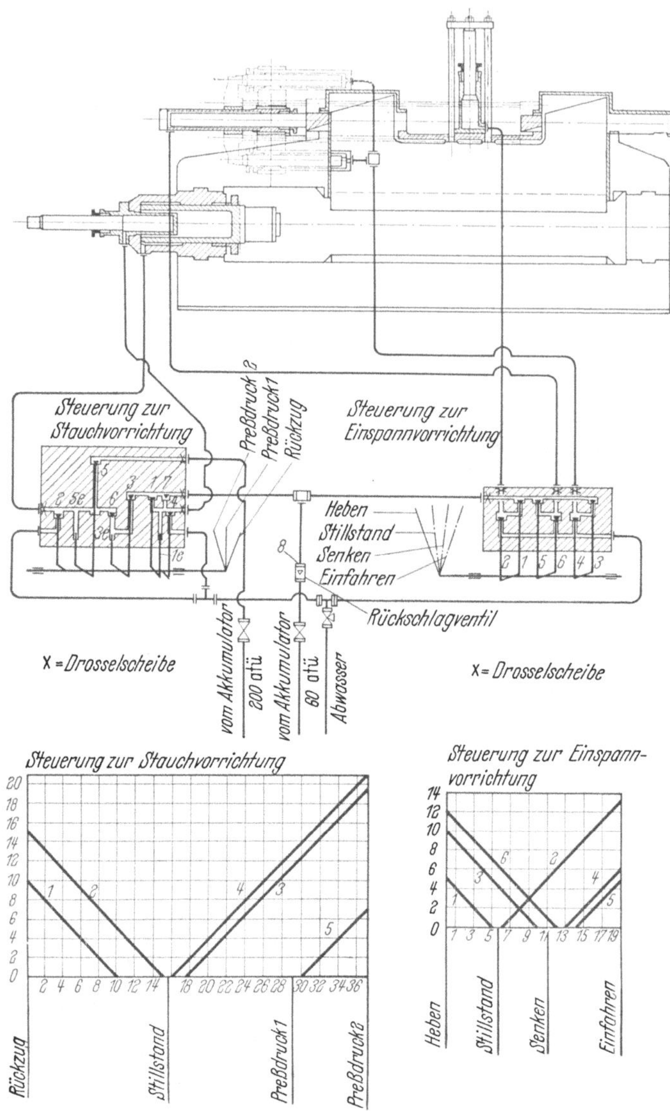

Abb. 90. Steuerschema für eine Dornstauchpresse.

Rückzugzylinder in die Niederdruckanlage, wenn der Stauchplunger mit dem Druck von 60 atü vorgeht.

Die Wirkungsweise der Steuerung zur Einspannvorrichtung läßt sich in ähnlicher Weise aus dem Ventilerhebungsdiagramm ableiten. Das Rückschlagventil *8* verhindert ein unbeabsichtigtes Senken des Obergesenkes, wenn der Niederdruck ausbleibt.

II. Abschnitt.

Hydraulische Pressen und Anlagen für die Herstellung von Blechen und Umformung von Platten.

Zu den hydraulischen Anlagen, die bei der Herstellung von Blechen und Platten Verwendung finden, gehören in erster Linie *Scheren zum Schneiden von Brammen*. Sie werden für Dampf- und Akkumulatorbetrieb gebaut, wozu in jüngster Zeit der elektrische Einzelantrieb mit Druckölpumpen getreten ist.

Auch *Blechscheren* wurden früher mit hydraulischem Antrieb versehen. Sie werden heute ausnahmslos mit mechanischem Antrieb ausgeführt, weshalb von einer Beschreibung dieser Maschinen abgesehen werden soll. Wieweit sich auf diesem Gebiete wieder eine Rückkehr zum hydraulischen Betrieb durch die Anwendung von Öldruckpumpen vollzieht, muß noch abgewartet werden.

Auf die vielen hydraulischen Hilfseinrichtungen in Walzwerken, z. B. Vorrichtungen zum Ausbalancieren der Walzen, zum Kanten und Verschieben von Blöcken, zum Heben von Ofentüren usw. wird wegen ihrer untergeordneten Bedeutung nicht näher eingegangen. Erläutert werden jedoch hydraulische *Spritzvorrichtungen*, die zum Entzundern und Glätten der Bleche in den Walzwerken dienen und wegen der erforderlichen Druckwasseranlagen eine wesentliche maschinelle Einrichtung darstellen.

Endlich werden unter diesem Abschnitt auch noch die schweren *Pressen zum Biegen von Panzerplatten* aufgeführt, die man wegen der Wärmebehandlung der Platten in Blechwalzwerken und nicht auf Werften aufstellt; sie lassen sich also an dieser Stelle am besten einordnen.

a) Scheren.

Den Brammenscheren wird das Walzgut — von der Walzenstraße kommend — mit einem Rollgang zugeführt. Die Bramme läuft in der Schere gegen einen Vorstoß, der die genaue Schnittlänge bestimmt. Außer dem Vorstoß besitzt die Schere einen Niederhalter zum Festhalten der Bramme beim Schneiden, um eine gerade Schnittfläche zu erhalten. Der nach dem letzten Schnitt übrigbleibende Rest wird in der Regel mit einer Durchstoßvorrichtung weiterbefördert und fällt hinter der Schere durch eine Öffnung im Rollgang in eine Grube. Das Schneiden der Brammen erfolgt bei einer Temperatur von etwa 600 bis 700° C.

Bei den ersten Scheren, die gebaut wurden, war das Untermesser feststehend und das Obermesser beweglich. Der Rollgang mußte infolgedessen nachgiebig sein, da das Untermesser etwas unter der Rollenoberkante lag. Man bevorzugte aus diesem Grunde später Scheren mit einem von unten nach oben schneidenden Messer, wobei jedoch beim Schneiden noch der Spalt zwischen der Bramme und dem Obermesser nachteilig in Erscheinung trat. Die Weiterentwicklung der Scherenkonstruktion führte zur beweglichen Ausführung beider Messer, wobei sich bei einem Schneidvorgang zuerst das Obermesser auf die Bramme senkt, die dann anschließend vom Untermesser bei der Aufwärtsbewegung durchgeschnitten wird. Diese Konstruktion und Arbeitsweise hat sich heute allgemein durchgesetzt.

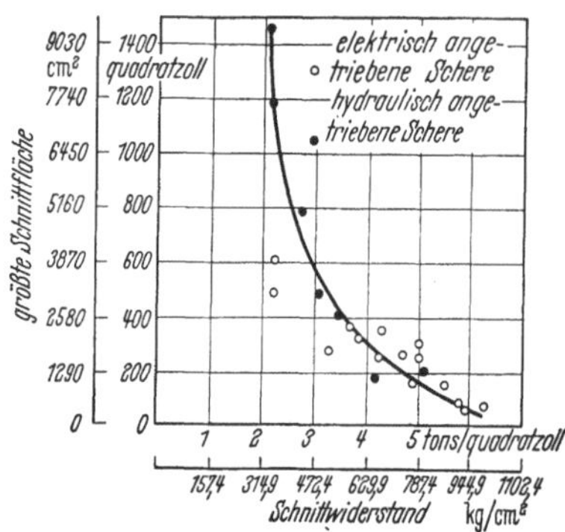

Abb. 91. Verlauf des spez. Scherdruckes in Abhängigkeit von der Größe der Schnittfläche. (Nach KILBY.)

Die Scheren werden in offener und geschlossener Ständerkonstruktion gebaut. Die offene Bauweise hat den Vorteil, daß die Messer leicht zugänglich sind und die Brammen und Schnittreste seitlich abgezogen werden können. Sie ist jedoch wegen ihres höheren Gewichtes teurer als die geschlossene Ständerbauart, so daß man sie nur für verhältnismäßig niedrige Schnittkräfte bevorzugt.

Zur Berechnung der Schnittkraft P gilt die Beziehung:

$$P = f \, k_s \, .$$

Dabei bezeichnen:

f = Brammenquerschnitt und

k_s = Scherwiderstand, der von der Querschnittsgröße und der Temperatur abhängig ist.

Günstige k_s-Werte für das Schneiden von Brammen aus normalem Kohlenstoffstahl sind aus dem Diagramm nach Abb. 91 zu entnehmen, das nach den Erfahrungen mit ausgeführten Scheren aufgestellt wurde[1].

Der Scherenhub s ergibt sich zu $s = 1,2 \div 1,4 \, h + 25$ mm, wobei h die Brammenhöhe bedeutet und ein Zuschlag von 25 mm für das Überschneiden und Nachschleifen der Messer gedacht ist.

Die Messerbreite B richtet sich nach der größten Breite b der Bramme; für die Mittenabweichung berücksichtigt man eine Zugabe von etwa 100 bis 150 mm. Es ist also: $B = b + 100 \div 150$ mm.

Die Zylindermitte legt man meistens in die Schnittebene. Es hat sich jedoch für große Scheren als vorteilhaft erwiesen, sie zur Schonung der Führungen etwas aus dieser Ebene herauszulegen. Den Abstand von der Mitte wählt man $a = 25 \div 50$ mm.

Abb. 92 u. 93 zeigt eine dampfhydraulische Schere in geschlossener Ständerkonstruktion für eine Schnittkraft von 1000 t. Der mit dem

---

[1] KILBY, J. A.: Warmscheren. J. Iron Steel Inst. Febr. 1951.

Fundament verankerte Ständer besteht aus zwei seitlichen Rahmen a, die unten durch eine Traverse b und oben durch vier Anker c miteinander verbunden sind. Auf den beiden Rahmen sind die Brücken d angeordnet, die als Auflager für die nach oben bewegliche Zylindertraverse e dienen. An dieser Traverse ist mit zwei Säulen f und Muttern g

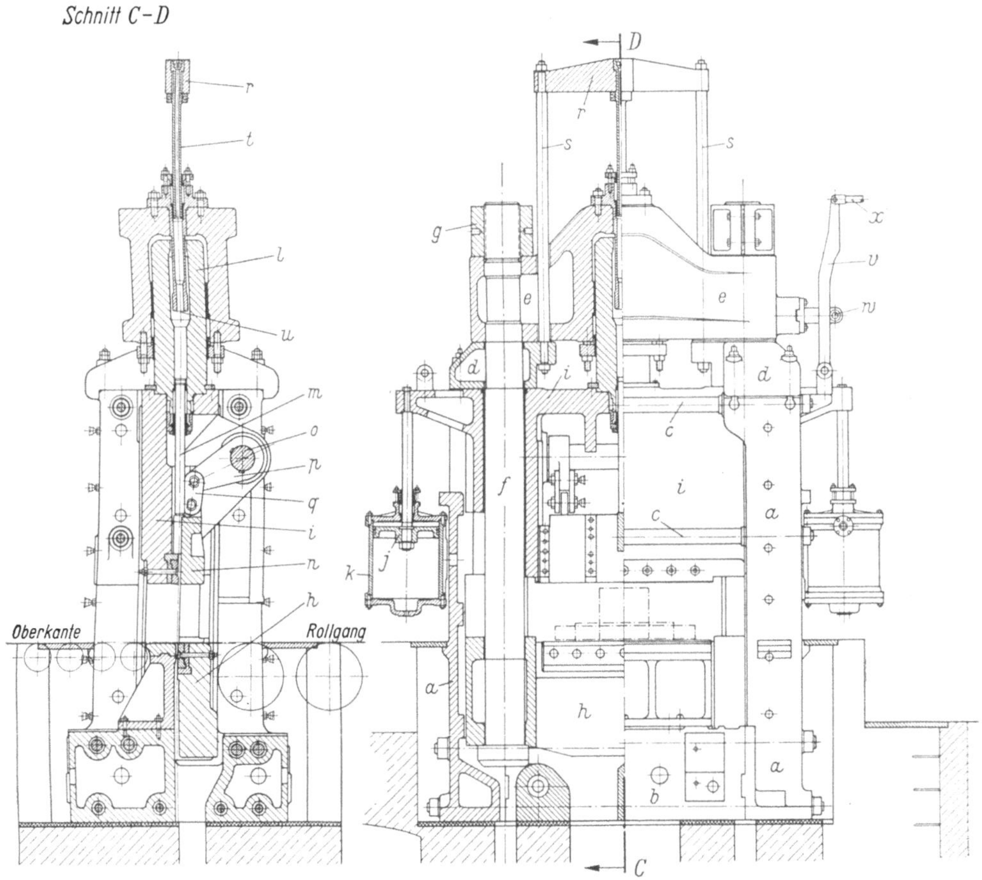

Abb. 92. 1000 t-dampfhydraulische Brammen- und Blockschere mit Niederhalter, beweglichem Obermesser und von unten nach oben schneidendem Untermesser.
(Ausführung Hydraulik G.M.B.H., Duisburg.)

der untere Messerschlitten h befestigt, der sich in den beiden Rahmen gut führt. Der obere Messerschlitten i wird ebenfalls im Rahmen und an den beiden Säulen geführt, so daß die Schneidkanten der Messer nicht abgedrückt werden können. Der Messerschlitten i wird durch eine auf der Unterseite zweier Dampfkolben j wirkende Druckkraft in seiner gezeichneten Höchststellung gehalten, wobei die beiden Brücken d

wieder als Hubbegrenzung dienen. Die Dampfzylinder k sind an dem Rahmen des Ständers angeschraubt.

Der Arbeitsplunger l besitzt eine zentrale Bohrung, die unten als Zylinder für den Kolben m ausgebildet ist. Dieser Kolben drückt auf eine am oberen Messerschlitten gut geführte Traverse n, womit die Bramme beim Schneiden niedergehalten wird. Damit sich die Traverse

Abb. 93. Werkstattmontage der Schere nach Abb. 92.

nicht schräg stellen und klemmen kann, ist sie mit einer Geradführung versehen, die aus einer starken im Messerschlitten gelagerten Welle o besteht, auf der die beiden Hebel p sitzen, die durch Lenker q mit der Traverse verbunden sind.

Da sowohl der Arbeitsplunger l als auch die Zylindertraverse e beweglich sind, muß für die Druckwasserzufuhr ein fester Anschluß angeordnet werden. Zu diesem Zweck ist über der Schere eine Traverse r vorgesehen, die an den beiden Brücken d mit zwei Stangen s gehalten wird. Das Druckwasser gelangt durch das feststehende Tauchrohr t in den Arbeitszylinder und durchfließt dabei einen Spalt, der von der Bohrung im Plunger und von einer in dem Zylinderboden eingesetzten Hülse u gebildet wird. Dieser Spalt wird in der Höchststellung des Arbeitszylinders stark verengt und vermeidet durch Drosselung des Wassers ein hartes Aufschlagen der beiden Messerschlitten nach beendetem Schnitt. Gleichzeitig damit erfolgt ein selbsttätiges Umschalten der Steuerung, indem der Hebel v durch Ablauf an dem Bolzen w ein Abstellgestänge x bewegt.

Abb. 94 zeigt die Konstruktion eines hinter der Schere angeordneten Vorstoßes, mit dem die Schnittlänge für die Brammen eingestellt wird. Der Schwenkarm a mit einem federnd befestigten Anschlag b sitzt verschiebbar auf der Welle c, die deshalb entweder einen quadratischen Querschnitt oder eine starke Einlegefeder besitzt. Die Welle ist im Scherenständer und in dem Stützbock d gelagert und kann mit einem in dem Zylinder e befindlichen und an dem Hebel f angreifenden Kolben gedreht werden. Die Längsverschiebung des Schwenkarmes erfolgt durch eine Gabel g, die mit einer Spindel h verstellt wird; für den Spindelantrieb ist ein Kegelräderpaar i zum Drehen mit einer Handkurbel vorgesehen. Anstelle der Handbewegung wird auch oft Motorantrieb mit Druckknopfschaltung vorgesehen.

In Abb. 95 ist eine Durchstoßvorrichtung dargestellt, die sich vor der Schere befindet und die Schnittreste durch die Schere schiebt. Sie besteht aus einem am Scherenständer befestigten Bügel a mit den beiden Zylindern b, dem Ritzellager c und dem Hebellager d. Eine Zahnstange e mit den Plungern f dreht die Ritzelwelle und schwenkt den Hebel g, der den Stößel h antreibt, dessen Bewegung durch den Lenker i vorgeschrieben wird und in mehreren Stellungen gezeichnet ist.

Abb. 96 u. 97 zeigen eine Brammenschere für reinhydraulischen Betrieb, bei der das Obermesser einen kombinierten hydromechanischen Antrieb besitzt, mit dem es bis auf einen kleinen über der Bramme bestehenbleibenden Spalt gesenkt und in dieser Stellung gehalten werden kann. Der Schnitt erfolgt anschließend von unten nach oben bei feststehendem Obermesser. Diese Einrichtung für eine regelbare Hubbegrenzung des Obermessers ist vorteilhaft, wenn man nach Möglichkeit vermeiden will, daß die Bramme an der Schnittstelle durch das Gewicht des Obermessers und den Druck des Füllwassers etwas eingedrückt und abgebogen wird.

Die Schere besteht aus zwei Ständerhälften a, die durch kräftige Schrauben b und Zwischenstücke zusammengehalten werden. Die Ständer werden auf zwei Sohlplatten c befestigt und mit dem Funda-

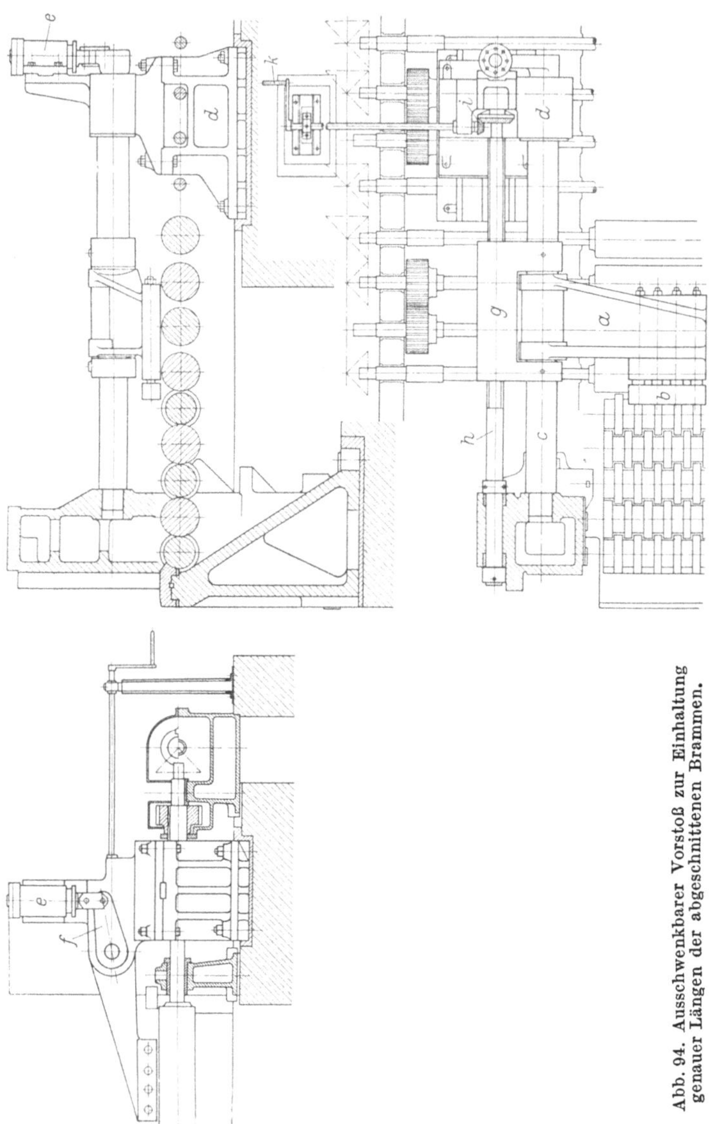

Abb. 94. Ausschwenkbarer Vorstoß zur Einhaltung genauer Längen der abgeschnittenen Brammen.

ment verankert. Der Preßzylinder d stützt sich oben elastisch auf dem Ständer ab. Er ist durch zwei Säulen e mit dem unteren Messerschlitten f verbunden. Der in dem Preßzylinder gleitende Plunger g drückt auf den oberen Messerschlitten h, der durch zwei Rückzüge i, die über eine mechanische Stellvorrichtung k in der Höhenlage einstellbar sind, bewegt wird. Die Stellvorrichtung ist an einer oberen Traverse l, die

auch die Rückzüge *m* für den Untermesserschlitten und noch das
Rohr *n* für die Druckwasserzuführung zum Preßzylinder trägt, angebracht.

Die Traverse wird an dem Ständer mit vier Säulen *o* gehalten. Die
Einstellung des Obermessers erfolgt durch einen Elektromotor *p* über
Zahn- und Schneckengetriebe, Muttern und zwei Hohlspindeln *q*. In
diesen Hohlspindeln befinden sich zwei mit den Rückzugtraversen verbundene Spindeln *s*, die einen kleinen Relativhub des Obermesser-
schlittens gestatten. Hierdurch soll erreicht werden, daß die Bramme
nach beendetem Schnitt sofort weiterlaufen kann und man nicht zu
warten braucht, bis das Untermesser abgesenkt worden ist.

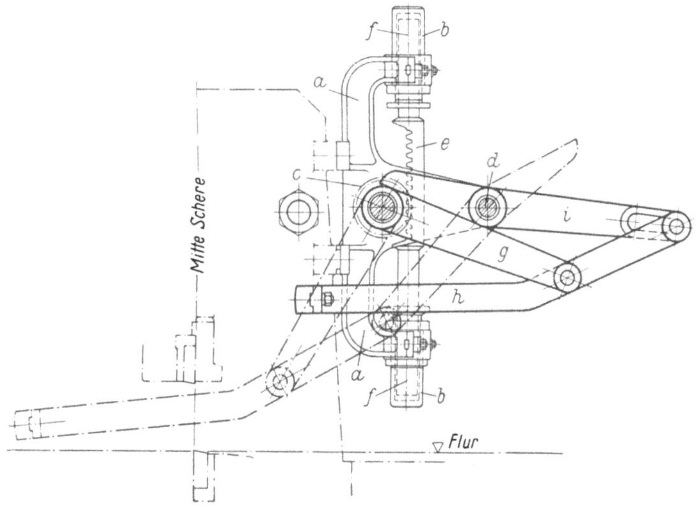

Abb. 95. Durchstoßvorrichtung zum Abschieben kurzer Brammenreste durch die Schere.

Das Obermesser wird mit der Anstellvorrichtung auf einen Abstand
von etwa 80 mm über die zu schneidende Bramme gesenkt, und zwar
durch Betätigung einer Drucktaste „Senken", die so lange gedrückt
wird, bis der Zeiger auf einer Skala die entsprechende Brammenstärke
anzeigt. Dann wird der Drucktaster losgelassen.

Beim Drücken des Tasters „Senken" erhält der Anstellmotor Strom
und gleichzeitig werden die Rückzugzylinder des Obermessers mit der
Abwasserleitung verbunden. Bei der Bewegung sind also nur geringe
Widerstände zu überwinden. Läßt man den Druckknopf „Senken" los,
so wird den Rückzugzylindern wieder Druckwasser zugeführt, wodurch sich der mit Federn versehene Kopf der Spindeln auf einen Abstand von etwa 60 mm über den Hohlspindeln einstellt. Die Rückzugtraversen legen sich hierbei unten an den Hohlspindeln an.

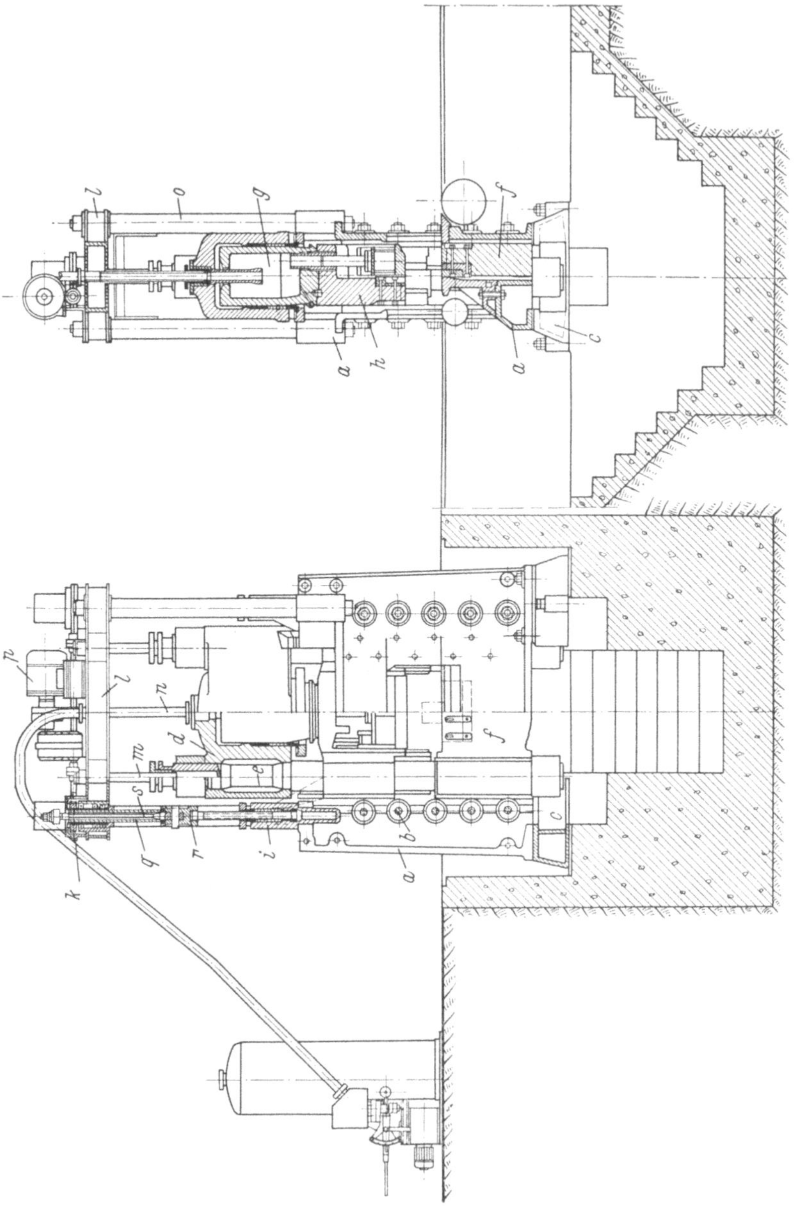

Abb. 96. Reinhydraulische Brammenschere mit einstellbarer Hubbegrenzung und Relativbewegung für das Obermesser sowie von unten nach oben schneidendem Untermesser. (Ausführung Banning A. G., Hamm.)

Beim Hochfahren des Obermessers wird der Taster „Heben“ gedrückt und der Motor mit umgekehrter Drehrichtung eingeschaltet. Die Hohlspindeln und mit ihnen das Obermesser bewegen sich nunmehr aufwärts.

Der Schnitt wird durch Betätigung des Drucktasters „Schneiden"
eingeleitet. Die Rückzugzylinder für das Ober- und Untermesser erhalten
eine Verbindung mit der Abwasserleitung. Das Druckwassereinlaßventil für den Preßzylinder wird geöffnet und das Obermesser auf einen
Abstand von etwa 20 mm über der zu schneidenden Bramme gesenkt;
dabei legen sich die Spindeln mit ihren Köpfen auf den Hohlspindeln

Abb. 97. Betriebsaufnahme der Brammenschere nach Abb. 96.

auf und verhindern dadurch eine weitere Abwärtsbewegung des Obermessers. Nunmehr hebt sich der Preßzylinder und das mit diesem
durch die Säulen verbundene Untermesser und führt den Schnitt von
unten nach oben aus.

Der im Obermesserschlitten angebrachte Niederhalter verhütet das
Verbiegen der Bramme und stellt eine glatte Schnittfläche her.

Bei Hubende wird die Steuerung durch einen Endschalter auf
„Rückgang" gestellt, wodurch die Scherenmesser wieder ihre Ausgangs-

stellung einnehmen. Die Bewegung der Messerschlitten kann durch
einen Drucktaster „Stillstand" in jeder Lage sofort angehalten werden.

Beim Dampfbetrieb wird neben der Schere (Abb. 98) ein Dampfdruck-
übersetzer — auch Treibapparat genannt — aufgestellt. Er besteht nach
Abb. 99 aus einem unteren Dampf- und oberen Druckwasserzylinder,
die durch eine Laterne miteinander verbunden sind. Der Dampfkolben
und die Treibstange bewegen sich auf- und abwärts, wobei nur die
untere Dampfkolbenseite gesteuert wird; der Rückgang erfolgt durch
die beweglichen Eigengewichte und den Druck des Füllwassers auf der

Abb. 98. 1800 t-Brammenschere mit seitlich angeordnetem Dampf- oder Lufttreibapparat.
(Ausführung Hydraulik G.m.b.H., Duisburg.)

Treibstange. Die Dampfsteuerung wird zur Erzielung kleiner, schäd-
licher Räume zweckmäßig in den Zylinderboden eingebaut. Anstelle
des Dampfes kann auch Luft als Betriebsmittel zur Anwendung
kommen.

Wegen der Unwirtschaftlichkeit des Dampf- oder Luftbetriebes
wird der reinhydraulische Betrieb bevorzugt. Ist eine Akkumulatoranlage für den Anschluß der Schere bereits vorhanden oder erweiterungs-
fähig, so ist der reinhydraulische Betrieb in fast allen Fällen vorteilhafter.

Dampf- und reinhydraulisch betriebene Scheren weisen in ihrer
Konstruktion keine bemerkenswerten Abweichungen auf. Die Unterschiede bestehen meistens nur in der Einrichtung der Rückzugzylinder
für Druckwasser- oder Dampfbetrieb und in der Höhe des Betriebs-

wasserdruckes für den Scherenzylinder; er beträgt etwa 400 bis 500 atü für Dampf- und etwa 200 bis 300 atü für reinhydraulischen Betrieb.

Um bei großen Scheren den reinhydraulischen Betrieb möglichst wirtschaftlich zu gestalten, ist es zweckmäßig, die Dreizylinderkonstruktion anzuwenden, wobei drei Druckstufen erzielt und kleinere Brammen mit der ihrem Querschnitt entsprechenden Stufe geschnitten werden können.

Die Unwirtschaftlichkeit des Dampfbetriebes einerseits und die Kosten für die Aufstellung und Unterhaltung der Akkumulatoranlage und des Leitungsnetzes bei reinhydraulisch betriebenen Scheren andererseits führten in den letzten Jahrzehnten allgemein zur Bevorzugung des mechanischen Antriebes. Dampf- und reinhydraulisch betriebene Scheren werden deshalb nur für große Schnittkräfte von etwa 1500 bis 3000 t ausgeführt, da hierbei die Antriebe der mechanischen Scheren unvorteilhafte Abmessungen erhalten.

Seit einigen Jahren hat sich dieses Bild wieder zu Gunsten der hydraulischen Scheren verschoben, nachdem es gelungen ist, mechanische Antriebe durch Druckölpumpen zu ersetzen. Diese Pumpen gestatten die Einrichtung des hydraulischen Einzelantriebes mit Schwungrad und seinen unmittelbaren Anbau, genau wie bei den mechanischen Scheren.

Die Konstruktion einer 1800 t-Schere mit Einzelantrieb durch zwei Druckölpumpen zum Schneiden von Brammen bis 1500 mm Breite

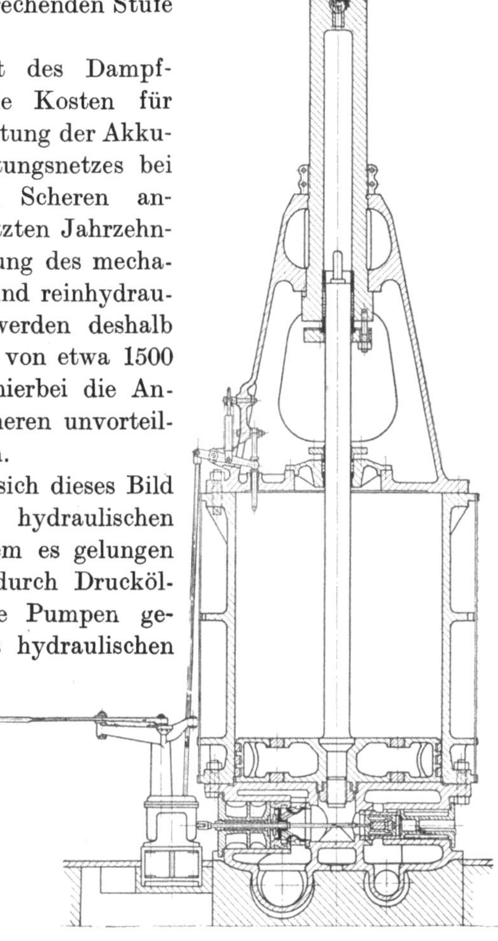

Abb. 99. Treibapparat für Druckluftbetrieb mit gesteuertem Ein- und Auslaßventil im Zylinderboden.

und 200 mm Stärke zeigt Abb. 100. Sie entspricht im wesentlichen der Konstruktion der Schere nach Abb. 92. Der Arbeitsplunger ist doppeltwirkend, so daß die Anordnung von besonderen Rückzugzylindern und Kolben nicht erforderlich wird. Die Antriebspumpen befinden sich seitlich am Zylinderholm. Die Wahl von zwei Pumpen hat den Vorteil,

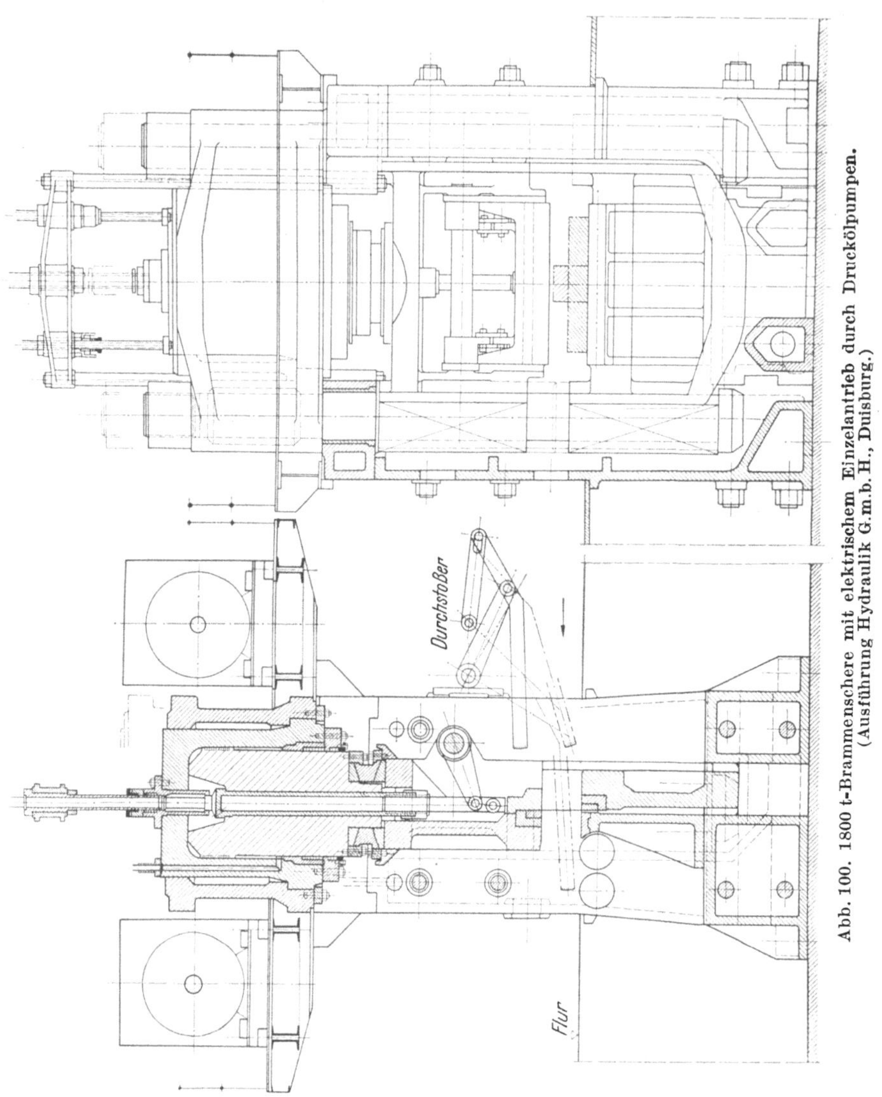

Abb. 100. 1800 t-Brammenschere mit elektrischem Einzelantrieb durch Drucköolpumpen. (Ausführung Hydraulik G.m.b.H., Duisburg.)

daß die Schere auch beim Ausfall einer Pumpe noch weiter betrieben werden kann. Die Motorleistungen betragen etwa 250 PS bei $n = 600$ U/min, wobei 6 Schnitte in der Minute beim Schneiden des größten Brammenquerschnittes ausgeführt werden können. Die Öldruckpumpen Abb. 101 u. 102 fördern einzeln etwa 2000 l Drucköl in der Minute und nehmen bei einem Enddruck von etwa 200 atü eine

Spitzenleistung von etwa 1000 PS auf, die in einem Schwungrad aufgespeichert wird.

Für die wichtigsten Bauteile einer Schere verwendet man folgende Werkstoffe:

Stahlformguß GS 45 für Ständer, Zylinderholme, Messerschlitten, Brücken, Traversen und Grundplatten,
Kokillenhartguß für Plunger über 300 mm Durchmesser,
Schmiedestahl C 35.16 für Plunger unter 300 mm Durchmesser mit harter Oberfläche,
Schmiedestahl St 50 für Zylinder, Säulen und Stangen u. Ventilgehäuse,
Bronze für Führungsbüchsen und Ventile.

Abb. 101. Axialpumpe mit regelbarer Förderleistung von 2000 Ltr. Drucköl/Minute bei einem Druck von 200 atü. (Ausführung Hydraulik G.m.b.H., Duisburg.)

Abb. 103 zeigt das Steuerschema für eine reinhydraulische Brammenschere. Die Steuerstellungen gehen aus dem Ventilerhebungsdiagramm hervor. Die Schere besitzt vier am Ständer befestigte Rückzugzylinder, um sowohl das Obermesser als auch das Untermesser schnell in ihre Endstellungen zurück führen zu können. Die beiden oberen Rückzugplunger drücken auf die Säulen und senken das Untermesser mit einer dem Eigengewicht zusätzlichen Rückzugkraft. Die beiden seitlichen Rückzugplunger drücken auf Traversen, die mit je zwei Zugstangen das Obermesser heben. In der Vordruckstellung ist das Ventil 2 geöffnet. Der Arbeitsplunger bzw. das Obermesser bewegt sich im Leergang bis zum Anliegen auf der Bramme abwärts. Das Wasser aus den Rückzugzylindern fließt durch Ventil 2 ab. In den Arbeitszylinder strömt durch das als Rückschlagventil wirkende Füllventil Niederdruckwasser aus dem Windkessel. Ist die Bewegung abgeschlossen, so geht man mit dem Handhebel in die Preßdruckstellung und öffnet zusätzlich das Ventil *3*, wodurch das Druckwasser in den Zylinder gelangt und die Schnittbewegung von unten nach oben ausgeführt wird; gleichzeitig drückt der in dem Schema nicht gezeichnete Niederhalter die Bramme auf den Messerschlitten, damit ein sauberer Schnitt entsteht. Bewegt man nun den Steuerhebel in die Rückzugstellung, so werden die Ventile *2* und *3* nacheinander geschlossen und die Ventile *1* und *4* geöffnet. Der Druck im Zylinder entweicht durch Ventil *4*. Die Rückzugzylinder erhalten Druckwasser durch Ventil *1*; der Treibkolben stößt das Füllventil auf, so daß das Wasser aus dem Zylinder in den Windkessel zurückfließen kann (siehe auch Seite 237).

Abb. 102. Axialpumpe nach Abb. 101 auf dem Prüfstand.

Die Bewegungen des Vorstoßes werden durch die Bedienung einer besonderen Zweiventilsteuerung veranlaßt. Der hydraulische Kolben drückt den Arm für den Anschlag der Bramme hoch; das Senken erfolgt durch das bewegliche Eigengewicht.

Bei dampf- oder lufthydraulisch betriebenen Scheren ist es üblich, die Steuerung kurz vor Beendigung des Schnittes automatisch abzustellen, damit — unabhängig von der Achtsamkeit des Steuermannes — der Dampf- oder Luftverbrauch durch die Expansion verringert wird. Diese Abstellung soll außerdem vermeiden, daß die Messerträger in den Endlagen, trotz der Drosselung des aus dem Zylinder verdrängten Wassers (s. S. 109) bei ungeschickter Bedienung der Steuerung sehr hart aufschlagen und dabei eine Bruchgefahr für empfindliche Teile der Schere hervorrufen.

Man hat diese Hubabstellung auch bei reinhydraulisch betriebenen Scheren beibehalten. Aus diesem Grunde ist die Steuerwelle geteilt. Beide Wellen werden bei einer Drehung der Handhebelwelle a durch die Hebel b und c bewegt; dabei überträgt der Hebel b seine Bewe-

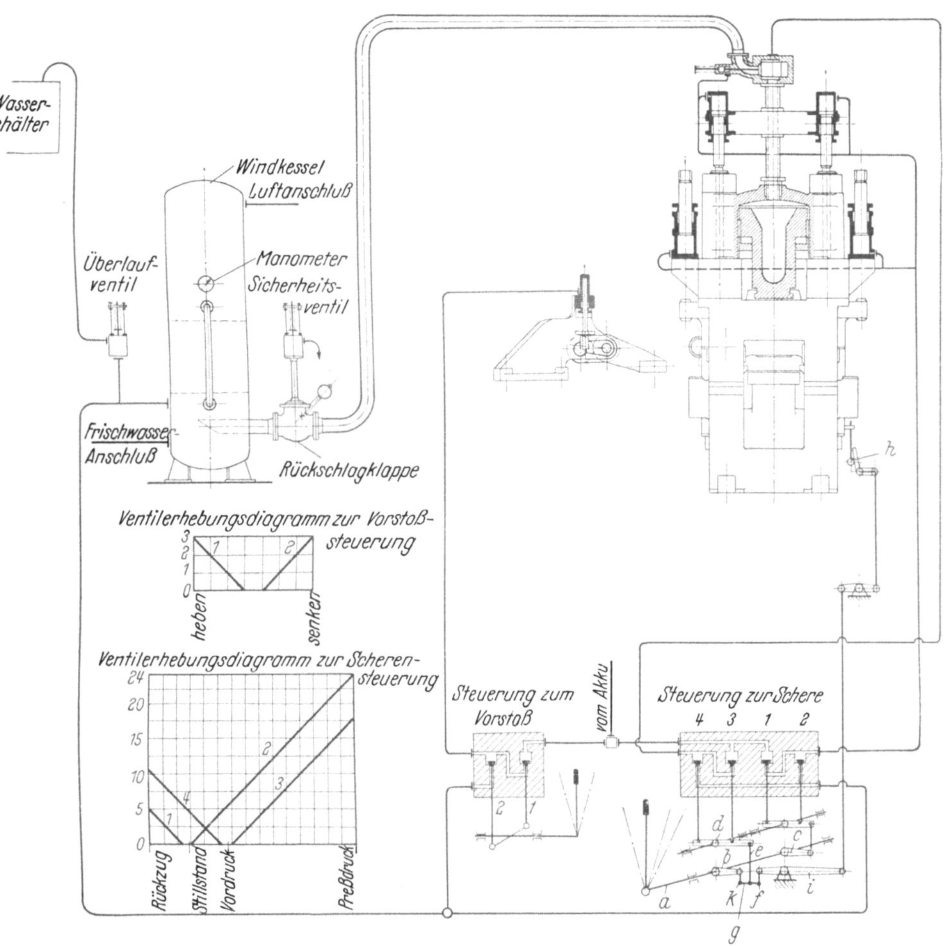

Abb. 103. Steuerschema für eine reinhydraulisch betriebene Brammenschere.

gung auf den Hebel d mit einem Lenker e, der auf einem einarmigen, um den festen Punkt f drehbaren Hebel g sitzt.

Nach beendetem Schnitt drückt die Rolle h an der Schere über ein Gestänge den bisher festen Punkt f mit dem doppelarmigen Hebel i nach unten, wodurch das Ventil 3 geschlossen wird. Den festen Drehpunkt bildet in diesem Falle das Gelenk k, weil der Handhebel seine Stellung unverändert beibehält.

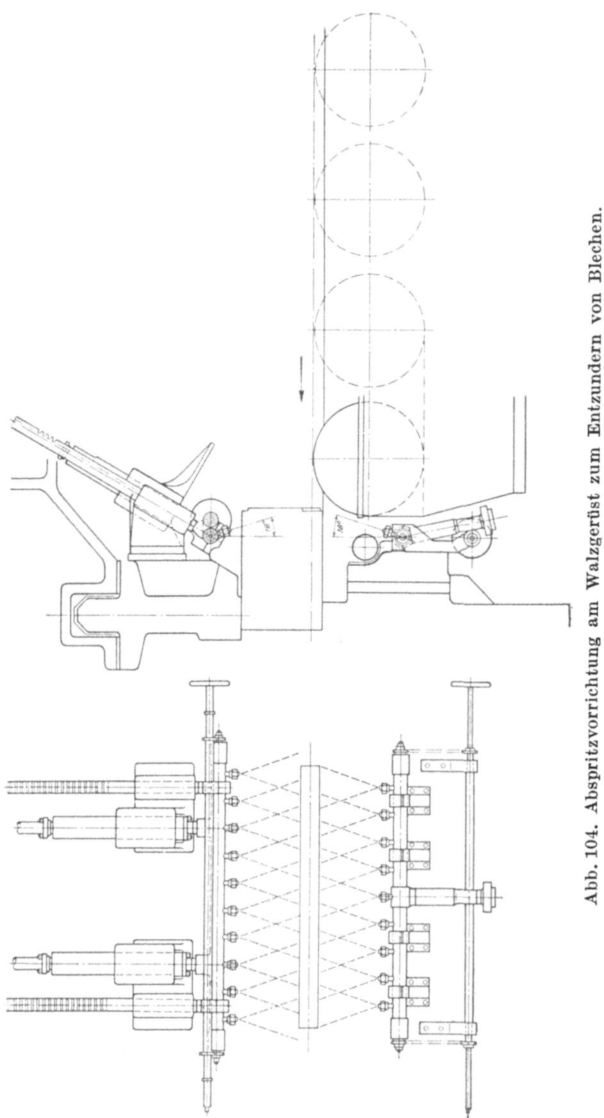

Abb. 104. Abspritzvorrichtung am Walzgerüst zum Entzundern von Blechen.

b) Abspritzvorrichtungen.

Beim Auswalzen der Brammen zu Blechen bildet sich Zunder, der
in die Oberflächen eingedrückt wird und den Blechen stellenweise ein
rauhes und narbiges Aussehen gibt. Diese Oberflächenfehler werden
oft beanstandet, und man hat sich jahrelang vergeblich bemüht, z. B.
durch Bürsten und Abkratzen diesen Übelstand zu beseitigen. Zu-

friedenstellende Ergebnisse stellten sich erst ein, als man begann, die Bleche vor den Walzen mit hohem Druck abzuspritzen. Dabei wurden die Drücke im Laufe der Zeit immer mehr gesteigert; sie haben schließlich eine Höhe von 70 bis 100 atü erreicht, die wohl als endgültig angesehen werden kann.

Abb. 104 zeigt die Anordnung einer Abspritzvorrichtung an einem Walzenständer. Zwei Verteilerrohre, die vor den Walzen liegen, besitzen eine größere Anzahl eingesetzer Spritzdüsen. Das untere Verteilerrohr ist feststehend und liegt hinter der letzten Rollgangsrolle. Das obere Verteilerrohr ist beweglich und folgt der Walzenverstellung durch den Antrieb mit zwei seitlichen Zahnstangen. Für die Druckwasserzufuhr sind unmittelbar neben den Zahnstangen zwei Zylinder vorgesehen. Das Druckwasser tritt durch die beweglichen und hohlgebohrten Kolben in das Verteilerrohr ein. Das untere Verteilerrohr hat einen festen, zentralen Druckwasseranschluß.

Die Spritzdüsen (Abb. 105) werden mit Verschraubungen in die Stutzen an den Verteilerrohren eingesetzt; ihr Abstand soll so groß sein, daß sich die Wasserstrahlen etwas überdecken. Sie treffen nicht senkrecht, sondern unter einer Neigung von etwa 18 bis 20° auf das Walzgut und liegen etwas schräg zur Rohrachse, damit sie sich nicht schneiden. Zur Anpassung an verschiedene Blechbreiten können einzelne Düsen an jedem Ende der Verteilerrohre abgeschaltet werden. Zu diesem Zwecke werden von jeder Seite Kolben in die Rohre eingezogen. Die Kolbenbewegungen er-

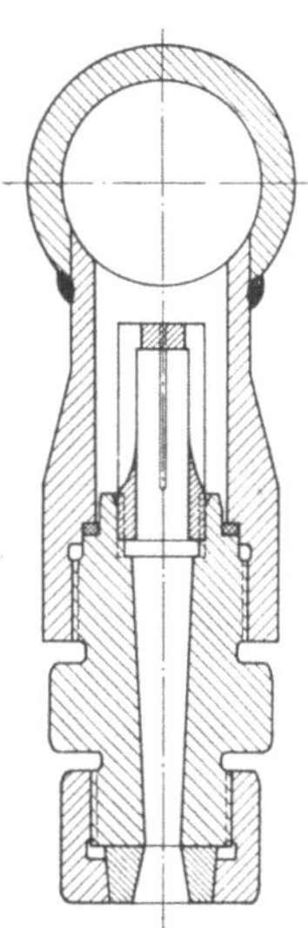

Abb. 105. Spritzdüse.
(Ausführung Hydraulik
G.m.b.H., Duisburg.)

folgen zwangläufig durch einen Spindelantrieb. Die Düsen, für die man rostfreien Stahl verwendet, kommen in drei Größen zur Ausführung und besitzen bei einer Spaltlänge von etwa 12 mm eine Spaltbreite von 0,8; 1,2 und 1,6 mm. Der durchschnittliche Wasserverbrauch beträgt erfahrungsgemäß bei einem mittleren Druck von 70 atü etwa 1, 1,6 und 2,3 l/sek.

Zur An- und Abstellung einer Abspritzvorrichtung verwendet man ein Absperrventil mit elektrischer Fernsteuerung durch Druckknopf- oder Fußschalter, vgl. S. 253.

Das benötigte Druckwasser wird aus einer Akkumulatoranlage entnommen, die zweckmäßig in Verbindung mit einer oder mehreren Kreiselpumpen arbeitet, vgl. S. 257. Diese Pumpen werden wegen ihres geringen Raumbedarfes und ihrer niedrigen Anschaffungs- und Unterhaltungskosten meistens den Kolbenpumpen vorgezogen. Der schlechte Wirkungsgrad der Kreiselpumpen tritt bei dem verhältnismäßig geringen Spritzdruck und dem großen Wasserbedarf nicht nachteilig in Erscheinung.

c) Panzerplattenbiegepressen.

Panzerplatten haben übliche Längen von etwa 6 bis 8 m und Breiten von etwa 2 bis 3,5 m. Die Stärken sind sehr unterschiedlich und schwanken normalerweise zwischen 100 bis 300 mm. Die Platten werden warm bei einer Temperatur von 600 bis 700° C gebogen und nach dem Härten wegen des Verziehens oft noch nachgerichtet.

Die Konstruktion der ausgeführten Pressen hat sich im Laufe der Zeit — abgesehen von der Betriebsart — kaum verändert. In Abb. 106 ist eine der größten ausgeführten Biegepressen mit einer Druckkraft von etwa 20 000 t dargestellt. Die Presse besitzt einen geteilten Unterholm mit zwei Zylindern für einen max. Betriebswasserdruck von etwa 600 atü. In jedem Zylinder liegt ein Einsatzstück für die Hubbegrenzung des Plungers. Die beiden Plunger können unabhängig voneinander arbeiten und eine Schrägstellung des unteren beweglichen Arbeitstisches hervorrufen. Aus diesem Grunde sind die Kopfenden der Plunger mit einer balligen Druckplatte versehen. Die bei der Schrägstellung auftretenden hohen Kantenpressungen am Plunger werden durch Führungsbüchsen im Zylinder und am unteren Plungerende aufgenommen; die Konstruktion ist so getroffen, daß der Plunger bei ausgefahrenem Hub noch sehr weit in den Zylinder hineinragt. Für die Abdichtung ist eine, tief in den Zylinder verlagerte Manschette vorgesehen, die mit einem Stopfbüchsenflansch gehalten wird. Der bewegliche Tisch besteht aus einer massiven, starken Platte mit einer Arbeitsfläche von 5000 × 3700 mm, die in der Breitseite der Presse mit einem elektrisch betriebenen Fahrwerk einseitig verschoben werden kann. Die Abwärtsbewegung des Tisches erfolgt durch die Wirkung der Eigengewichte.

Der Unterholm ist mit dem Oberholm durch vier Säulen kraftschlüssig verbunden. Die Säulenbohrungen im Unterholm sind oben mit auswechselbaren Zentrierbüchsen versehen. Die unteren Muttern sind zweiteilig. Die Säulenenden liegen auf zwei mit dem Fundament verankerten Platten, die einstellbare Unterlagen zum Ausrichten der Presse besitzen.

Der Oberholm besteht aus zwei Längsträgern; sie werden mit einem Mittelstück und starken Ankern in der Querrichtung zusammengehalten. Der Holm ist nach unten um 2400 mm verstellbar, wobei zwischen den Tischflächen ein Abstand von 500 mm bestehen bleibt. Die Verstellung erfolgt durch gleichzeitiges Drehen der vier oberen Säulenmuttern mit Kegelrädern. Die vier Ritzelwellen werden von einer gemeinsamen

Antriebswelle, die über ein Stirnradvorgelege mit einem Elektromotor gekuppelt ist, angetrieben. Die Hub- und Senkgeschwindigkeiten betragen etwa 400 bis 500 mm/min.

Damit der Motor klein gehalten werden kann, balanciert man das Gewicht des Oberholmes aus (Abb. 107). Zu diesem Zweck werden die beiden

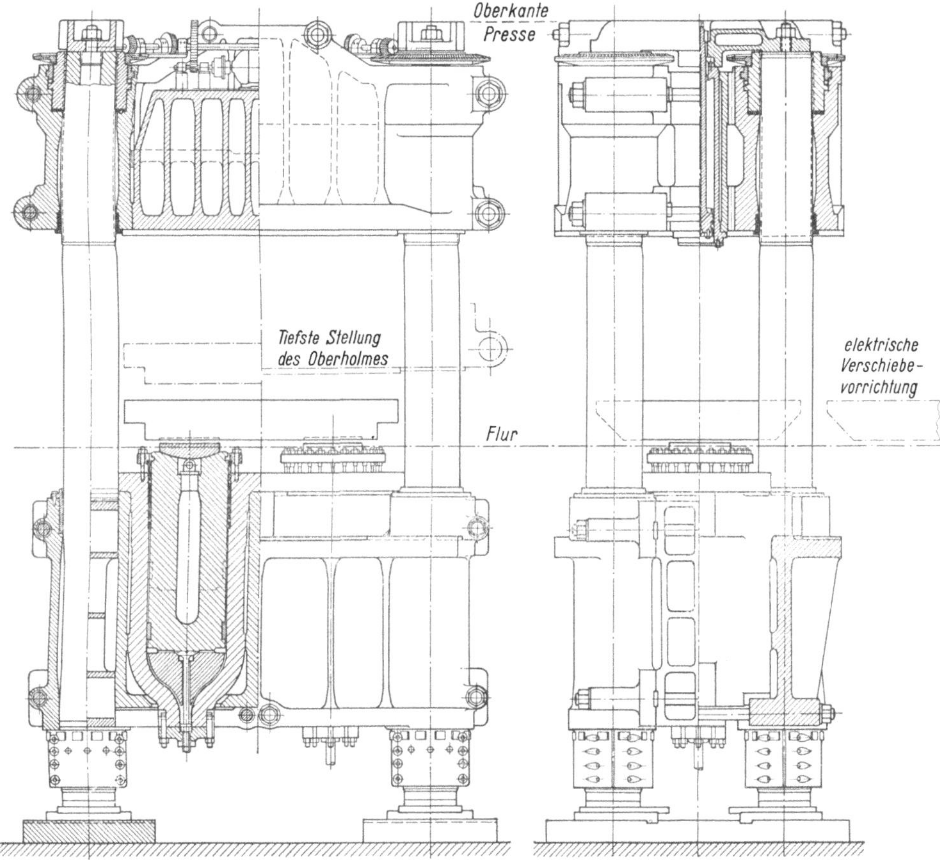

Abb. 106. 20 000 t-Panzerplattenbiegepresse mit elektrisch betriebener Tischverschiebung.
(Bauart Krupp, Ausführung Hydraulik G.m.b.H., Duisburg.)

Säulen an den Schmalseiten der Presse mit einer Traverse überbrückt. Sie dient zur Befestigung einer Kolbenstange mit einem Kolben, dessen Zylinder in dem Oberholm fest eingesetzt ist. Für die Abdichtung der Kolbenstange und des Kolbens sind Stopfbüchsen mit Manschettenpackungen vorgesehen. Das Druckwasser wird dem Zylinder durch eine Bohrung in der Kolbenstange zugeführt. Die Ausgleichkraft ist etwas größer als das Gewicht des Holmes, um den toten Gang im Gewinde unwirksam zu machen.

Wird bei einer Reparatur oder bei einem evtl. auftretenden Rohrbruch der Druck aus den beiden Ausgleichzylindern genommen, so stützt sich der Holm an jeder Säule mit einem durch einen Bajonettverschluß eingesetzten Ring auf einem Kugellager ab.

Abb. 107. 5000 t-Panzerplatten-Biegepresse. (Ausführung Schloemann A. G., Düsseldorf.)

Die für die Hauptteile einer Panzerplattenbiegepresse verwendeten Werkstoffe sind:

Stahlformguß GS 45   für Oberholme, Unterholme, zweiteilige Muttern, Grundplatten,
Schmiedestahl St 50   für Säulen, Preßzylinder und Preßplatten,
Kokillenhartguß   für Plunger,
Bronze   für Zylinderbüchsen und Einstellmuttern.

Für den Betrieb einer Panzerplattenbiegepresse wird zweckmäßig ein Niederdruckakkumulator für einen Betriebswasserdruck von etwa 50 bis 100 atü vorgesehen, der in Verbindung mit einer Kreiselpumpe arbeitet. Das Niederdruckwasser wird für die Ausführung der Leerhübe der beiden Plunger und für die Ausgleichzylinder benötigt. Die Ventilquerschnitte der Steuerung werden für eine Hub- und Senkgeschwindigkeit der Plunger von 200 bis 250 mm/sek bemessen. Für die Lieferung des Hochdruckwassers stellt man vorteilhaft Dreiplungerpreßpumpen auf, deren Leistung so groß bemessen wird, daß beim Biegen eine Arbeitsgeschwindigkeit von 5 bis 6 mm/sek auftritt; größere Geschwindigkeiten werden nicht verlangt.

Die bei älteren Anlagen noch angewendeten Akkumulatoren mit Gewichtsbelastung zur Speicherung des Niederdruckwassers sowie Dampfpumpen oder doppeltwirkende Druckübersetzer zur Erzeugung des Hochdruckwassers werden heute nicht mehr ausgeführt.

III. Abschnitt.

Hydraulische Pressen für die Umformung von Kesselblechen.

Bei der Herstellung der Mäntel für Dampfkessel, Druckluftbehälter, Lokomotivkessel usw. wird in der Regel ein Kesselblech in kaltem oder warmem Zustande auf einer mechanisch angetriebenen Walzenbiegemaschine rund gebogen. Die größten Biegemaschinen sind für etwa 9 m Blechbreite eingerichtet. Die max. Blechstärke für die Kalt- und Warmverarbeitung beträgt etwa 25 bzw. 75 mm bei einem kleinsten Kesseldurchmesser von etwa 750 mm. Beim Walzen bleiben die beiden Blechenden gerade. Sie müssen infolgedessen vorher auf einer *hydraulischen Anbiegepresse* vorgebogen werden, wenn die Biegemaschine hierfür keine besondere Einrichtung besitzt.

Bei zunehmender Blechstärke eignen sich die Walzenbiegemaschinen nicht mehr zum Rundbiegen. Man benutzt in diesem Falle hydraulische *Biegepressen mit vertikal stehendem Biegebalken*, in denen das Blech schrittweise und in mehreren durchlaufenden Arbeitsvorgängen zu einem sich immer mehr schließenden Mantel gebogen wird. Auf diesen Biegepressen, die zum Kaltbiegen von Blechen bis etwa 6 m Breite und 80 bis 90 mm Stärke gebaut werden, lassen sich auch die Blechenden anbiegen, so daß hierfür die Anschaffung einer besonderen Anbiegepresse nicht mehr erforderlich ist. Die größten Bleche oder Platten, die in gleicher Weise warm gebogen werden, haben eine Stärke von etwa 150 mm und eine Breite von etwa 3,6 m. Das Kaltbiegen von Blechen über 80 bis 90 mm Stärke ist unvorteilhaft, da sie wegen der großen Formänderung in Zwischenoperationen mehrere

Male spannungsfrei geglüht werden müssen, bevor man sie auf den Fertigdurchmesser biegen kann.

Zur Herstellung von langen Kesselmänteln aus Blechen mit etwa 6 bis 12 m Breite bei den gleichen Wandstärken benutzt man *Biegepressen mit horizontalem Biegebalken*, die als Oberdruckpressen in Ständer- oder Säulenkonstruktion ausgeführt werden. Sie werden auch benutzt, um Platten mit einer Stärke bis etwa 150 mm warm in einem Gesenk zu Halbrundschalen zu biegen, die dann mit ihren Kanten aufeinandergelegt und geschweißt werden. Dieses Verfahren wird vorzugsweise in den USA und in England angewendet, während man in Deutschland bei diesen großen Wandstärken auch heute noch das nahtlose Hohlschmieden bevorzugt.

Die Herstellung der Kesselböden erfolgt auf hydraulischen *Kümpel- und Bördelpressen;* sie dienen auch zur Anfertigung von Wänden für Feuerbüchsen usw. Haben die Böden Flammrohröffnungen mit innenliegenden Krempen, so müssen sie von beiden Seiten gepreßt werden. Man versieht deshalb die Kümpelpressen hierfür mit oberen und unteren Arbeitszylindern.

Sollen vereinzelt Böden mit sehr großem Durchmesser gepreßt werden, wofür sich die Anschaffung einer Kümpelpresse nicht lohnt, so kann man sie auch schrittweise auf *Bördel- und Flanschierpressen* anfertigen. Diese Pressen werden in offener Ständerkonstruktion ausgeführt und noch für viele andere im Kesselbau vorkommenden Arbeiten benutzt.

An Hochdruckkesseln werden die Böden sowohl durch Anschweißen als auch durch Einziehen der Enden hergestellt. Die Einziehpressen wurden bereits unter Abschnitt I ausführlich beschrieben, weil man sie auch als Rohrstauchpressen zum Anstauchen von Flanschen an großen Rohren verwenden kann.

Die Längs- und Rundnähte der Kessel werden heute meistens geschweißt. Vereinzelt werden die Nähte aber auch noch genietet, wofür *hydraulische Nietmaschinen* erforderlich sind, die zur Verarbeitung von Nieten mit einem Durchmesser bis 60 mm für Druckkräfte von etwa 25 bis 150 t gebaut werden. Die Maschinen führt man zum Nieten einfacher Längs- und Rundnähte stationär und zum Nieten von Eckverbindungen, Mannlochkrempen, Flammrohrverbindungen usw. sowie für die Verwendung auf Baustellen transportabel aus.

a) Blechanbiegepressen.

Die Pressen zum Anbiegen der Kesselblechenden werden in maulförmiger Ständerbauart und Viersäulenkonstruktion geliefert; die Druckwirkung findet entweder von oben nach unten oder umgekehrt statt. Das Anbiegen erfolgt auf den Viersäulenpressen in einem einzigen Arbeitsvorgang; auf den Ständerpressen jedoch meistens schrittweise, wobei an einem Ende angefangen und dann mit einem Vorschub von etwa 1 bis 1,5 m die ganze Länge angerundet wird. Die Biegegesenke sind in der Regel etwas stärker gewölbt als der Kesselmantel, da das Blech nach dem Biegevorgang zurückfedert. Das Biegen in einem einzigen Arbeitsvorgang wird für hochbeanspruchte Kessel dem schrittweisen Biegen vorgezogen.

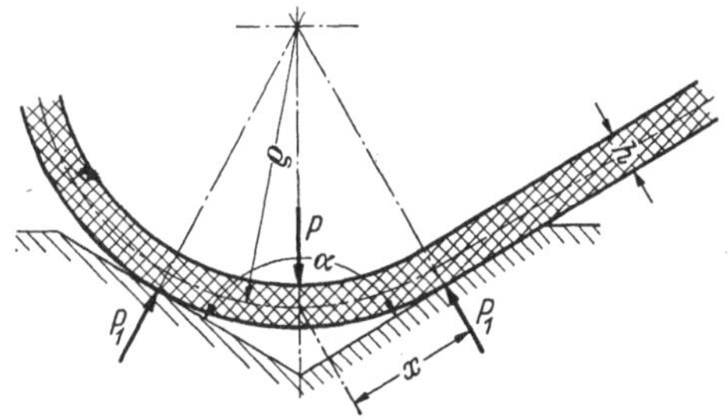

Abb. 108. Kraftverlauf beim Biegen eines Bleches. (Nach GELEJI.)

Die Bleche werden in kaltem Zustande gebogen. Für die rechnerische Ermittlung der Druckkraft besteht nach Abb. 108 die Beziehung[1]:

$$P_1 = \frac{\sigma_f b h^2}{4 x},$$

woraus man die Biegekraft erhält zu:

$$P = \frac{\sigma_f b h^2}{2 \varrho} \operatorname{tg} \frac{\alpha}{2}.$$

In dieser Gleichung bedeuten:

$\sigma_f =$ Fließgrenze des Werkstoffes,
$b =$ Blechbreite,
$h =$ Blechstärke,
$\varrho =$ mittlerer Biegeradius,
$\alpha =$ eingeschlossener Winkel, gebildet von den Kräften P_1.

Für den Wirkungsgrad der Presse ist ein Zuschlag von etwa 10 bis 15% zu berücksichtigen.

Die Rechnung trifft für das schrittweise Biegen nicht zu. Man hält sich in diesem Falle besser an die Erfahrungswerte.

Eine Anbiegepresse für eine Druckkraft von 350 t zum schrittweisen Biegen von Blechen bis 30 mm Stärke in Gesenken mit 1400 mm Länge zeigt Abb. 109. Der Stahlgußständer ist mit zwei unteren Zylindern versehen. Die beiden Plunger drücken auf einen massiven

---

[1] GELEJI, A.: Die Berechnung der Kräfte und des Kraftbedarfes bei der Formgebung im bildsamen Zustand der Metalle. Budapest: Akadem. Verlag 1952.

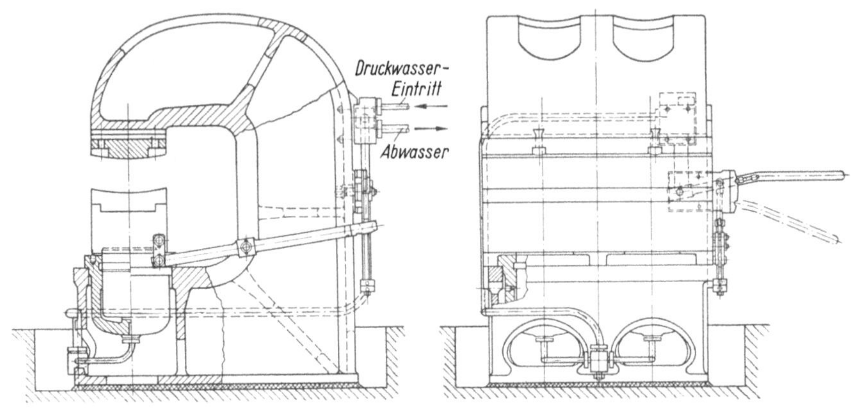

Abb. 109. 350 t-Ständerpresse mit zwei unteren Arbeitszylindern zum schrittweisen
Anbiegen der Blechenden.

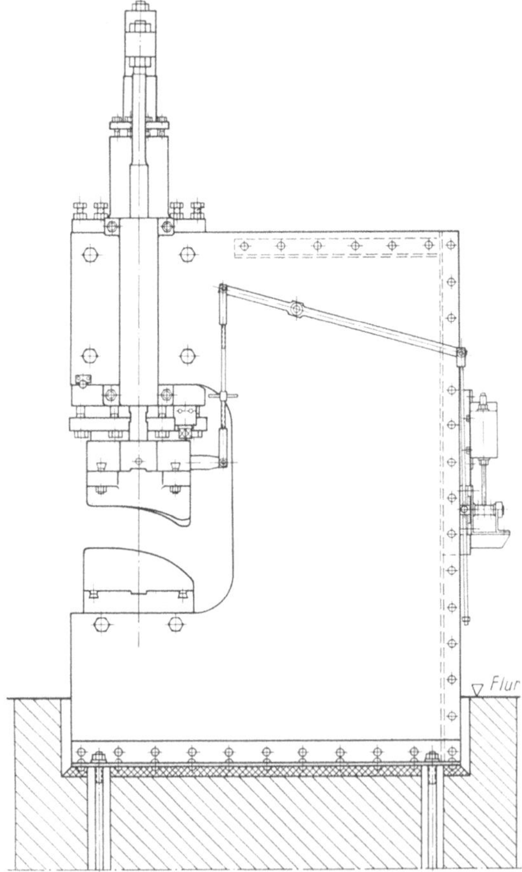

Abb. 110. 200 t-Ständerpresse in
Stahlplattenbauart mit oberem
Arbeitszylinder. (Ausführung Hy-
draulik G.m.b.H., Duisburg.)

Biegebalken. Die Biegegesenke sind auswechselbar. Der Rückzug erfolgt durch die Wirkung des Eigengewichtes.

Die Handhebelsteuerung ist am Ständerrücken angeordnet und mit einem Abstellgestänge versehen, wodurch die Presse in den Endlagen automatisch stillgesetzt wird. Die Hubabstellung ist erforderlich zur Erzielung gleichbleibender Hübe bzw. Biegeradien.

In Abb. 110 ist eine Einzylinder-Oberdruckpresse dargestellt, auf der ebenfalls Bleche bis 30 mm Stärke, jedoch mit einer Druckkraft

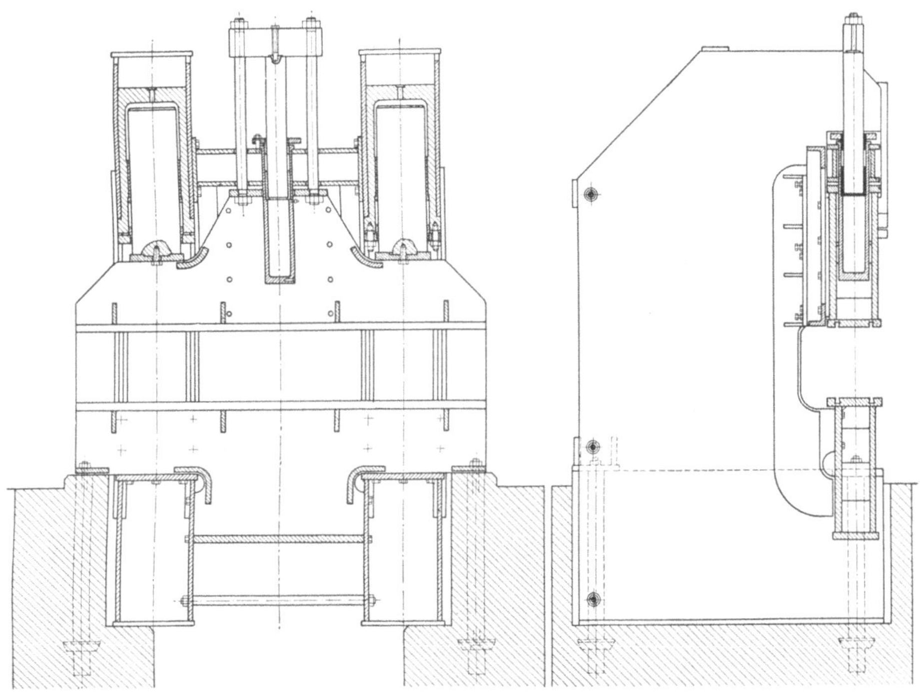

Abb. 111. 400 t-Doppelständerpresse in geschweißter Ausführung mit 2 oberen Arbeitszylindern zum Anbiegen der Blechenden auf der ganzen Breite.
(Ausführung Eumuco A. G., Leverkusen-Schlebusch.)

von nur 200 t bei 800 mm Gesenklänge gebogen werden können. Die Gesenke sind einseitig nach hinten gekrümmt, damit das Blech nach beendetem Biegehub eine horizontale Lage annimmt.

Abb. 111 u. 112 zeigen eine Zweizylinder-Oberdruckpresse in Doppelständerbauart. Sie ist für eine Druckkraft von etwa 400 t eingerichtet und biegt Bleche mit einer Stärke bis 25 mm in einem einzigen Arbeitsvorgang auf einer Breite von etwa 3 m.

Die Ständer und Preßtische sind in geschweißter Bauweise ausgeführt. Zylinder und Plunger bestehen aus Schmiedestahl. Die

Rückzugvorrichtung befindet sich auf einer Brücke zwischen den beiden Ständern.

Zuweilen werden bei großen Biegelängen auch mehrere Ständerpressen nebeneinander aufgestellt, wobei die Biegegesenke jedoch einteilig sind.

Die Steuerung einer Biegepresse erhält meistens nur zwei Ventile für den Ein- und Auslaß des Druckwassers. Bei Oberdruckpressen werden

Abb. 112. Werkstattmontage der Doppelständerpresse nach Abb. 111.

deshalb die Rückzugzylinder zweckmäßig unmittelbar mit der Akkumulatorleitung verbunden, um eine konstant wirkende Rückzugkraft zu erhalten. Auf Vorfülleinrichtungen verzichtet man wegen der verhältnismäßig kleinen Leerhübe, der geringen Hubzahlen und der niedrigen Druckkräfte.

b) Kesselmantelbiegepressen mit vertikalem Biegebalken.

Diese Biegepressen werden ausgeführt zum Kaltbiegen von Blechen bis etwa 6 m Breite und etwa 80 bis 90 mm Stärke. Das Warmbiegen wird bei Blechstärken von etwa 90 bis 150 mm vorgenommen. Beim Biegen wird das hochkant stehende Blech mit dem vertikalen, beweglichen Biegeholm um einen feststehenden Holm gebogen, der einen runden oder profilierten Querschnitt besitzt, Abb. 113. Der Hub des beweglichen Biegeholms beträgt 150 bis 250 mm und ist für jeden Kesseldurchmesser einstellbar. Der Blechvorschub erfolgt automatisch mit Hilfe eines Seilzuges; die Einrichtung wird vom beweglichen Biegeholm gesteuert und zieht das Blech bei jedem Rückzughub des Holmes um etwa 150 bis 200 mm weiter. Ist der Kesselmantel fertig gebogen, so hebt man ihn mit einem Kran aus der Presse, nachdem man vorher den oberen Zuganker ausgeschwenkt hat, der den festen Biegeholm kraftschlüssig mit dem hinteren Zylinderholm verbindet.

Abb. 113. Kesselmantel-Biegepresse mit vertikal stehenden Biegebalken.
(Ausführung Haniel u. Lueg, Düsseldorf.)

Die Berechnung der Druckkraft wird in der gleichen Weise wie für die Blechanbiegepressen durchgeführt, s. S. 127; jedoch muß wegen des verhältnismäßig schlechten Wirkungsgrades durch den Keil- oder Exzenterantrieb ein ausreichender Zuschlag berücksichtigt werden.

Der Aufbau einer Biegepresse mit vertikalem Biegebalken geht aus Abb. 114 hervor. Auf einem Grundrahmen a befinden sich der Biegeholm b und der hintere Zylinderholm c. Die obere Verbindung wird durch einen ausschwenkbaren Zuganker d hergestellt. Zur Ausführung der Schwenkbewegung ist auf dem Rücken des Zylinderholmes ein hydraulischer Zylinder vorgesehen, dessen Kolben auf einen gut geführten Schlitten drückt, der über eine Rolle f den Zuganker mit einer Gliederkette um den Bolzen g dreht. Die Kette greift an

9*

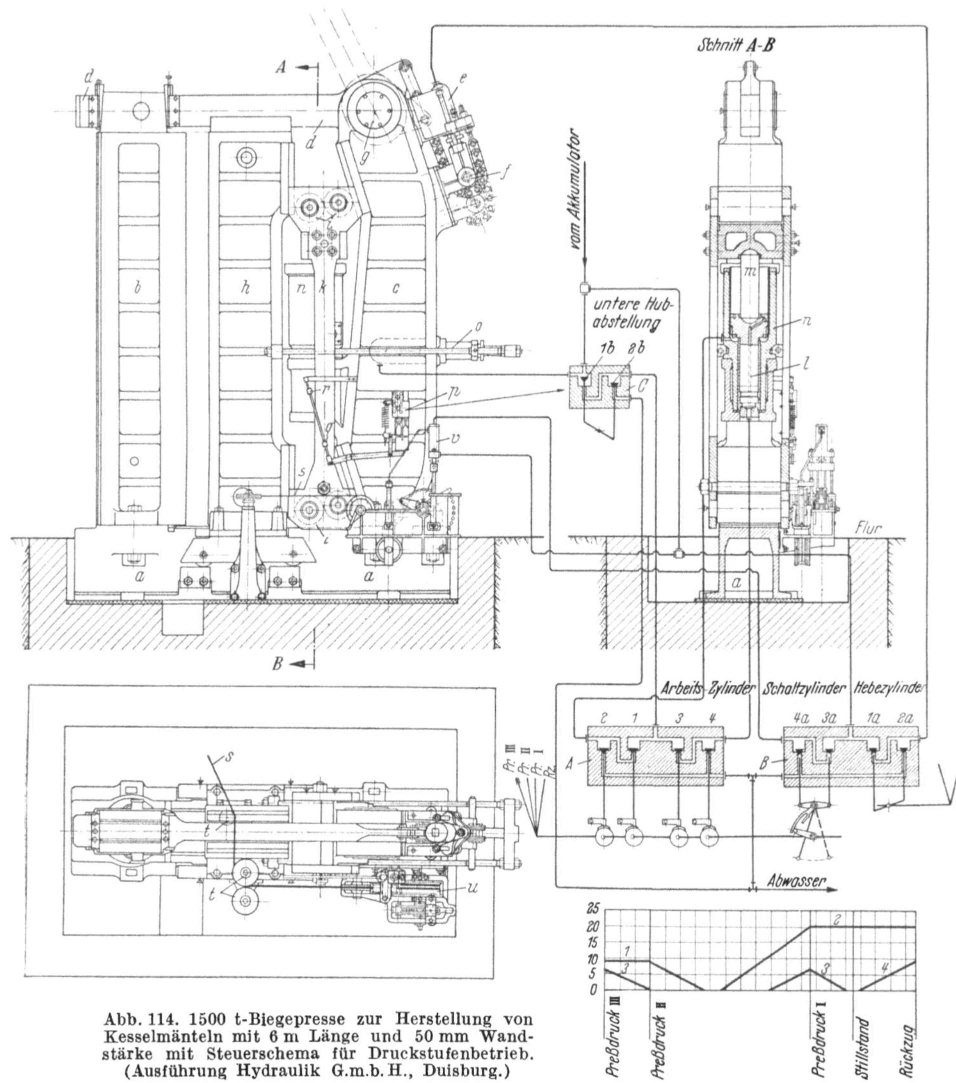

Abb. 114. 1500 t-Biegepresse zur Herstellung von
Kesselmänteln mit 6 m Länge und 50 mm Wand-
stärke mit Steuerschema für Druckstufenbetrieb.
(Ausführung Hydraulik G.m.b.H., Duisburg.)

einem angeschmiedeten Arm des Ankers an und macht den doppelten
Kolbenhub. Um den Zuganker schließend mit dem festen Biegeholm
zu verbinden, ist das Auge mit konischen Sitzflächen versehen, die
durch Keilstücke nachstellbar sind. Zwischen dem festen Biegeholm
und dem Zylinderholm gleitet der bewegliche Biegeholm h mit
Führungen auf dem Grundrahmen und an dem ausschwenkbaren
Zuganker. Die beiden Biegeholme besitzen lange Arbeitsflächen zur
Aufnahme der auswechselbaren Biegegesenke.

Biegt man die Bleche mit einer Breite, die kleiner ist als die Länge der Gesenke, so werden die beiden Holme einseitig belastet. Um in diesem Falle ein gleichmäßiges Drücken und Vorgehen des Biegeholmes h zu erreichen, wird seine Bewegung durch zwei Druckrollenpaare i hervorgerufen, die auf der Seite des Zylinderholmes an zwei Keilflächen abrollen und von dort den Druck auf zwei senkrecht liegende Laufflächen am beweglichen Biegeholm übertragen. Die beiden Rollenpaare sind in zwei Laschen k gelagert, die mit einem Stufenplunger l aufwärts bewegt werden, dessen Ringquerschnitt doppelt so groß ist wie die abgesetzte volle Querschnittsfläche. Da sich bei der Plungerbewegung die Laschenachse parallel verschiebt, wird die Druckübertragung vom Stufenplunger mit einer Stelze m vorgenommen.

Der Zylinder n ist mit dem Zylinderholm fest verbunden. Das Druckwasser wird entweder gleichzeitig oder abwechselnd in die beiden Zylinderräume eingeleitet, wodurch man drei verschiedene Druckstufen im Verhältnis von $1:2:3$ erzielt. Man kann dadurch die Biegekraft den verschiedenen Blechwiderständen einigermaßen anpassen und wesentliche Druckwassermengen beim Arbeiten mit den ersten beiden Stufen einsparen.

Für den Rückzug des beweglichen Biegeholmes ist hinter dem Zylinderholm ein kleiner Zylinder o vorgesehen, dessen Kolben auf eine Traverse drückt, die durch zwei Zugstangen mit dem Biegeholm verbunden ist. Im Sinne des Rückzugdruckes wirken auch die Eigengewichte der Rollenpaare mit den Zuglaschen und dem Stufenkolben.

In Einzelfällen sind Biegepressen auch mit Exzenterantrieb zur Ausführung gekommen. Dabei ist es zweckmäßig, die Exzenter und die Wellen mit Rollenlagern zu versehen, um einen annehmbaren Wirkungsgrad zu erzielen.

Um vollkommen runde Kesselmäntel zu erhalten, müssen die Bleche immer mit gleichbleibenden Hüben gebogen werden. Ändert sich der Kesseldurchmesser, so ist eine neue Hubeinstellung erforderlich. Hierfür befindet sich am Zylinderholm ein Abstellventil p, das durch einen Hebel automatisch geschlossen wird, sobald der an der Lasche k befestigte Mitnehmer q gegen den Anschlag r fährt, der an der Zugstange verstellt werden kann.

Der Blechvorschub erfolgt mit Hilfe eines Drahtseiles s, das etwas über Flurhöhe an mehreren Laufrollen t geführt und mit einer Klaue an dem Ende des Bleches befestigt wird. Das Blech wird mit dem Seil bei jedem Rückzughub um eine Länge von etwa 150 bis 200 mm weitergeschoben; dabei wird das Seil auf eine Trommel u gewickelt, die mit einer Ratsche durch einen im Zylinder v laufenden Kolben angetrieben wird, dessen Hub einstellbar ist und der gleichzeitig mit dem Rückzugkolben gesteuert wird. Eine Kupplungseinrichtung für

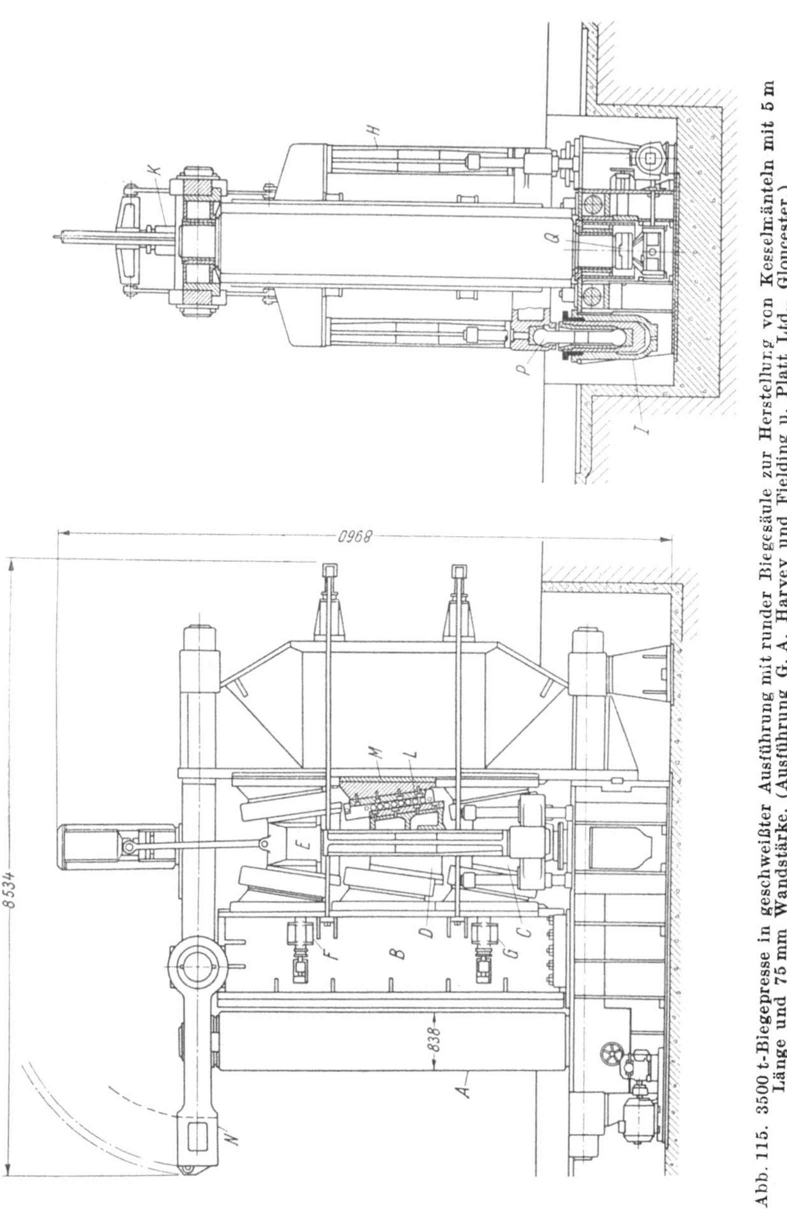

Abb. 115. 3500 t-Biegepresse in geschweißter Ausführung mit runder Biegesäule zur Herstellung von Kesselmänteln mit 5 m Länge und 75 mm Wandstärke. (Ausführung G. A. Harvey und Fielding u. Platt Ltd., Gloucester.)

die Trommel gestattet ein schnelles Abwickeln des Seiles, wenn ein neuer Arbeitsvorgang beginnt und die Seilklaue an der anderen Blechseite angeordnet werden muß.

Abb. 115 zeigt eine der größten Biegepressen in geschweißter Bauweise, die vor einigen Jahren in England ausgeführt wurde. Die max. Biegekraft beträgt 3500 t, womit 5 m breite und 75 mm starke Bleche in kaltem Zustande gebogen werden; beim Warmbiegen lassen sich Platten bis 125 mm Stärke verarbeiten.

Auf dem geschweißten Grundrahmen befinden sich der feste Biegebalken a und die bewegliche Traverse b. Das zu biegende Blech wird mit einem an der Traverse befestigten gewölbten Gesenk gegen den runden Biegebalken gedrückt, der aus einer geschmiedeten Säule mit

Abb. 116. Betriebsaufnahme der Biegepresse nach Abb. 115 mit Ölpumpenantrieb.

838 mm Durchmesser besteht. Der Blechvorschub erfolgt durch Drehen der Säule, wobei das Blech durch zwei kleine hydraulische Kolben, die sich in den Zylindern f und g an der beweglichen Traverse befinden, angedrückt und durch die entstehende Reibungskraft mitgenommen wird. Zur Unterstützung des Bleches auf Flurhöhe dienen mehrere Bolzen, die seitliche Laufrollen tragen (siehe Abb. 116).

Die Säule steht auf einem im Grundrahmen eingesetzten Drehtisch und ist an ihrem Zapfenende durch die Klauenkupplung q mit einem doppelten Schneckengetriebe verbunden, das ein Übersetzungsverhältnis von 1 : 200 aufweist, und von einem Regelmotor mit einer Leistung von etwa 20 PS bei $n = 1500$ UpM angetrieben wird. Das obere

Säulenende besitzt ebenfalls einen Zapfen, der sich in einem Lager des Schwenkarmes n dreht. Die beiden Säulenlager bzw. der Grundrahmen und der Schwenkarm sind durch vier Zuganker kraftschlüssig mit der hinteren, feststehenden Traverse verbunden.

Zwischen den beiden geschweißten Traversen befinden sich drei doppeltwirkende Antriebskeile c, d und e, die an jeder Seite eine Neigung von 16° haben und auf gehärteten Rollen l laufen. Die Rollenhalter hängen an einem Seil, das über eine Seilscheibe gelenkt wird und mit seinen Enden an dem beweglichen Keil und an der feststehenden Traverse befestigt ist. Die Keilflächen sind mit Verschleißleisten versehen. Die Druckstücke an den Traversen besitzen Gummiunterlagen m, damit sich kleine Bearbeitungsungenauigkeiten nicht schädlich auf die Rollen auswirken.

Die beiden äußeren Keile c und e sind durch seitliche Streben h starr miteinander gekuppelt. Die Druckübertragung beim Hochfahren erfolgt durch die beiden seitlichen Stelzen p, die an ihren Enden in Bronzepfannen kugelig gelagert sind, um der Achsenverschiebung bei der Bewegung der Traverse b folgen zu können. Der mittlere Keil hängt mit Lenkern an dem oberen Keil und wird unabhängig mit einer eigenen Stelze hochgedrückt, die durch den unteren Keil hindurchgeht. Zu diesem Zweck erhalten die Lenker für die Aufhängung des mittleren Keiles Langlöcher. Durch den getrennten Antrieb wird die Federung der Traversen erheblich verringert und der Biegeradius genau eingehalten. Die drei Stelzen werden durch Plunger bewegt, die in den im Grundrahmen liegenden Zylindern i laufen. Der Plungerhub wird durch vier auf dem Grundrahmen befestigte Stehbolzen begrenzt. Je nach der auftretenden Belastung erhalten entweder der mittlere, die beiden seitlichen oder alle drei Zylinder gleichzeitig Druckflüssigkeit.

Um die Aufwärtsbewegung der Keile beim Leerhub der Traverse b schnell und wirtschaftlich auszuführen, hat man über der Biegepresse einen Vordruckzylinder k angeordnet, dessen Plunger einen Kreuzkopf bewegt, der durch seitliche Lenker mit dem oberen Keil verbunden ist. Die Rückzugvorrichtung besteht aus zwei hinter der feststehenden Traverse vorgesehenen Zylindern mit Plungern und zugehörigem Gestänge.

Die feststehende Biegesäule ist zur Herstellung von Kesseln mit einem kleinsten Innendurchmesser von etwa 950 mm bestimmt, und kann nur eine Druckkraft von etwa 850 t aufnehmen. Sie wird deshalb bei der Anwendung höherer Druckkräfte durch eine geschweißte Traverse nach Abb. 117 ersetzt. Diese besitzt auf der Arbeitsseite eine eingelegte Walze mit einem Durchmesser von 300 mm, die für den Blechvorschub durch die Kupplung q mit dem Drehantrieb verbunden wird. Da die Traverse verhältnismäßig hoch ist, lassen sich kleinere Kessel nicht schließen; sie bleiben auf etwa $^1/_3$ ihres Umfanges offen.

Zum Betriebe der Biegepresse dient eine Druckölpumpe mit einer Motorleistung von etwa 100 PS. Die Pumpe ist nicht regelbar und mit Saug- und Druckventilen, genau wie eine Druckwasserpumpe, eingerichtet. Der Arbeitsvorgang wird automatisch gesteuert. Nach

Abb. 117. Biegepresse nach Abb. 116 mit festem, geschweißten Biegebalken an Stelle der runden Biegesäule, zur Herstellung von Kesselmänteln mit großer Wandstärke. (Ausführung G. A. Harvey und Fielding u. Platt Ltd., Gloucester.)

dem Einschalten der Steuerung wird die bewegliche Traverse durch die Vordruckeinrichtung im Leergang schnell vorgefahren. Bei steigendem Druck findet die Umschaltung auf die Arbeitszylinder statt. Ist der Biegehub durchgeführt, so beginnt der Rückzughub; in diesem Augenblick fahren auch die Andrückkolben vor und schalten bei ihrer Bewegung den Motor für den Drehantrieb der Biegewalze ein.

Für den Bau von Biegepressen verwendet man folgende Werkstoffe:

Stahlformguß GS 45 oder
Schweißbaustahl St 29 für Grundrahmen, feststehende Biegebalken, bewegliche und feststehende Traversen,

GS 52.1 für hydraulische Zylinder,
Schmiedestahl St 50 für runde Biegebalken, Zylinder,
Anker und Zugstangen,
Kokillenhartguß und
Stahl C 35.16 für Plunger,
Gehärteter Stahl für Druckrollen und Keilleisten.

Die Blechbiegepressen werden meistens für Akkumulatorbetrieb eingerichtet.

Die Wirkungsweise einer Biegepresse für diese Betriebsart geht aus dem Steuerschema nach Abb. 114 hervor.

In drei Steuerungen A, B und C befinden sich die mit den verschiedenen Zylindern verbundenen Ventile. Die beiden Arbeitszylinder sind an der Hauptsteuerung A angeschlossen, wodurch sich die drei Druckstufen steuern lassen. Die Ventilstellungen bei den verschiedenen Bewegungszuständen sowie im Stillstand der Presse sind aus dem Ventilerhebungsdiagramm ersichtlich.

Für den Antrieb der Steuerung A ist eine Nockenwelle vorgesehen, während die Steuerungen B und C Hebelwellen mit zwangläufiger Verbindung der Ventilstößel besitzen.

Um auch die Steuerung A für Hebelantrieb einzurichten, müßte man entweder die Druckstufen mit einem zweiten Handhebel getrennt steuern (siehe Abb. 134) oder ein zusätzliches Einlaßventil 3 vorsehen. Die Schwierigkeiten entstehen dadurch, daß das Ventil 3 beim Übergang von der Steuerstellung „Preßdruck I" in die Stellung „Preßdruck II" wieder geschlossen werden muß; aus diesem Grunde zieht man den Nockenantrieb vor.

Die Steuerung C für die automatische Hubabstellung ist der Hauptsteuerung A vorgeschaltet. Über dem Abstellventil $1b$ zweigt eine konstante Druckleitung zu dem Rückzugzylinder der Biegepresse ab. Das Abstellventil wird geschlossen und die Druckwasserzufuhr zur Hauptsteuerung unterbrochen, wenn von den Zuglaschen der für einen bestimmten Biegehub eingestellte Anschlag q bewegt wird. Das zur gleichen Zeit geöffnete Abwasserventil $2b$ verhindert, daß durch Undichtigkeiten des Ventiles $1b$ eine Weiterbewegung des Arbeitsplungers stattfindet.

Der doppeltwirkende Kolben des Schaltzylinders v treibt mit einer Ratsche die Trommel zum Aufwickeln des Seiles beim Vorschub des Bleches an. Es wird nur die Kolbenoberseite gesteuert; die Unterseite ist mit der konstanten Druckleitung verbunden. Die Steuerung wird von der Nockenwelle angetrieben; das Öffnen und Schließen der Ventile $3a$ bzw. $4a$ erfolgt bei Beginn der Rückzugbewegung des Arbeitsplungers. Aus diesem Grunde wird die Bewegung der Steuerwelle von einer Kurve am Antriebshebel abgeleitet. Mit der Oberseite des Schaltzylinders wird gleichzeitig der Spannzylinder gesteuert. Der

Spannzylinder steht also während des Biegevorganges mit der Abwasserleitung in Verbindung, d. h. das Seil ist schlaff und kann der Schwenkbewegung des Bleches folgen.

Der Kolben zum Heben des Schwenkarmes ist einfachwirkend, da das Senken durch das Eigengewicht erfolgt. Der Steuerhebel wird zweckmäßig von der Nockenwelle blockiert und nur freigegeben, wenn die Hauptsteuerung A auf Rückzug geschaltet ist.

c) Kesselmantelbiegepressen mit horizontalem Biegebalken.

Für die Herstellung von Hochdruckkesseln über 6 m Länge aus starken Blechen, benutzt man Biegepressen mit horizontalem

Abb. 118. Geteilter Hochdruckkessel mit 12 m Länge vor Beginn des Schweißens.

Biegebalken. Die Bleche werden auf diesen Pressen sowohl zu einem runden Mantel als auch zu halbrunden Schalen gebogen. Handelt es sich bei der Schalenanfertigung um kleine Kessel mit großer Wandstärke, wodurch eine Warmverarbeitung bedingt ist, so drückt man die Bleche direkt in ein offenes, halbrundes Gesenk. Die fertigen Schalen werden aufeinandergelegt und zusammengeschweißt, siehe Abb. 118, so daß zwei Längsnähte entstehen. Dieses Biege- und Schweißverfahren wird vorzugsweise in England und in den USA angewendet, wo während des letzten Krieges erfolgreich neue automatische Schweiß- und Prüfmethoden entwickelt wurden, um den großen Bedarf an Hochdruckkesseln für die Marine und die chemische Industrie decken zu können.

In Abb. 119 ist eine Biegepresse dargestellt, die aus 6 Einzelpressen besteht und für eine Gesamtdruckkraft von etwa 8000 t eingerichtet ist. Der Arbeitsdruck kann im Verhältnis von 3 : 2 : 1 verringert werden, wenn man zwei oder vier Pressen abschaltet.

Jede Einzelpresse besitzt einen Oberholm mit zwei seitlich eingesetzten Preßzylindern und einem mittleren Führungsstempel. Der Oberholm ist durch zwei Säulen kraftschlüssig mit einem Unterholm verbunden; auf allen 6 Holmen liegt ein 12 m langer Biegetisch. Die an den Säulen geführten Laufholme tragen den beweglichen Biegebalken mit einer runden, ebenfalls 12 m langen Walze, Abb. 120, die das Blech gegen zwei am unteren Tisch angeordnete, einstellbare Biegeleisten drückt. Der Arbeitsvorgang verläuft genau wie bei den Biegepressen mit vertikalem Biegebalken schrittweise.

Abb. 119. 8000 t-Biegepresse mit horizontalem Biegebalken zum Kalt- und Warmbiegen von Platten bis 12 m Länge und 125 mm Stärke. (Ausführung Babcock-Wilcox, Renfrew.)

Der Biegehub ist ebenfalls einstellbar und wird durch zweiteilige Hubbegrenzungsmuttern genau eingehalten. Die Muttern lassen sich an den Säulen mit Hilfe eines gemeinsamen Antriebes durch einen Elektromotor mit Druckknopfschaltung leicht verstellen.

Der Vorschub des Bleches erfolgt durch eine Drehung der Walze im beweglichen Biegebalken. Zur Unterstützung des Bleches befinden sich an jeder Seite des Untertisches Schwenkarme mit Rollen, die durch bogenförmige Zahnstangen und gemeinsamem Ritzelantrieb gehoben und gegen die teilweise gebogene Halbschale gedrückt werden.

Die Presse ist eingerichtet, um Halbschalen mit einem Innenradius von max. 850 mm bei 12 m Länge und 125 mm Wandstärke herzustellen.

Die Bleche werden mit einem Schneidbrenner zugeschnitten. Das Biegen
dauert ungefähr 1 Stunde, wobei für die stärksten Bleche zwei Hitzen erforderlich sind. Der genaue Biegeradius wird mit einer Schablone kontrolliert. Das Schrumpfmaß im Durchmesser beträgt etwa 10 bis 15 mm.

Da die Biegewalze das Blech nicht bis zum äußersten Ende rund
drücken kann, bleibt ein schmaler, gerader Rand an jeder Seite der

Abb. 120. Biegebalken mit drehbarer Säule für den Blechvorschub an der Presse
nach Abb. 119.

Schale stehen, der auf einer Blechkantenhobelmaschine abgeschnitten
wird. Bei dieser Bearbeitung werden auch die Schweißkanten an-
gehobelt; ihre Form richtet sich nach der Schweißung, die entweder
nur von außen oder auch von innen erfolgen kann. Sollen Kessel
mit einer größeren Länge als 12 m angefertigt werden, so schweißt
man zwei oder mehrere Kesselschüsse aneinander. Man schweißt auch
Halbrundschalen mit verschiedenen Wandstärken zusammen, wenn
eine Seite des Kessels durch Rohranschlüsse stark geschwächt ist. Der
Übergang vom dicken zum dünnen Blech wird allmählich beigehobelt.

Das Verschließen der Kesselenden erfolgt durch Anschweißen von Böden, die auf einer Kümpelpresse oder auf einer mechanisch angetriebenen Bördelmaschine hergestellt werden. Vor dem Bearbeiten und Schweißen wird jede Halbschale mit einem Sandstrahlgebläse entzundert und gereinigt. Beim Schweißen der Längsnähte fährt der Schweißkopf über der Naht langsam weiter, während beim Schweißen der Rundnähte der Kopf stillsteht und der Kessel gedreht wird. Die zur Kontrolle der Schweißnähte dienende Röntgeneinrichtung arbeitet bei 400 kV mit einer Spannung von $2 \cdot 10^6$ Volt. Zur Kontrolle der Durchleuchtung wird ein Filmstreifen angefertigt[1].

Die Säulenpresse beansprucht in ihrer Längsrichtung einen langen, freien Raum für die Beschickung und den Werkzeugwechsel. Außerdem ist eine große Säulenstellung erforderlich und die Zugänglichkeit der Presse durch die Säulen behindert.

Aus diesem Grunde hat man anstatt der Säulenbauart auch schon die offene, maulförmige Ständerkonstruktion für Druckkräfte bis 6000 t ausgeführt, bei der die angeführten Nachteile vermieden werden. Ihr Gewicht und die Anschaffungskosten sind jedoch bedeutend höher, so daß man im allgemeinen der Säulenbauart den Vorzug gibt.

In Deutschland werden auch heute noch Kessel mit großer Wandstärke nahtlos hergestellt. Man wendet das EHRHARDT-Verfahren an (s. S. 25), wenn es sich um verhältnismäßig kleine Kessel mit einem max. Außendurchmesser bis etwa 800 mm und einer Länge von etwa 6 bis 7 m bei einem max. Blockgewicht von etwa 10 t handelt. Größere Kessel werden nahtlos geschmiedet[2].

Das Hohlschmieden einer Trommel mit 1500 mm Innendurchmesser und etwa 20 m Länge geht aus Abb. 121 u. 122 hervor. Ein Rohblock wird

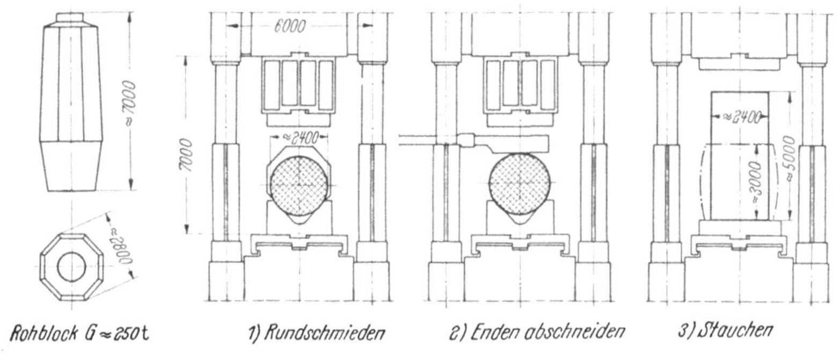

Abb. 121, 1—3.

---

[1] Herstellung von Druckbehältern, Messrs. Babcock and Wilcox, Ltd. Renfrew. Engineering v. 31. 3. u. 7. 4. 1950.

[2] MÜLLER, E.: Hydraulische Schmiedepressen und Kraftwasseranlagen. Berlin/Göttingen/Heidelberg: Springer 1952.

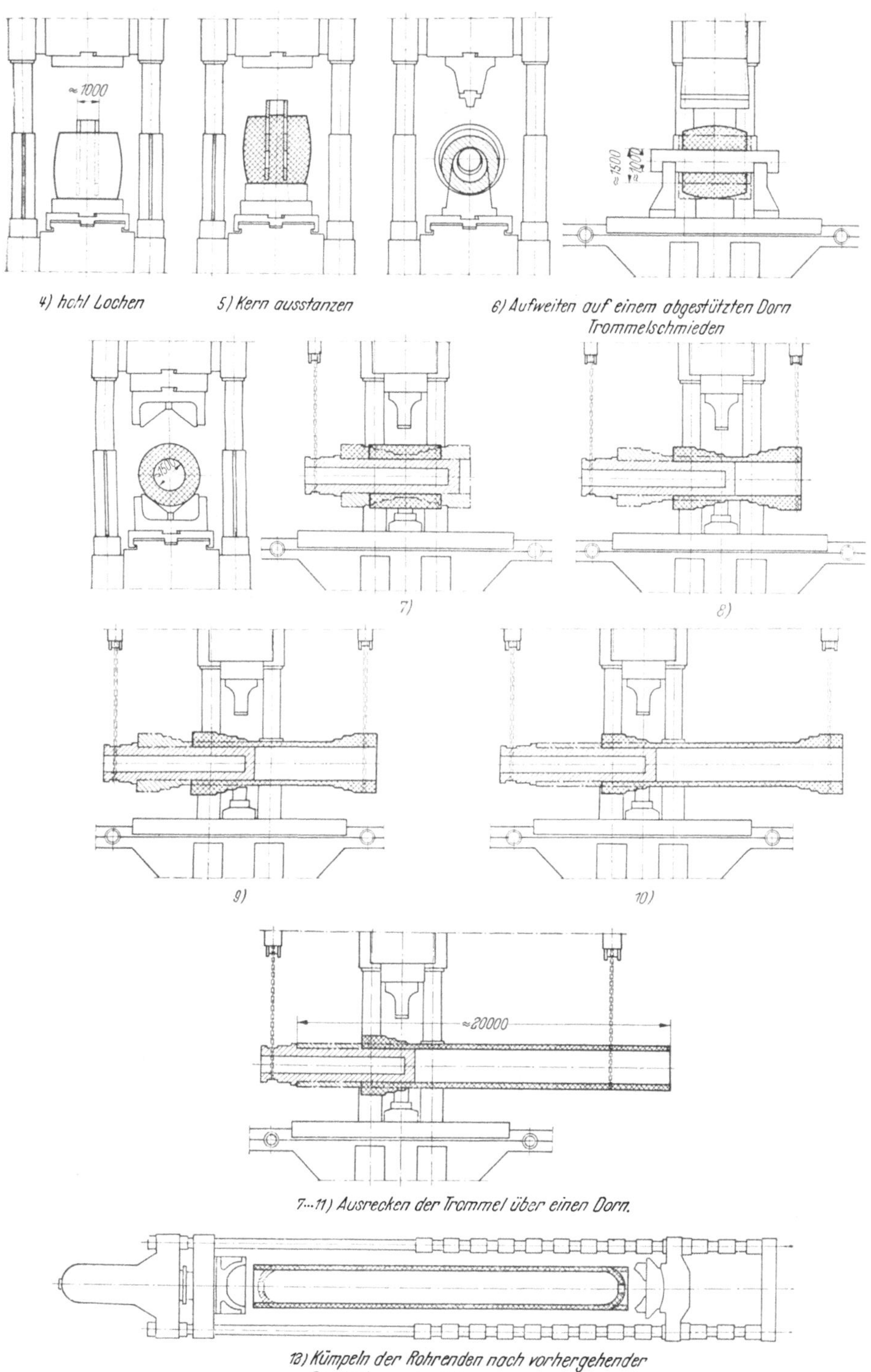

Abb. 121, 4—12. Arbeitsvorgänge beim Schmieden eines nahtlosen Hochdruckkessels aus einem 250 t-Rohblock.

zunächst rund geschmiedet, abgeschnitten und gestaucht. Anschließend wird er gelocht, indem man mehrere Ringe in den Block hineindrückt und den Kern herausschält; dabei haben die folgenden Ringe in dem entstehenden Spalt reichliches Spiel. Nach dem Lochen wird der Block auf einem Dorn im Durchmesser aufgeweitet. Der Dorn wird hierbei gedreht und liegt auf zwei Stützböcken. Nach dem Aufweiten erfolgt das Ausschmieden in der Längsrichtung über einen zweiten Dorn, dessen Durchmesser der lichten Kesselweite entspricht. Man reckt den Block zuerst in der Mitte und schmiedet dann in mehreren

Abb. 122. 15000 t-Schmiedepresse beim Ausrecken des Blockes über einen Dorn.
(Ausführung Friedr. Krupp A. G., Essen.)

Hitzen nacheinander die beiden Seiten ab, um mit der kleinsten Länge des Dornes auszukommen; er wird von innen mit Wasser gekühlt und ist zum Herausziehen schlank konisch. Nach dem Fertigschmieden, Glühen und Überdrehen werden die Böden angekümpelt; diese Arbeit erfolgt entweder auf einer horizontalen Presse durch Anstauchen mit einem hutförmigen Gesenk oder auf einer vertikalen Presse durch schrittweises Eindrücken des Randes nach jedesmaligem Drehen der Trommel (s. S. 85).

Bis zur Beendigung des zweiten Weltkrieges konnten Kesseltrommeln mit einer max. Länge von etwa 25 m, einem Durchmesser von etwa 2 m und einem Rohgewicht von etwa 200 t geschmiedet werden. Die Anlagen fielen unter die Demontagebestimmungen und wurden seit dieser Zeit noch nicht wieder ausgeführt.

d) Kümpel- und Bördelpressen.

Diese Pressen dienen zur Herstellung von Kesselböden mit Mann
loch- und Flammrohröffnungen, von Vollböden und Behälterteilen,
Feuerbüchswänden, Dampfdomen und ähnlichen im Kesselbau verwendeten Formteilen. Die Bleche werden warm verarbeitet, in ein Gesenk gepreßt oder durch einen Ring gezogen (siehe Abb. 123).

Abb. 123. Kümpel- und Bördelpresse bei der Herstellung eines Kesselbodens durch Ziehen
des Bleches durch einen Ring. (Ausführung Maschinenfabrik Meer A. G., M.-Gladbach.)

Die Bestimmung der Druckkraft erfolgt in den meisten Fällen rein
empirisch. Bei einer Berechnung geht man von der Beziehung aus:

$$P = P_S + P_B + P_R.$$

In dieser Gleichung bedeuten:

$P =$ gesamter Druckaufwand,

$P_S =$ Stauchkraft, die eine nur in der Krempe auftretende nach oben
stetig zunehmende Verstärkung des Bleches herbeiführt. Die Stauch-
arbeit erhält man aus der Differenz des Volumens der Ronde mit
dem Durchmesser der abgewickelten Mittellinie des Bodens und des
Volumens des fertigen Bodens mit einer überall gleichmäßigen
Wandstärke. Das angestauchte Material wird nach dem Kümpeln

bei der Bearbeitung der Bodenkante in den meisten Fällen abgedreht. Ein Abziehen in warmem Zustande vermeidet man wegen der hierfür erforderlichen hohen Ziehkraft.

P_B = Biegekraft, die vom Auflagepunkt des Bleches an der Gesenkkante ausgeht und das Blech mit dem Hebelarm y um die Stempelkante biegt.

P_R = Reibungskraft, hervorgerufen durch die Stauch- und Biegekraft P_S und P_B unter Berücksichtigung des Verhältnisses zwischen der Länge des Arbeitsweges und des Reibungsweges.

Nach GELEJI (Abb. 124), kann man einsetzen:

$$P_S = k_m \, (d_1 - d_2) \, \pi \, h$$

$$P_B = \frac{\sigma_f \, d_k \, \pi \, h^2}{4 \, y}$$

$$P_R = \frac{P_S + P_B}{\cos \alpha} \, \mu_0 \, ;$$

daraus folgt:

$$P = \left[k_m \, (d_1 - d_2) \, \pi \, h + \frac{\sigma_f \, d_k \, \pi \, h^2}{4 \, y} \right] (1 + \mu_0 \, tg\alpha).$$

In dieser Formel ist:

$k_m = \dfrac{k_f}{1 + \dfrac{d_1 - d_2}{2 \, d_2}}$ der mittlere Verformungswiderstand, wenn $k_f = \sigma_f$ die Verformungsfestigkeit bzw. die Fließgrenze bezeichnet.

d_1 = jeweiliger Außendurchmesser der gedrückten Scheibe,

d_2 = Durchmesser des Stempels bzw. Obergesenkes,

h = Blechstärke,

d_k = Durchmesser der kreisförmigen Biegeachse,

y = Biegearm unter Berücksichtigung einer Verschiebung der Biegeachse,

$\mu_0 = \mu \dfrac{s_2}{s_1}$ die auf den Stempel bezogene Reibungszahl,

s_2 = Reibungsweg,

s_1 = Stempelweg,

μ = 0,84 — 0,0005 t,

t = Temperatur des Bleches.

Da die Werte für den Fließwiderstand in Abhängigkeit von der Blechtemperatur sowie für den Reibungswiderstand sehr große Unterschiede aufweisen, macht man sich in der Praxis meistens die Rechnung etwas einfacher und begnügt sich mit der Beziehung:

$$P = c \, (d_2 + h) \, \pi \, h \, \sigma_f.$$

Man wählt:

c = 0,25 bis 0,3 für Flachböden mit $d_2 : d_1$ = 0,8 bis 0,9,

c = 0,3 bis 0,4 für gewölbte Böden mit $d_2 : d_1$ = 0,6 bis 0,8.

In diesen Erfahrungswerten, die für eine Blechtemperatur von etwa 1000° C gelten, ist auch der Wirkungsgrad der Presse eingeschlossen.

Da auf den Kümpelpressen das Blech oft von oben und unten gepreßt werden muß — z. B. bei der Herstellung von Flammrohrböden mit inneren Krempen (Abb. 125) — ordnet man im unteren Preß-

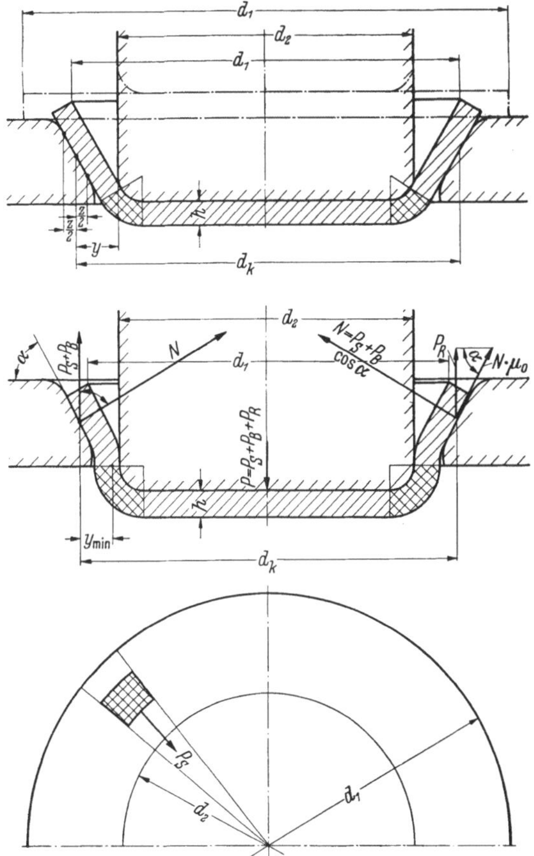

Abb. 124. Kraftverlauf beim Bördeln eines Bleches. (Nach GELEJI.)

tisch ebenfalls einen Arbeitszylinder an. Den Plungerdruck P_u wählt man halb so groß wie den oberen Arbeitsdruck P_o, außerdem bemißt man die Rückzugkräfte R jeweils halb so groß wie die entsprechenden Arbeitsdrücke P mit Rücksicht auf das schwierige Lösen des Obergesenkes, wenn der Boden durch schnelles Erkalten etwas aufgeschrumpft ist. Man führt also aus $P_u \cong 0,5\,P_o \cong R_o$ und $R_u \cong 0,5\,P_u \cong 0,25\,P_0$.

Die Arbeitsdrücke für Kümpelpressen liegen in der Regel in den
Grenzen zwischen 250 und 1500 t. Die Tischflächen sind meistens
quadratisch oder rund und haben eine max. Seitenlänge bzw. einen
max. Durchmesser von etwa 6 bis 6,5 m.

Die Konstruktion einer Kümpelpresse mit einer Druckkraft von
etwa 1000 t zur Herstellung von Kesselböden mit einem max. Durchmesser von etwa 4 m bei 40 mm Blechstärke geht aus Abb. 126 hervor. Im Oberholm *a* befinden sich drei gleiche Arbeitszylinder *b*, die
zur Verringerung des Druckwasserverbrauches beim Kümpeln von

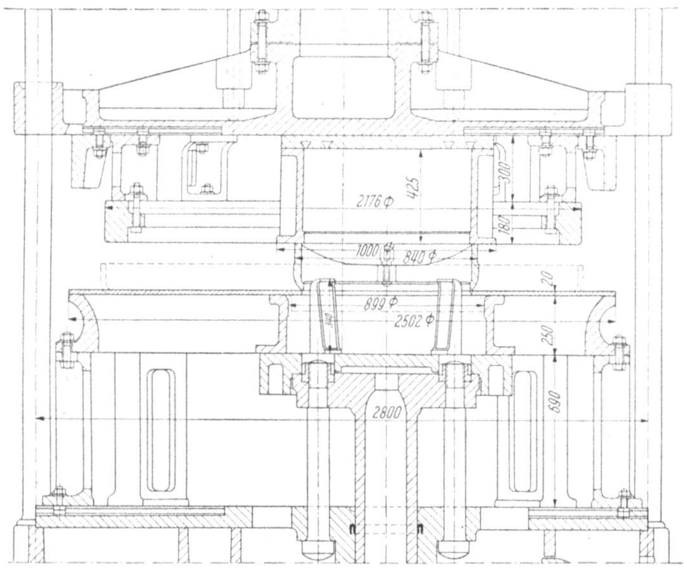

Abb. 125. Werkzeuge zur Herstellung eines Flammrohrbodens durch aufeinanderfolgendes
Pressen von oben nach unten.

schwächeren Blechen die Anwendung von Druckstufen im Verhältnis
von 1 : 2 : 3 gestatten. Die Plunger *c* werden mit nachziehbaren Stopfbüchsen abgedichtet, in Bronzebüchsen gut geführt und auf dem
beweglichen, oberen Tisch *d* mit ballig gedrehten Druckstücken *e*
befestigt. Kleine, von der Bearbeitung herrührende, Differenzen in
den Mittenabständen werden hierdurch ausgeglichen; außerdem paßt
sich diese Plungerverbindung einer geringen Schräglage des Tisches
beim einseitigen Pressen an.

Für die Aufwärtsbewegung des Tisches sind im Oberholm vier
Rückzugzylinder *f* vorgesehen, die nur beim Losreißen der Gesenke
gleichzeitig Druckwasser erhalten. Auf dem übrigen Hube wird mit
halber Rückzugkraft gefahren, wobei das Druckwasser 2 diagonal
gegenüberliegenden Zylindern zugeführt wird. Jeder Rückzugplunger *g*

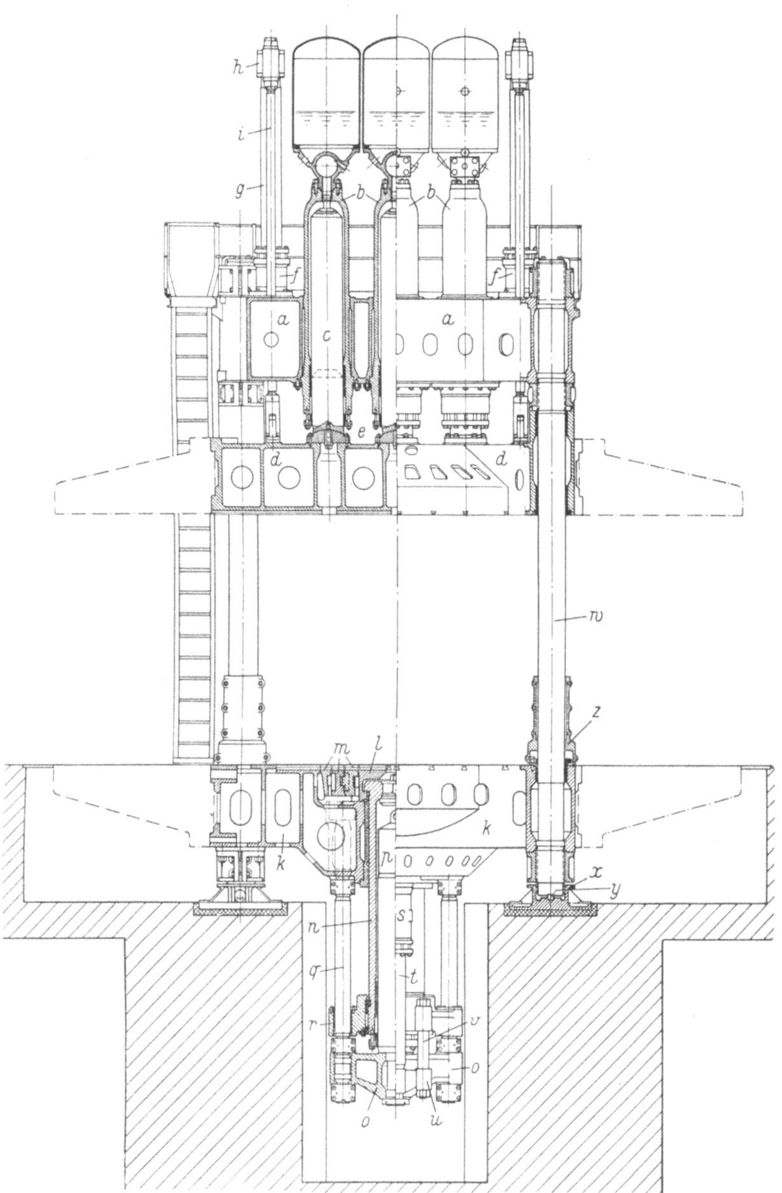

Abb. 126. 1000 t-Dreizylinder-Kümpelpresse mit unterem Arbeitszylinder und ringförmigen
Einsätzen zur Veränderung des Durchmessers für den unteren Arbeitstisch.
(Ausführung Hydraulik G.m.b.H., Duisburg.)

drückt auf eine Traverse h, die durch zwei Zugstangen i mit dem beweglichen Tisch verbunden ist.

In der Mitte des Unterholmes k befindet sich eine kleine, bewegliche Tischplatte l, deren Durchmesser durch Kupplung mit einem oder mehreren konzentrischen Ringen m vergrößert werden kann. Die Verbindung der Ringe mit der Tischplatte erfolgt durch einen Bajonettverschluß, wobei mehrere übereinanderliegende Zähne auf den zylindrischen Mantelflächen durch Drehen eines Ringes ineinander greifen. Beim Lösen der Verbindung kommen die Zähne wieder in entsprechende Lücken am Umfang des Mantels. Die Vergrößerung oder Verkleinerung der Tischflächen ist erforderlich, wenn z. B. Stempel mit verschiedenen Durchmessern zum Einpressen von Flammrohröffnungen in die Kesselböden auf dem Tisch befestigt werden müssen. Für das Aufspannen der Werkzeuge befinden sich in den Ringen und in der Tischplatte T-Nuten, die mit den Nuten im Unterholm ineinanderlaufen.

Die kleine Tischplatte wird von einem beweglichen Arbeitszylinder n getragen, der im Unterholm eine lange zylindrische Führung besitzt. Der Zylinder gleitet über einen feststehenden in der Traverse o eingesetzten Plunger p. Die Verbindung der Traverse mit dem Unterholm erfolgt durch zwei Säulen q; an ihnen führt sich eine mit dem beweglichen Zylinder n verbundene Rückzugtraverse r. Der Rückzugdruck wird in zwei Zylindern s erzeugt, die im Unterholm eingesetzt sind. Jeder Rückzugplunger t drückt auf ein Kopfstück u, das mit zwei Zugstangen v an der Rückzugtraverse r angreift.

Der Kraftschluß zwischen Ober- und Unterholm a und k wird durch vier starke Säulen w hergestellt. Der bewegliche Preßtisch gleitet an ihnen mit langen, zylindrischen Führungen; die Führungsbüchsen sind zweiteilig und auswechselbar. Während die Säulen im Oberholm etwas Spiel haben und mit zweiteiligen Muttern und Gegenmuttern befestigt sind, werden sie im Unterholm mit zweiteiligen, konischen Büchsen schließend eingesetzt, wodurch ein starrer Aufbau entsteht. Zur Aufnahme des Preßdruckes sind unter dem Holm anden Säulen zweiteilige Muttern vorgesehen, die man mit dem Holm verschraubt, damit er sich durch die Wirkung der oberen Rückzugkraft nicht von den Muttern abheben kann. Die Verbindung der Presse mit dem Fundament erfolgt durch vier Säulenschuhe x; jeder Schuh besitzt einen Stellkeil y, womit der Unterholm ausgerichtet wird. Unmittelbar über dem Unterholm werden die Säulen mit Hülsen z zum Schutz ihrer Oberfläche umgeben. Sie dienen gleichzeitig zur Hubbegrenzung für den beweglichen Arbeitstisch.

In Abb. 127 ist eine Kümpelpresse dargestellt, die ebenfalls für eine max. Druckkraft von 1000 t und mit 3 oberen Zylindern zur

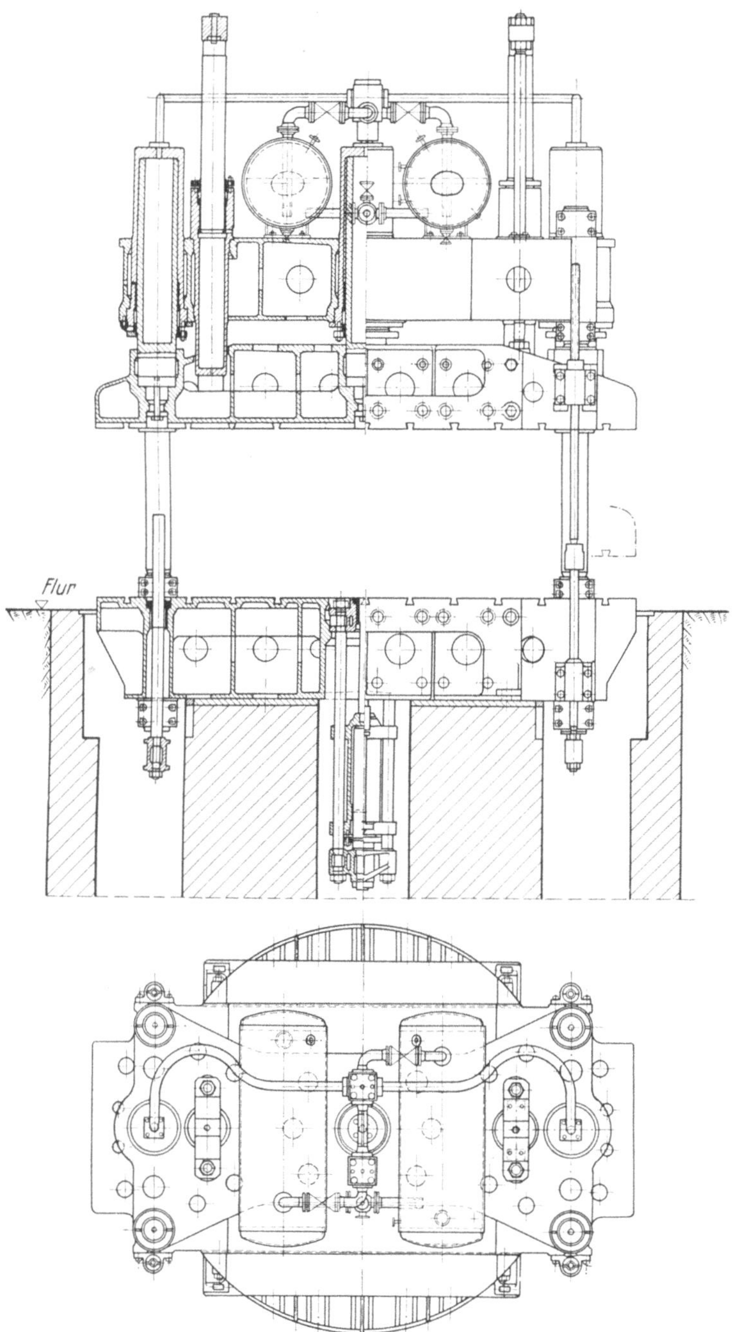

Abb. 127. 1000 t-Dreizylinder Kümpel- und Rahmenpresse mit hydraulischer und mechanischer, rückzugabhängiger Ausstoßvorrichtung.
(Ausführung Schloemann A. G., Düsseldorf.)

Anwendung von 3 Druckstufen eingerichtet ist. Die Presse hat keinen unteren Arbeitstisch, so daß die Böden nur einseitig von oben gepreßt werden können. Der Laufholm und der Unterholm mit einem Durchmesser von 4800 mm sind in der Schmalseite auf einer Breite von 6500 mm konsolartig verlängert, damit sich die Presse auch noch für andere Arbeiten, z. B. zur Herstellung von Fahrzeugrahmen, Wasserkammern usw., verwenden läßt.

Da man hierfür eine Ausstoßvorrichtung benötigt, hat man im Unterholm 3 Ausstoßstempel vorgesehen, von denen die beiden seitlichen, ähnlich wie bei der Lochpresse nach Abb. 7, vom Laufholm bewegt werden, während der mittlere einen eigenen Antriebszylinder besitzt. Dieser Zylinder arbeitet über einen feststehenden Plunger, der durch eine untere Traverse und 2 Zugstangen mit einer oberen Platte verbunden ist, die eine große, zentrale Öffnung im Unterholm verschließt. Der mittlere Ausstoßer kann also — wenn es zur Durchführung bestimmter Arbeiten notwendig sein sollte — nach oben in einfacher Weise ausgebaut werden. Neben dem beweglichen Ausstoßzylinder befinden sich noch 2 kleine feststehende Zylinder mit beweglichen Plungern für den Rückzug.

Die 3 oberen Arbeitsplunger sind fest im Laufholm eingesetzt, damit er bei Rahmenarbeiten möglichst wenig in den Führungen nachgibt. Auf dem Zylinderholm sind zwei Windkessel für das Füllwasser angeordnet. Die Rückzugzylinder liegen unmittelbar neben den beiden äußeren Arbeitszylindern.

Abb. 128 zeigt eine Kümpelpresse, bei welcher der untere Arbeitstisch beweglich und der obere, feste Tisch verstellbar ist. Die Presse hat den Vorteil, daß bei der Herstellung verschiedenartiger Böden hohe Druckstücke durch eine Verstellung des oberen Tisches vermieden und die Werkzeugkosten verbilligt werden. Außerdem lassen sich die Pressen in Werkshallen mit verhältnismäßig kleiner Kranbahnhöhe unterbringen. Das Arbeiten auf diesen Pressen ist aber unbequem, so daß man im allgemeinen diejenigen mit einem beweglichen, oberen Tisch vorzieht. Um Böden von beiden Seiten pressen zu können, erhält der verstellbare Tisch einen Hilfszylinder mit einem doppeltwirkenden Kolben. Für die Zylinderanschlüsse sieht man Tauchrohre vor, die mit Stopfbüchsen abgedichtet werden.

Eine Presse in ähnlicher Ausführung, die vorwiegend in den USA und in England für die im Lokomotivbau vorkommenden Kümpelarbeiten verwendet wird, ist in Abb. 129 dargestellt. Sie besitzt drei untere Arbeitszylinder a; der mittlere Plunger b dient gleichzeitig als Zylinder für einen weiteren Hilfsplunger c, der durch den beweglichen Tisch d hindurcharbeiten und z. B. als zusätzlicher Arbeitsplunger, Ausstoßer oder — bei Anwendung einer Blechhaltung — als

Ziehplunger wirken kann. Ferner befinden sich auf dem unteren Zylinderholm e vier kleine in diagonaler Richtung verstellbare Hilfszylinder f, deren Kolben g ebenfalls durch den beweglichen Preßtisch arbeiten können und für unabhängig durchzuführende Nebenarbeiten — z. B. das Kümpeln von Feuerbüchs-, Flammrohr- oder Mannlochöffnungen — benutzt werden. In dem beweglichen Preßtisch sind

Abb. 128. Kümpelpresse mit unterem, beweglichem Arbeitstisch und verstellbarem Oberholm. (Ausführung Haniel u. Lueg, Düsseldorf.)

lange Schlitze für das Verschieben der Hilfszylinder vorgesehen; die Verstellung erfolgt durch Drehen einer Spindel h.

Neben den drei Arbeitszylindern sind noch zwei Vordruckzylinder i mit Plungern k angeordnet. Ihre Kolbenkraft reicht für das leere Hochfahren des beweglichen Tisches mit den Werkzeugen aus, so daß der Leerhub bei geringstem Druckwasserverbrauch stattfindet. Wenn die Vordruckkolben den beweglichen Tisch heben, werden die Arbeitszylinder mit Niederdruckwasser aus der Abwasserleitung oder aus einem Windkessel aufgefüllt. Die vier Säulen l, die den Zylinderholm e mit dem verstellbaren Oberholm m verbinden, besitzen Stellmuttern n für die Hubbegrenzung des beweglichen Preßtisches.

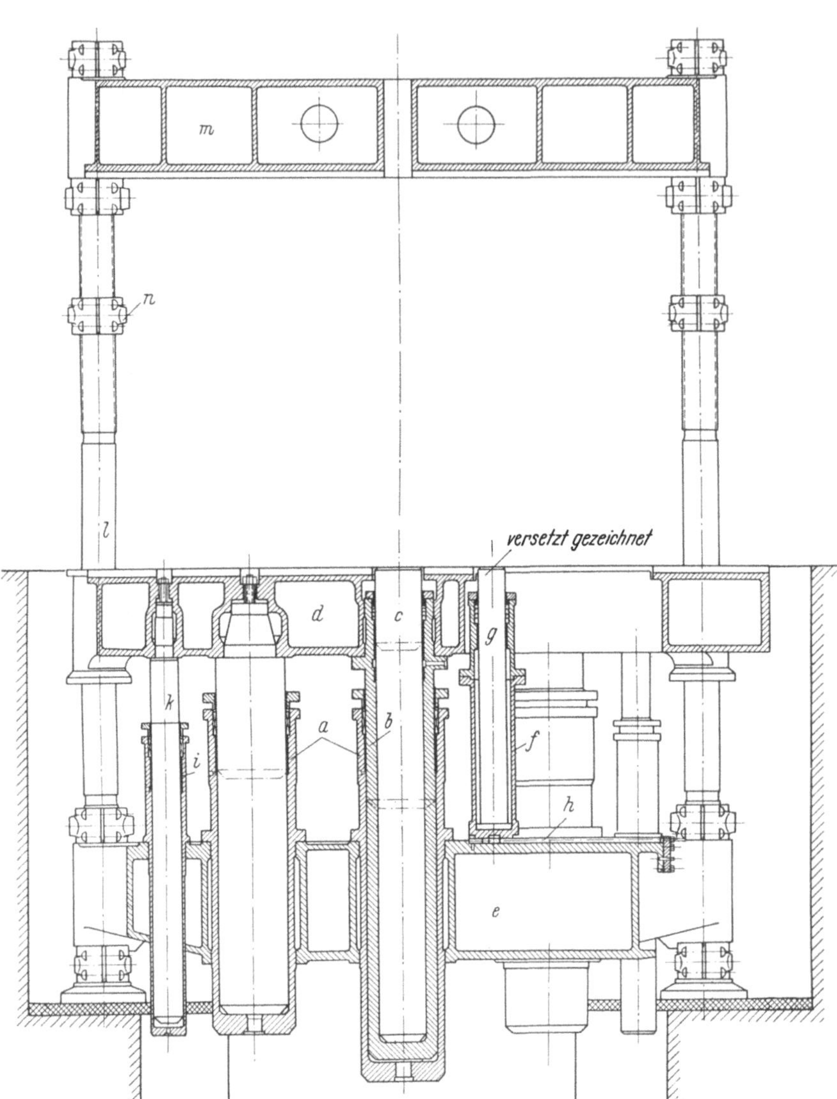

Abb. 129. Kümpelpresse mit unterem Arbeitstisch, mittlerem Doppelkolben zum Ziehen mit Blechhaltung, diagonal verstellbaren Hilfskolben und verstellbarem Oberholm. (Ausführung Hydraulik G.m.b.H., Duisburg.)

Die für Kümpelpressen verwendeten Werkstoffe sind:

Stahlformguß GS 45   für die Holme, Preßtische, Traversen, zweiteiligen Säulenmuttern und Zylinder,

Kokillenhartguß oder
Schmiedestahl C 35.16 mit möglichst gehärteter Oberfläche für die Plunger,
Schmiedestahl St 50.11 für Säulen, Stangen und Zylinder.

Die Nennbeanspruchung wählt man mit Rücksicht auf die ungleichförmige Spannungsverteilung in den Stahlgußstücken verhältnismäßig
niedrig mit $k_b = 450 \div 600$ kg/cm². Die Zugbeanspruchung in den
Säulen soll $k_z = 300 \div 450$ kg/cm² betragen.

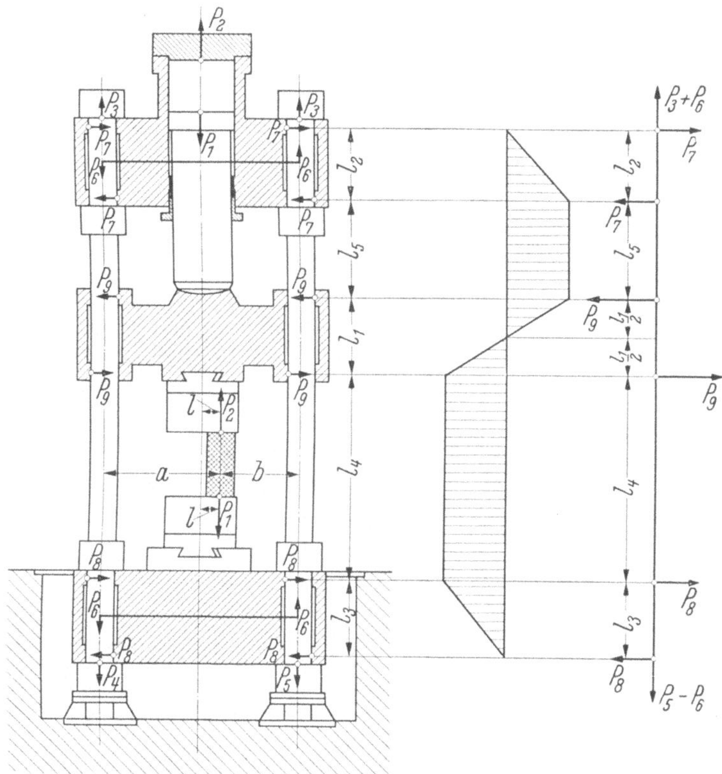

Abb. 130. Kraftverlauf in einer Säulenpresse mit an den Säulen geführtem Laufholm
und exzentrisch auftretendem Arbeitswiderstand.

Außer der Zugbeanspruchung erfahren die Säulen eine zusätzliche
Biegungsbeanspruchung, die wesentlich größer ist und die Zugbeanspruchung um ein mehrfaches übersteigt, wenn mit der Presse
exzentrisch gedrückt wird. Derartige Belastungsfälle treten auf bei
ungleichmäßig erwärmten Blechen und bei der Herstellung von unsymmetrischen Formteilen, wie z. B. Feuerbüchswänden, Flammrohrböden usw.

Ist nach Abb. 130 der Abstand des resultierenden Preßwiderstandes von der Pressenmitte $= l$, so erhält man die größte durch Zug und Biegung hervorgerufene Säulenbeanspruchung[1] zu:

$$\sigma_r = \frac{P}{4\,f} + \frac{P\,l}{4\,f(a+b)} + \frac{P\,l}{8\,W}\,.$$

Es bedeuten:

$P =$ Gesamtpreßdruck,

$f =$ Querschnittsfläche und

$W =$ Widerstandsmoment im gefährdeten Säulenquerschnitt,

$a + b =$ mittlere Säulenentfernung.

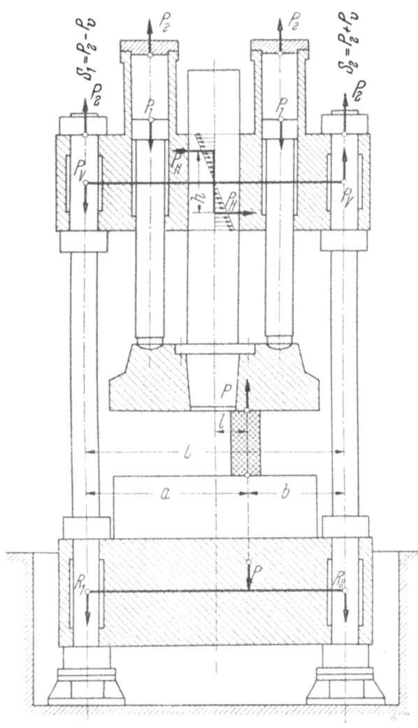

Abb. 131. Kraftverlauf in einer Säulenpresse mit an einem mittleren Stempel geführten Laufholm und exzentrisch auftretendem Arbeitswiderstand.

Man kann die Biegungsbeanspruchung vermeiden, wenn man auf die Führung des beweglichen Preßtisches an den Säulen verzichtet und den Tisch mit einem Stempel im Zylinderholm führt. In diesem Falle erhält man einen Belastungsfall nach Abb. 131.

Nach der Darstellung der Kräfte ist $\quad P = 2\,P_1 = 2\,P_2$.

Die außerhalb der Pressenmitte, am Hebelarm l angreifende Kraft P ruft im Zylinderholm ein Kräftepaar P_H mit dem Abstand h hervor, wodurch auf die beiden Säulen ein Drehmoment $M = P_v L$ übertragen wird. Es ist also

$$P\,l = P_H\,h = P_v\,L.$$

Die Kraft P_v wirkt auf die beiden Säulen einmal in gleicher und das andere Mal in entgegengesetzter Richtung, so daß man erhält:

$$S_1 = P_2 - P_v \quad \text{und} \quad S_2 = P_2 + P_v$$

oder $\quad S_1 = \dfrac{P}{2} - \dfrac{P\,l}{L}\quad$ und

$$S_2 = \frac{P}{2} + \frac{P\,l}{L} \quad \text{mit } L = a + b \text{ und } l = \frac{a+b}{2} - b = \frac{a-b}{2} \quad \text{wird:}$$

$$S_1 = \frac{P\,b}{a+b} \quad \text{und} \quad S_2 = \frac{P\,a}{a+b}\,.$$

Die gleichen Werte erhält man für R_1 und R_2 am Unterholm, wenn man ihn als Träger auf zwei Stützen mit einer im Abstand l von der Trägermitte angreifenden Kraft P betrachtet. Es ist:

---

[1] MÜLLER, E.: Hydraulische Schmiedepressen und Kraftwasseranlagen. Berlin/Göttingen/Heidelberg: Springer 1952.

$$R_1 = \frac{P\,b}{a+b} \quad \text{und} \quad R_2 = \frac{P\,a}{a+b}, \quad \text{folglich} \quad S_1 = R_1 \quad \text{und} \quad S_2 = R_2.$$

Für eine Viersäulenpresse ergeben sich demnach die Nennbeanspruchungen im Querschnitt f zu:

$$\sigma_{Z_1} = \frac{R_1}{2f} \quad \text{und} \quad \sigma_{Z_2} = \frac{R_2}{2f}.$$

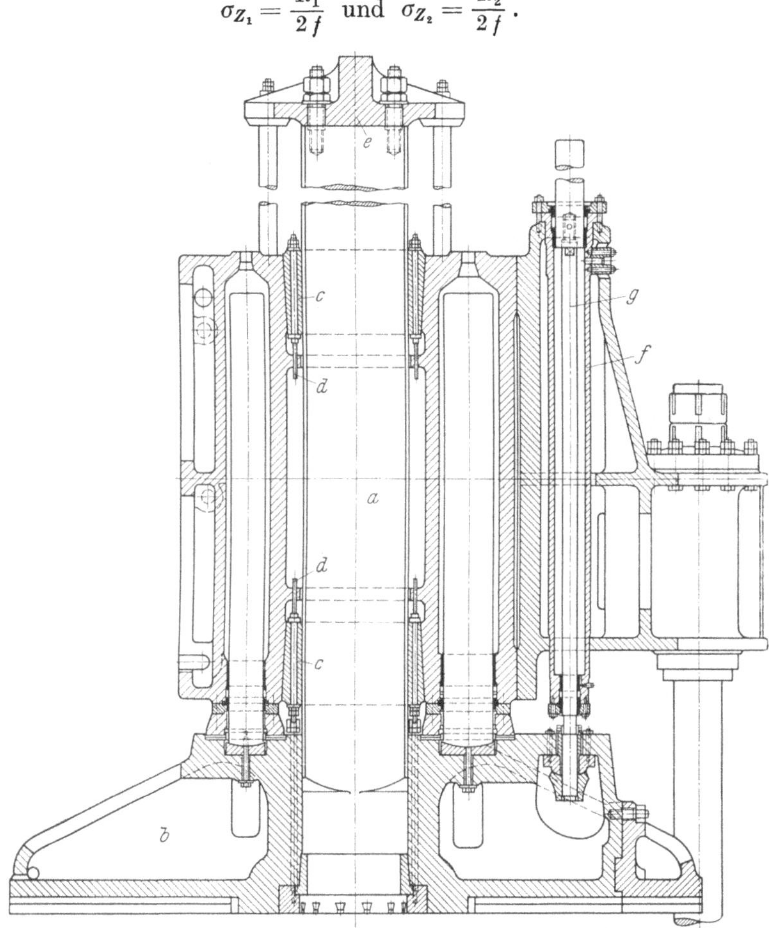

Abb. 132. Laufholm mit mittlerem Führungsstempel für eine 1000 t-Kümpelpresse.
(Ausführung Hydraulik G.m.b.H., Duisburg.)

Da die beiden Zugbeanspruchungen ungleich sind, werden sich die Säulen also auch unterschiedlich dehnen. Die hierdurch auftretende zusätzliche Biegungsbeanspruchung ist unbedeutend und kann deshalb vernachlässigt werden.

Abb. 132 zeigt die Konstruktion des Oberholmes für eine in dieser Weise belastete Kümpelpresse. Die vier Säulen dienen lediglich zur

Verbindung des Unterholmes mit dem Oberholm und werden durch reine Zugkräfte beansprucht. Die bei einseitiger Belastung auftretenden Biegungsmomente werden von einem kräftigen, mittleren Führungsstempel a aufgenommen; er hat quadratischen Querschnitt und ist im beweglichen Tisch b fest eingesetzt. Der Oberholm ist verhältnismäßig hoch, um geringe Kantenpressungen auf die Führungsleisten c zu erhalten, die mit Schrauben d leicht nachgestellt werden können. Rings um den Stempel sind im Oberholm je vier versetzt gezeichnete Arbeits- und Rückzugzylinder angeordnet, die sich stufenweise schalten lassen, um den Druckwasserverbrauch beim Kümpeln schwacher Bleche zu verringern. Die Rückzugplunger drücken auf eine auf dem Führungsstempel befestigte Traverse e. Zwei weitere im Oberholm befindliche Zylinder f sind an der konstanten Druckleitung angeschlossen; ihre Kolben g üben also dauernd einen Gegendruck aus und halten die beweglichen Massen zum Teil im Gleichgewicht.

Abb. 133. Geradführung für einen Laufholm zur Entlastung der Säulen bei exzentrisch auftretendem Arbeitswiderstand. (Ausführung Schloemann A. G., Düsseldorf.)

Eine andere Möglichkeit zur Vermeidung von Biegungsbeanspruchungen in den Säulen besteht in der Anordnung einer mechanischen oder hydraulischen Geradführung für den beweglichen Preßtisch. Hierfür gibt es eine ganze Reihe guter Lösungen, wovon in Abb. 133 z. B. eine Ausführung mit Gelenkhebeln dargestellt ist.

Durch alle Maßnahmen zur Vermeidung der Biegungsbeanspruchungen in den Säulen leidet der einfache Aufbau einer Kümpelpresse. Aus diesem Grunde bleibt man in den meisten Fällen bei der Säulenführung und strebt für die Säulen einen möglichst großen Durchmesser an. Diese Entscheidung wird auch noch besonders dadurch erleichtert, daß Säulenbrüche verhältnismäßig selten auftreten.

Das Steuerschema für eine Kümpelpresse mit drei oberen und einem unteren Arbeitszylinder ist in Abb. 134 dargestellt. Für die Bedienung der Presse sind drei Steuerungen vorgesehen. Mit der Oberdrucksteuerung werden die Bewegungen des oberen Arbeitstisches ausgeführt; die Schaltsteuerung dient zur Einstellung der Druckstufen und die Unterdrucksteuerung veranlaßt die Bewegungen der unteren Preßplatte. Der Verlauf der Wasserwege läßt sich am besten an Hand der Ventilerhebungsdiagramme verfolgen.

In der Stillstandstellung des oberen Preßtisches sind die Ventile 4 und 6 geöffnet, und alle übrigen geschlossen. Die Arbeitszylinder und zwei Rückzugzylinder sind mit der Abwasserleitung verbunden. Das ganze Eigengewicht der beweglichen Teile sowie der Druck des Füllwassers lasten auf der Wassersäule und in den beiden übrigen Rückzugzylindern, die durch Ventil 2 abgesperrt sind.

Geht man mit dem Handhebel in die Vordruckstellung, so wird Ventil 2 geöffnet und Ventil 4 geschlossen. Der Preßtisch bewegt sich im Leergang bis zur Berührung des oberen Werkzeuges mit dem Arbeitsstück abwärts, wobei die Hauptzylinder mit Niederdruckwasser aufgefüllt werden, das aus Windkesseln kommt, die sich über den Zylindern befinden. Dabei fließt das Niederdruckwasser durch die Füllventile, die beim Abwärtsgang wie Rückschlagventile wirken und bei Beginn der Aufwärtsbewegung aufgestoßen werden, damit das Wasser aus den Zylindern wieder entweichen kann. Die Ventilstößel sind als Kolben ausgebildet, deren zugehörige Zylinder mit den Rückzugzylindern verbunden sind und gleichzeitig mit diesen gesteuert werden. Beim Übergang in die Preßdruckstellung wird das Ventil 3 geöffnet. Das Druckwasser fließt durch die Schaltsteuerung in die Arbeitszylinder. In der Stellung Preßdruck III sind die Ventile 1 und 3 der Schaltsteuerung geöffnet, so daß das Druckwasser in alle drei Zylinder eintreten kann. Die Stellungen Preßdruck I und II geben nur den Weg zu den beiden seitlichen oder zu dem mittleren Zylinder frei, wobei die drucklos bleibenden Zylinder über die Ventile 2 und 4 eine Verbindung mit der Abwasserleitung erhalten, damit Undichtigkeiten der Ventile 1 und 3 keinen Druckanstieg in den abgeschalteten Zylindern hervorrufen können.

Nach Beendigung des Arbeitshubes bringt man den oberen Preßtisch wieder in seine Ausgangsstellung zurück, indem man den Hebel der Oberdrucksteuerung in die Stellung Rückzug I bewegt. Hierbei wird zunächst das Druckwassereinlaßventil 3 geschlossen und das Entlastungsventil 4 geöffnet, wodurch die Spannung in den Arbeitszylindern abfällt. Die Rückzugbewegung setzt ein, sobald die Abwasserventile 2 und 6 geschlossen und das Einlaßventil 1 für zwei Rückzugzylinder geöffnet wird. Gleichzeitig werden hierdurch die

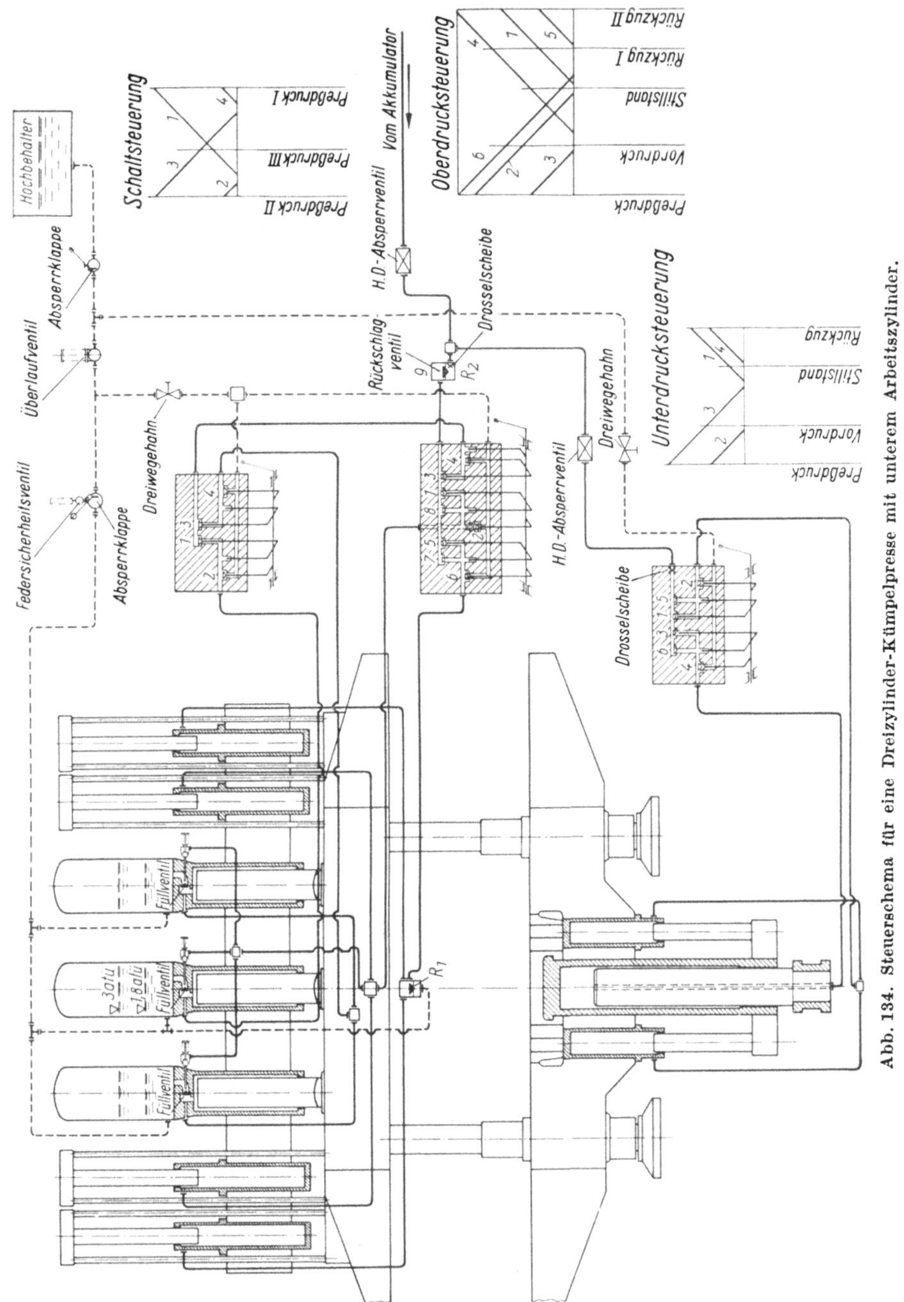

Abb. 134. Steuerschema für eine Dreizylinder-Kümpelpresse mit unterem Arbeitszylinder.

Füllventile aufgestoßen; das Wasser fließt wieder in die Windkessel zurück und gelangt von dort durch ein Überlaufventil und durch eine Überlaufleitung zum Sammelbehälter. Während der Rückzugbewegung werden die beiden übrigen Rückzugzylinder mit Niederdruckwasser aufgefüllt. Zu diesem Zweck befindet sich in der Rückzugleitung das Rückschlagventil *R 1*. Reicht der Rückzugdruck zum Auseinanderziehen der Werkzeuge nicht aus, so geht man mit dem Handhebel in die Stellung Rückzug *II*, wodurch sämtliche Rückzugzylinder Druckwasser erhalten.

Die beiden Rückschlagventile *7* und *8* gestatten eine Verdrängung des Wassers aus den Rückzugzylindern falls die Ventile z. B. durch falsche Einstellung oder durch den Bruch eines Ventilstößels geschlossen bleiben sollten und die Rückzugplunger unter Einwirkung des Preßdruckes mit dem beweglichen Preßtisch abwärts gezogen werden. Der Einbau von Rückschlagventilen würde nicht notwendig sein, wenn man unentlastete Ventile als Steuerventile verwenden könnte. Entlastete Ventile gestatten keinen Rückfluß des Wassers (s. S. 240).

Die Unterdrucksteuerung arbeitet ohne Vorfülleinrichtung für den Arbeitszylinder. Sie besitzt Druckwasserein- und Auslaßventile *1* und *3* bzw. *2* und *4* für die Preß- und Rückzugbewegung. Um im Leergang den Druckwasserverbrauch einzuschränken, öffnet man Ventil *3* vor Ventil *2*, wodurch bei der Aufwärtsbewegung das Wasser aus den beiden Rückzugzylindern durch Rückschlagventil *6* wieder in die Druckleitung verdrängt und der Arbeitsdruck um den Rückzugdruck vermindert wird. Das Rückschlagventil *5* soll eine Abwärtsbewegung der Tischplatte in der Stillstandstellung der Steuerung gestatten, wenn der obere Arbeitsdruck den Tisch belastet.

In sämtlichen Steuerungen sind zu den Einlaßventilen noch Entlastungsstifte angeordnet, die denselben Durchmesser wie die Ventilstößel haben; sie verhindern, daß beim Öffnen der Einlaßventile ein einseitiger Druck auf die Hebelwelle kommt (Seite 241). Weiterhin befindet sich vor der Oberdrucksteuerung noch ein Rückschlagventil *R 2* das ein unbeabsichtigtes Senken des oberen Preßtisches verhindert, vgl. S. 23.

e) Bördel- und Flanschierpressen.

Einfache Kesselböden und Behälterwände mit großen Abmessungen, die nur vereinzelt zur Ausführung kommen und für die sich deshalb die Anschaffung einer schweren Kümpelpresse nicht lohnt, können auch auf Bördel- und Flanschierpressen hergestellt werden. Die Ränder und Krempen preßt man auf diesen Maschinen schrittweise an die Böden, und zwar in der Weise, daß ein auf einer Körnerspitze oder in einem Kranhaken eingehängtes, drehbares Blech auf einem Teil seines Umfanges mit einem Kolben eingespannt wird, während ein zweiter, unmittelbar hinter dem ersten liegender Kolben den überstehenden Blechrand nach unten abbiegt, vgl. Abb. 135. Das Werkzeug ist so ausgebildet, daß zur Verhinderung der Faltenbildung, ein allmählicher Übergang in die endgültige Krempenform stattfindet.

Die Pressen werden für vielseitigste Verwendung nach Abb. 136 in Ständerbauart mit offenem, hufeisenförmigen Maul für Drücke bis 300 t ausgeführt. Sie besitzen zwei obere, hintereinanderliegende Arbeitskolben, die ihre Druckkraft auf das Werkstück einzeln oder zusammen nach vorhergehender Kupplung der Kolben übertragen können. Mit gekuppelten Kolben lassen sich auch Kaltbiegearbeiten vornehmen oder Kesselböden mit einem Durchmesser bis etwa 2 m und etwa 20 mm Blechstärke warm in einem Gesenk pressen. Um die Böden aus dem Gesenk heben oder Öffnungen, z. B. für Mannlöcher, von unten ein-

Abb. 135. Bördel- und Flanschierpresse beim schritt-weisen Bördeln eines Behälterbodens.

pressen zu können, wird im Tisch des Ständers ein Hilfskolben vorgesehen. Einen gleichen Kolben, mit einer Druckkraft von etwa 50 t, ordnet man auch in der Brust des Ständers an, beispielsweise zum Aufweiten von Rohrenden. Der Tisch am Ständer hat meistens eine rechteckige Form; er kann mit einer schmalen Tischplatte verlängert werden, die man schwenkbar mit dem Ständer verbindet und in eine Schräglage bringt, wenn z. B. große Rohre mit Flanschen hergestellt werden sollen. Beim Aufweiten von Rohren oder bei Staucharbeiten in horizontaler Richtung dient der Klapptisch als Widerlager.

In Abb. 137 sind die Arbeitsvorgänge für die Anfertigung von Flanschen aus Blechen dargestellt. Dabei handelt es sich jedoch meistens immer nur um Teile, die nicht laufend in großen Stückzahlen angefertigt werden. Das gleiche gilt für die Herstellung von Mannlochdeckeln und Bügeln mit Werkzeugen nach Abb. 138 u. 139.

Die Konstruktion einer Bördel- und Flanschierpresse geht aus Abb. 140 hervor. Der Ständer besitzt einen kastenförmigen Querschnitt, der auch Verdrehungskräfte, die durch Widerstände außerhalb

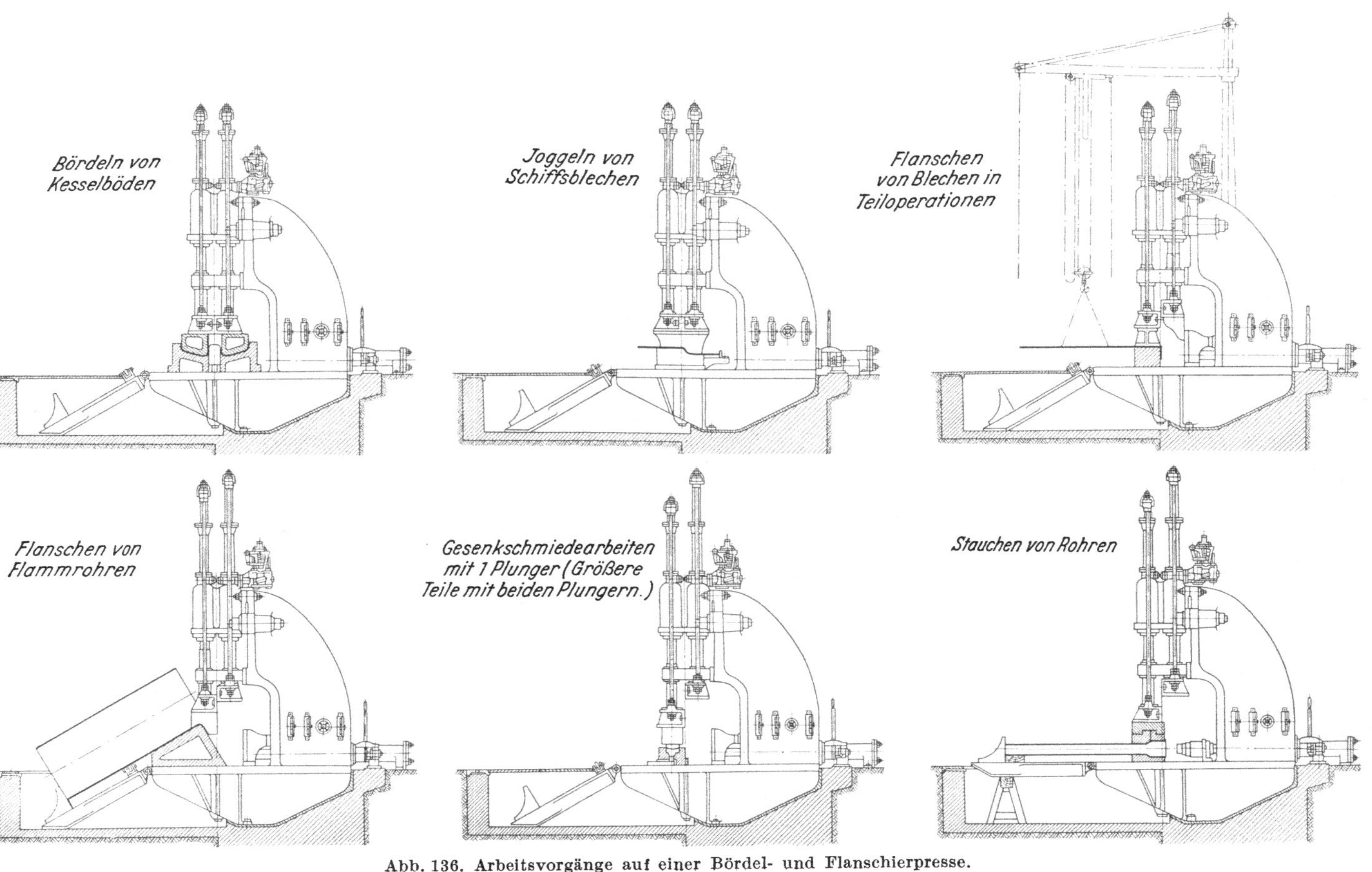

Abb. 136. Arbeitsvorgänge auf einer Bördel- und Flanschierpresse.

der Pressenmitte auftreten können, gut aufnimmt. Die beiden oberen
Preßzylinder sind mit dem Ständer durch zwei Schrumpfanker
verbunden. Die Plunger werden mit nachziehbaren Stopfbüchsen
abgedichtet und an ihren Enden hohlgebohrt, damit man zur Verringerung der Bauhöhe die Rückzugzylinder in die Preßzylinder

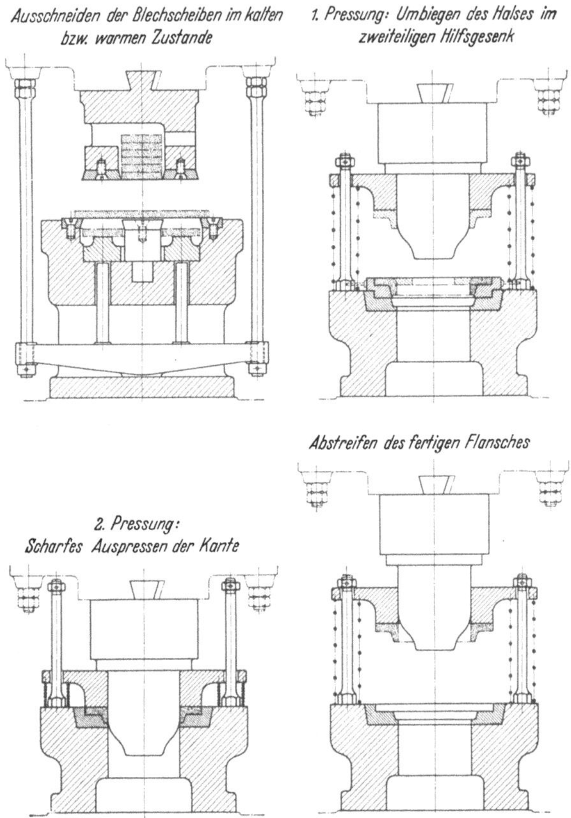

Abb. 137. Werkzeuge zur Herstellung von Flanschen.

einhängen kann. Die Rückzugplunger drücken auf Traversen, die
durch seitliche Zugstangen mit den beiden oberen Preßtischen
verbunden sind. Die Zugstangen werden unten auf der Länge des
Hubes im Durchmesser verstärkt und zur Sicherung der Tische gegen
Verdrehen in angegossenen Augenlagern geführt. Außerdem dienen
Anschläge an den Stangen zur Hubbegrenzung nach oben und unten.
Sollen beide Plunger miteinander gekuppelt werden, so legt man in
die Nuten auf der Innenseite der Preßtische einen Keil und befestigt

an der oberen Arbeitsfläche eine runde Druckplatte, die zum An-
schrauben von Gesenken mit Spann-Nuten versehen ist.

Die beiden Hilfszylinder läßt man genau wie die unteren Arbeitszylinder der Kümpelpressen zweckmäßig über feststehende Plunger
laufen, damit die Stopfbüchsen aus dem Arbeitsbereich herauskommen
und die Plungerflächen vor dem Verschmutzen durch Staub und
Zunder geschützt bleiben. Jeder Hilfszylinder wird im Ständer gut
geführt; die Verbindung der Plungertraverse mit dem Ständer erfolgt

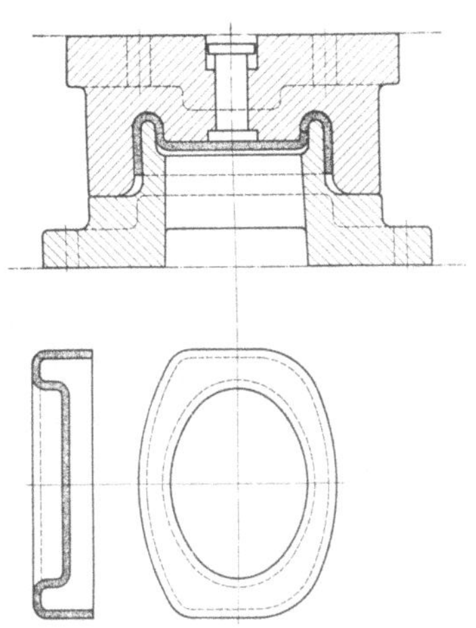

Abb. 138. Gesenke zur Herstellung von
Mannlochdeckeln.

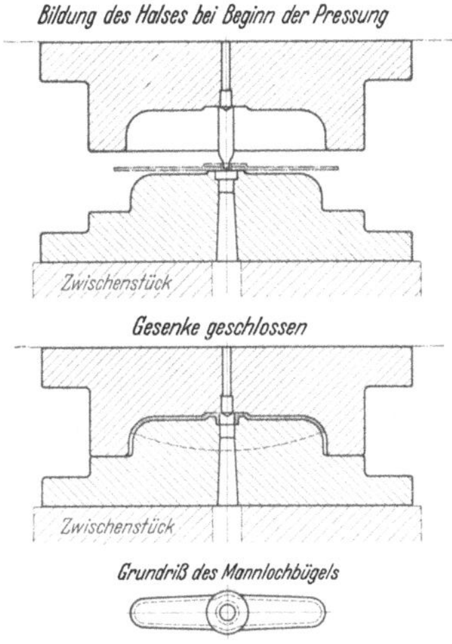

Abb. 139. Gesenke zur Herstellung von
Mannlochbügeln.

durch zwei Säulen. Der feststehende Plunger dient gleichzeitig als
Zylinder für einen kleinen Rückzugplunger, der an dem beweglichen
Zylinder mit zwei seitlichen Zugstangen angreift.

Der feste Untertisch hat eine rechteckige Arbeitsfläche, die mit
Aufspann-Nuten versehen ist. Weiterhin befinden sich Arbeitsflächen
an der Ständerbrust, gegen die sich eine auf dem Untertisch befestigte
Führung abstützt. An dieser Führung bewegen sich die Werkzeuge
zum schrittweisen Bördeln der Kesselböden, wobei hohe Seitenkräfte
auftreten können.

Der Klapptisch wird wesentlich schmaler als der Untertisch ausgeführt und erhält eine Breite von ungefähr 1000 mm. Die Verbindung
der beiden Tische erfolgt durch einen starken Bolzen, der die Druckkraft des horizontalen Hilfskolbens aufzunehmen hat.

Für die Hauptteile der Bördel- und Flanschierpressen verwendet
man folgende Werkstoffe:

Stahlformguß GS 45
oder Schweißbaustahl für Ständer, Preßplatten, Klapptische,
Stahlformguß GS 52.1 für Arbeits- und Rückzugzylinder,
Stahl C 35.16
oder Kokillenhartguß für Plunger,
Stahl St. 50   für Säulen, Stangen und eingesetzte Zylinder.

Der Ständer wird auf Biegung und Verdrehung beansprucht, wobei man annimmt, daß der Druck außerhalb der Pressenmitte in einer Entfernung von $l = 0,2 \div 0,25\,a$ auftritt, wenn a die Ständerausladung bedeutet.

Abb. 140. Werkstattmontage einer 300 t-Bördel- und Flanschierpresse.
(Ausführung Hydraulik G.m.b.H., Duisburg.)

Abb. 141 zeigt das Steuerschema für eine Bördel- und Flanschierpresse. Für die beiden Arbeitszylinder sind zwei Vierventilsteuerungen mit Vorfülleinrichtungen vorhanden. Die Hilfszylinder arbeiten in Verbindung mit zwei einfachen Vierventilsteuerungen, wobei Leer- und Arbeitshübe mit Druckwasser ausgeführt werden. Die Hebelwellen für die beiden Hauptsteuerungen werden miteinander verbunden, wenn man die Arbeitskolben kuppelt.

Die Wirkungsweise der Presse geht aus den Ventilerhebungsdiagrammen hervor. Eine Beschreibung ist bereits auf S. 159 im wesentlichen aufgeführt.

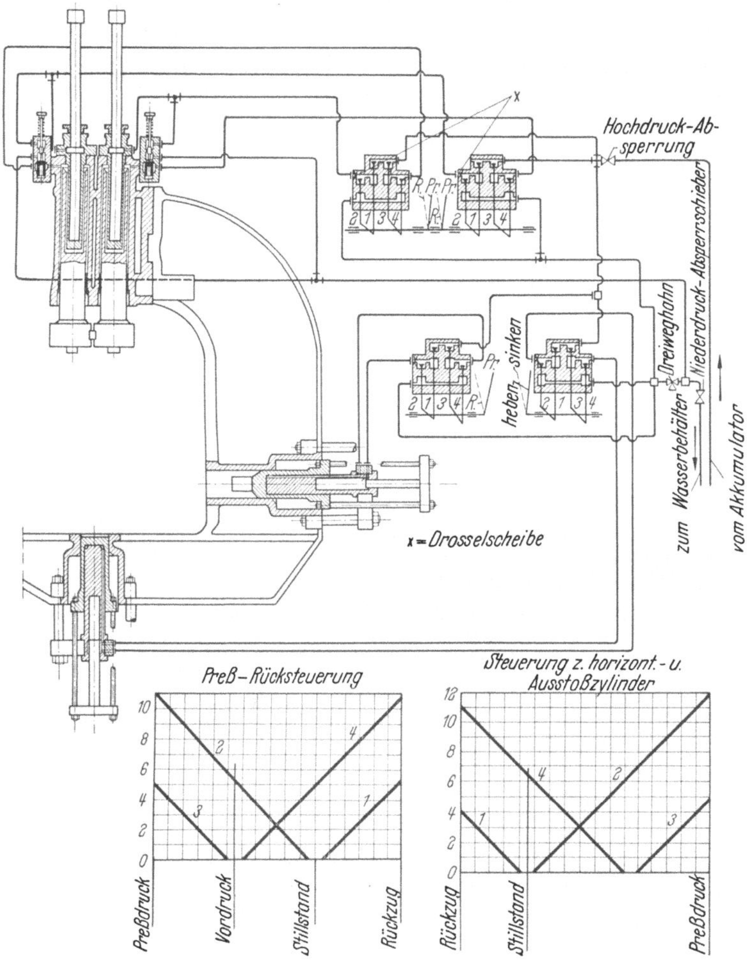

Abb. 141. Steuerschema für eine Bördel- und Flanschierpresse.

f) Nietmaschinen.

Der Bedarf an Nietmaschinen ist heute verhältnismäßig klein, da die Blechverbindungen meistens geschweißt werden. Infolgedessen hat sich an der Konstruktion der Maschinen in den letzten Jahrzehnten kaum etwas geändert.

Nietmaschinen werden ortsfest und beweglich mit einer Aufhängevorrichtung ausgeführt. Während die erste Bauart fast ausnahmslos für den Anschluß an ein Druckwassernetz eingerichtet wird, wählt man für transportable Nietmaschinen sehr oft auch lufthydraulischen Betrieb.

Die ortsfesten Nietmaschinen dienen vornehmlich zur Herstellung dampfdichter Längs- und Rundnähte. Sie bestehen aus einem langen, hufeisenförmigen Bügel, der meistens in einer tiefen Grube steht, aus der die beiden Arme in Arbeitshöhe herausragen (Abb. 142). Sie tragen auf einer Seite den Nietapparat und auf der anderen Seite den Gegenhalter.

Bei Ausführung der Nietarbeit zur Herstellung einer Längsnaht wird der Kesselschuß zunächst mit einem Kran über den Gegenhalterarm gefahren und so weit abgesenkt, bis das Nietloch in der Achse der beiden Nietdöpper liegt. Der Niet wird warm und zunderfrei in das Loch schließend eingeführt. Man verwendet Nieten mit Setzkopf

Abb. 142. 120 t-Nietmaschine mit 4 m Ausladung und dreistufigem Druckübersetzer zum Arbeiten mit 3 verschiedenen Nietdrücken. (Ausführung Schloemann A. G., Düsseldorf.)

oder zylindrische Stiftnieten mit einem konischen Ansatz, aus dem ein Kopf gebildet werden kann. Der Nietapparat arbeitet in der Weise, daß vor dem Beginn der Nietung die Kesselbleche mit einer Blechschlußvorrichtung fest aufeinandergedrückt werden, damit sich zwischen ihnen kein Grat bilden kann. Nach Fertigstellung der beiden Nietköpfe läßt man den Niet so lange unter Druck stehen, bis er erkaltet ist. Die Blechschlußvorrichtung wendet man nur bei Dampfkesselnietungen an; Nietmaschinen für andere Verwendungszwecke, z. B. für den Behälterbau sowie transportable Ausführungen, werden ohne Blechschlußvorrichtung ausgeführt. Die Döpper werden gekühlt und dürfen nur handwarm werden.

Die Größe der Nietkraft P richtet sich nach dem Nietquerschnitt f und dem spez. Nietwiderstand k. Demnach ist $P = f \cdot k$.

Man wählt

$k \cong 80$ kg/mm² für Nieten mit einem Durchmesser von 16 bis 40 mm.

Die Schließzeit wird mit

$t \cong 0{,}6$ sek/mm² Nietquerschnitt angenommen.

Die größten Nietmaschinen sind für eine Druckkraft von etwa 150 t eingerichtet und stauchen Nieten mit einem Durchmesser bis 50 mm.

Abb. 143 zeigt eine ortsfeste Nietmaschine mit einer nutzbaren Ausladung von etwa 7 m zum Nieten von Kesseltrommeln mit einer größten Länge von etwa 14 m; die Nietkraft beträgt etwa 100 t und gestattet das Verarbeiten von Nieten mit einem Durchmesser bis etwa 40 mm. Der Nietbügel ist zweiteilig; die beiden Arme a werden durch zwei kräftige Schrumpfanker b zusammengehalten. Die Belastung P_1 der beiden Anker erhält man aus der Beziehung $P_1 = P(l_1 + l_2) : l_2$, wobei P die Nietkraft und l_1 und l_2 die Hebellängen des Bügels bedeuten. Die Teilflächen sind mit Nuten zur Aufnahme einer Paßfeder c versehen, die den beiden Armen ihre richtige Stellung zueinander gibt. Das Drucklager wird durch mehrere Schrauben d zusammengehalten.

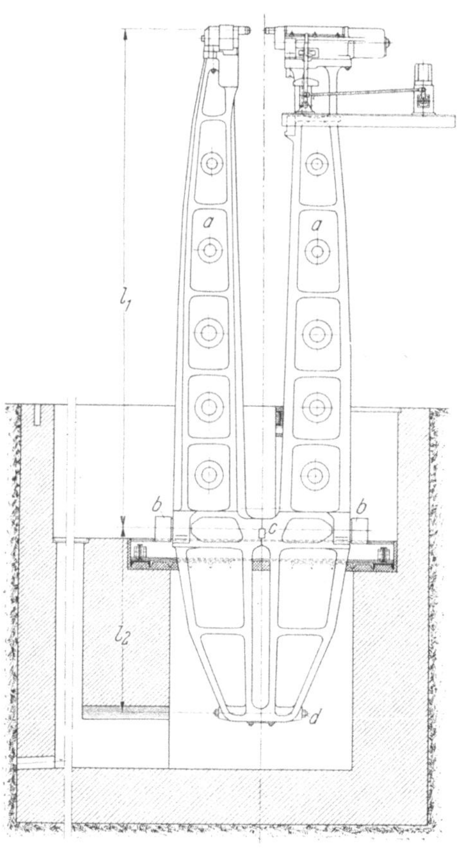

Abb. 143. 100 t-Nietmaschine mit 7 m Ausladung und geteiltem Nietbügel.

Nietbügel mit einer Ausladung bis etwa 4 m werden fast immer einteilig gegossen. Soll der Nietbügel bei bestimmtem Nietdruck und gegebener Ausladung für die Herstellung von Kesseln mit kleinstem lichten Durchmesser eingerichtet werden, so verwendet man für den Gegenhalterarm zweckmäßig eine runde, geschmiedete Säule, die entweder nach Abb. 144 durch Zuganker mit dem gegossenen Arm verbunden ist oder in ein Augenlager eingesetzt wird (Abb. 149).

Bei der Konstruktion des Nietapparates ist darauf zu achten, daß die Oberkanten der Nietdöpper außen liegen und nicht zurückspringen, damit man, z. B. beim Einnieten von Kesselböden, mit den Nietdöppern nahe an den Blechrand herankommt. Der bewegliche Nietdöpper muß also äußerst exzentrisch zur Zylindermitte liegen, so daß die Nietkraft einseitig an dem Nietplunger auftritt. Er soll deshalb eine sehr gute und möglichst nachstellbare Führung besitzen, damit der geringste Verschleiß sofort ausgeglichen und die Bildung versetzt zueinander liegender Nietköpfe vermieden wird. Man verlangt von einem guten Nietapparat ferner, daß das Auswechseln der Dichtungen schnell und bequem vorgenommen werden kann und daß der Nietzylinder eine Vorfülleinrichtung besitzt, um den Druckwasserverbrauch so gering wie möglich zu halten.

Eine bewährte Ausführung für den Nietapparat zeigt Abb. 145. Er besteht aus einer oben offenen Wanne a, die auf den Nietarm b mit Schrauben c befestigt und für die Druckübertragung mit einer Leiste d eingelassen wird. Die Wanne ist hinten als geschlossener Nietzylinder ausgebildet, und zur Führung des Nietplungers e mit einer Bronzebüchse versehen. Der mit Manschetten abgedichtete Plunger dient gleichzeitig als Zylinder für einen kleinen Vordruckkolben f, der im Zylinderboden g eingeschraubt ist. Der verlängerte Nietplunger trägt den Nietdöpper h und erhält in der Wanne eine gute Führung mit nachstellbaren Leisten. In einer Aussparung des Führungsschlittens liegt der Rückzugzylinder i; er wird vorne im Schlitten geführt und hinten in der Wanne gegen einen Bolzen k abgestützt. Der Rückzugplunger l steckt lose im Zylinder und wird ebenfalls mit Manschetten abgedichtet. Die Begrenzung des Niethubes erfolgt durch den Druckring m und den Querkeil n bei dessen Entfernung der Schlitten vorgezogen und nach oben ausgebaut werden kann.

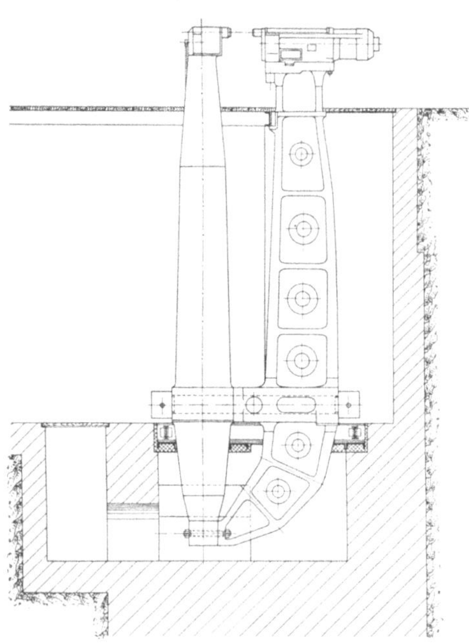

Abb. 144. 150 t-Nietmaschine mit 5 m Ausladung und geschmiedetem Gegenhalter.

Die Blechschlußvorrichtung befindet sich im Gegenhalterarm. Sie besteht aus einem gut geführten Schlitten o, der gleichzeitig als Zylinder dient für einen kleinen, feststehenden Plunger p, durch den das Druckwasser in den Zylinder eintritt. Der Nietdöpper q sitzt fest im Gegenhalterarm r und ragt in eine Bohrung des Schlittens, der sich also über den Döpper s hinwegbewegen kann und diesen mit einer auswechselbaren Büchse t umgibt. Der Blechschlußhub beträgt 50 bis 100 mm und richtet sich nach dem Hub der Nietmaschine. Die Blechschlußkraft bemißt man mit etwa 10% der Nietkraft.

Man kann die Blechschlußvorrichtung auch nach Abb. 146 im Nietapparat unterbringen. Diese Ausführung wird jedoch selten angewendet, da man dabei die Nieten von der Innenseite des Kessels einstecken muß. Der Nietapparat besitzt im Nietkolben den Blechschlußträger a, der mit einem Kolben b den Boden des Vordruckzylinders c bildet. Erhält dieser Zylinder also Druckwasser, so schiebt sich zunächst die Blechschlußhülse d vor; der Nietkolben bewegt sich erst, wenn der Anschlag e zum Anliegen kommt. Der Döpper f ist mit einem Druckstück g am Kolben befestigt.

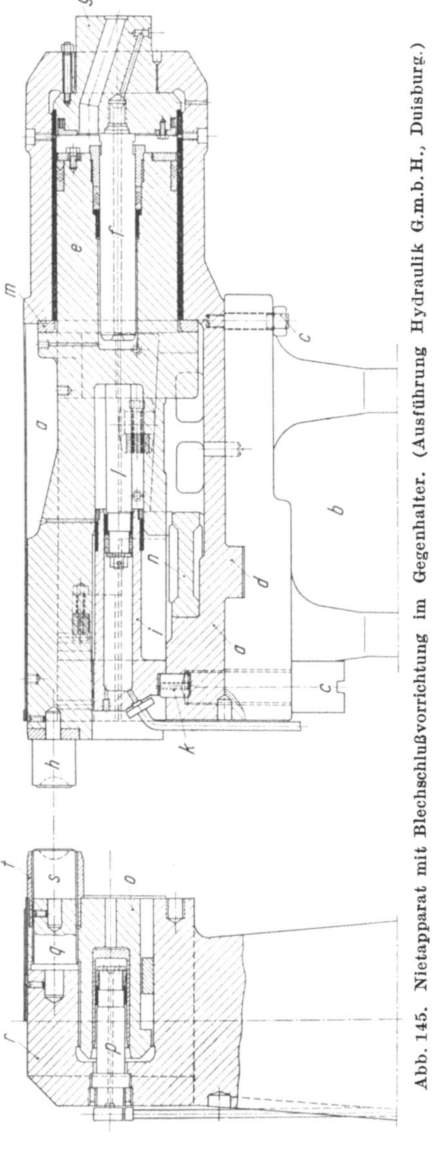

Abb. 145. Nietapparat mit Blechschlußvorrichtung im Gegenhalter. (Ausführung Hydraulik G.m.b.H., Duisburg.)

Transportable Nietmaschinen gibt es in den verschiedenartigsten Ausführungen; sie unterscheiden sich im wesentlichen nur durch die

Aufhängevorrichtung, wofür in Abb. 147 bis 151 bewährte Konstruktionen dargestellt sind.

Abb. 147 zeigt eine lufthydraulische Nietmaschine mit einfachem Aufhängebügel, in dem man sie um ihren Schwerpunkt a drehen kann.

Der Bügel besteht aus zwei seitlichen Flacheisen b mit einer oberen Traverse c zum Einlegen in den Kranhaken.

Der lufthydraulische Betrieb gestattet die Verwendung der Nietmaschine auf Baustellen, die mit einer Kompressoranlage ausgerüstet sind. Läßt man die Druckluft auf der Oberseite des Rückzugkolbens d wirken, während die Unterseite e eine Verbindung mit der Außenluft

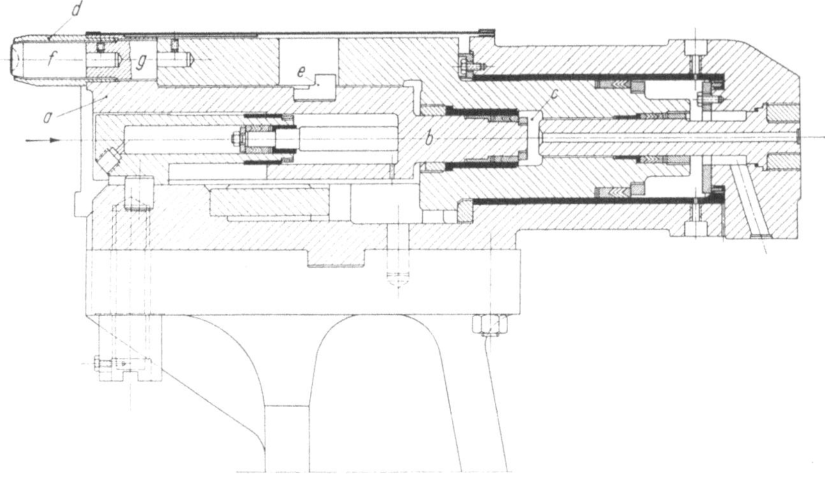

Abb. 146. Nietapparat mit eingebauter Blechschlußvorrichtung.
(Ausführung Hydraulik G.m.b.H., Duisburg.)

hat, so bewegt sich der Nietkolben f abwärts, wobei der Nietzylinder g mit Wasser aus dem Sammelbehälter h aufgefüllt wird. Nach dem Anliegen der Nietdöpper steuert man die Druckluft auf den Treibkolben i, dessen Innenseite mit der Außenluft verbunden ist. Die Treibstange k verdrängt das Wasser aus dem Zylinder l in den Nietzylinder und verrichtet dadurch die Nietarbeit. Der Nietkolben nimmt seine Ausgangsstellung wieder ein, sobald die Kolben d und i entgegengesetzt beaufschlagt werden. Die verschiedenen Kolbenbewegungen werden durch eine Bedienung der Steuerung m mit dem Hebel n hervorgerufen.

Der Vorteil des lufthydraulischen Systems im Vergleich zum direkten Luftbetrieb in Verbindung mit Kniehebeln usw. liegt in der gedrungenen Bauart, die durch das große Übersetzungsverhältnis zwischen den Drücken der beiden Betriebsmittel erzielt wird. Es beträgt etwa 1 : 40 bis 1 : 50, d. h. bei einer Luftspannung von etwa 6 at stellt sich der hydraulische Druck auf etwa 250 bis 300 at. Die Druckkräfte lufthydraulischer Nietmaschinen schwanken zwischen 20 und 80 t. Kleine Maschinen werden zweckmäßiger mit mechanischen Antriebselementen ausgeführt.

In Abb. 148 ist eine transportable Nietmaschine für reinhydraulischen Betrieb gezeichnet, die sowohl um ihre horizontale Schwerachse

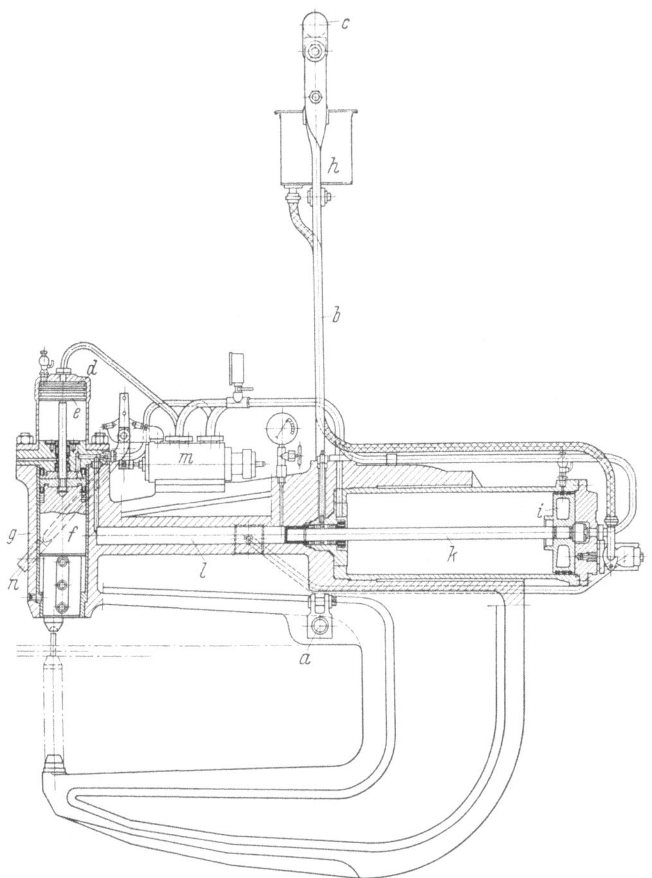

Abb. 147. 50 t-lufthydraulische Nietmaschine mit einfachem Aufhängebügel.
(Ausführung Hydraulik G.m.b.H., Duisburg.)

als auch in ihrer Aufhängeöse gedreht werden kann. Der Nietbügel a ist mit dem Zylinder in einem Stück gegossen. Der Nietplunger b läuft in einer langen Bronzebüchse und wird mit Manschetten, die nach dem Abheben des Zylinderbodens ausgewechselt werden können, abgedichtet. Der Nietdöpper sitzt in einem zum Nietplunger exzentrisch angeordneten, zylindrischen Schaft, unter dem sich die Bohrung für den Rückzugzylinder befindet. Der Rückzugplunger c ist fest im Bügel eingesetzt.

Zum Drehen des Nietbügels ist in der horizontalen Schwerachse ein Zapfen d vorgesehen; er wird im Bügelarm e gelagert und über ein Schneckengetriebe mit der Ratsche f verstellt. Der Bügelarm hängt

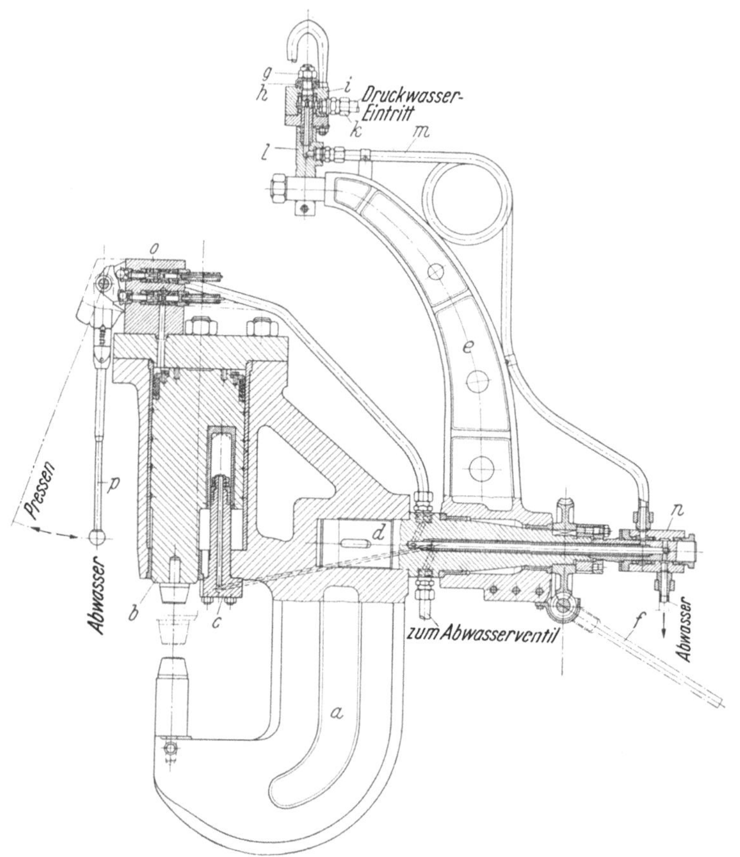

Abb. 148. 75 t-Nietmaschine mit Dreharm und Schneckenantrieb.
(Ausführung Schloemann A·G., Düsseldorf.)

mit einem Bolzen g, der auf einem Kugellager h ruht, an dem Ösenhalter i, zu dem der Druckwasseranschluß k führt. Der Bolzen g sitzt in einer Klemmbacke l, die auf einem Zapfen des Bügelarmes in die genaue Lage der senkrechten Schwerachse des Nietbügels eingestellt werden kann.

Zur Aufnahme des Druckwassers ist im Ösenhalter eine mit Manschetten abgedichtete Kammer vorgesehen, aus der es mit der Rohrleitung m in ein Verteilstück n des Zapfens d geführt wird. Dieses

Verteilstück besitzt außer dem Druckwasseranschluß noch einen Abwasseranschluß, aus dem das von der Steuerung o zurückfließende Wasser austritt. Der Rückzugplunger ist unmittelbar mit der Druckleitung verbunden. Die Steuerung o hat ein Druckeinlaß- und Auslaßventil und wird mit dem Handhebel p betätigt.

In Abb. 149 ist eine Mannlochboden-Nietmaschine für Druckwasserbetrieb dargestellt. Der Bügel ist in seiner horizontalen Schwer-

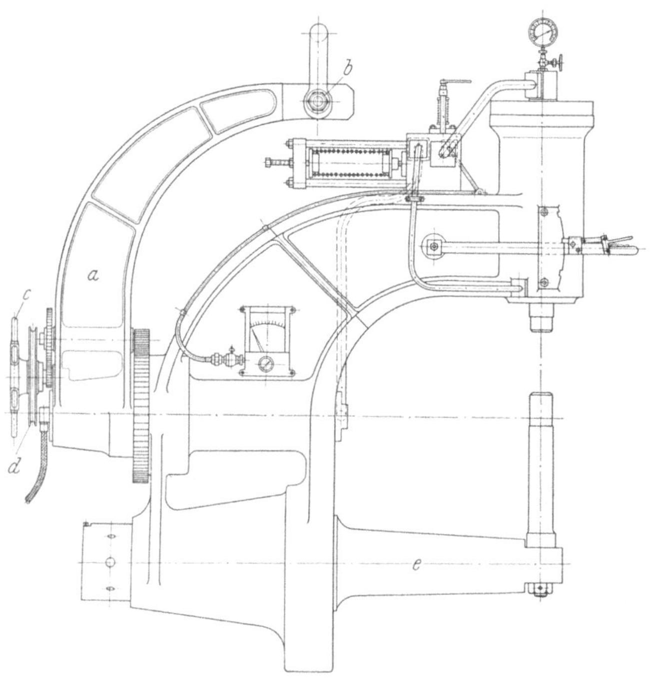

Abb. 149. 80 t-Mannlochboden-Nietmaschine mit Dreharm und Räderantrieb.
(Ausführung Hydraulik G.m.b.H., Duisburg.)

achse auf einem Zapfen drehbar gelagert, der — abweichend von Abb. 148 — fest in einem Arm a eingesetzt ist, dessen Aufhängepunkt b in der vertikalen Schwerachse des Nietbügels liegt. Die Drehung des Nietbügels erfolgt über ein Rädervorgelege von Hand, entweder mit einem Speichen- oder Kettenrad c bzw. d. Der geschmiedete Gegenhalterarm e besteht aus legiertem Stahl und kann wegen seiner hohen Festigkeit mit einem kleinen Durchmesser zur Einführung in ein Mannloch ausgeführt werden.

Die Steuerung enthält ein federbelastetes Druckregulierventil und ein Sicherheitsventil. Der Nietdruck und die Schließzeit werden mit einem Nietkontrollapparat registriert.

Abb. 150 u. 151 zeigen eine transportable Nietmaschine für Druckwasserbetrieb mit Universalaufhängevorrichtung, z. B. zur Verwendung bei der Herstellung von Nietverbindungen an Feuerbüchsen für Lokomotivkessel. Mit dieser Aufhängevorrichtung kann der Nietbügel in jede beliebige Stellung gebracht werden. Er ist in seiner senkrecht zum Bügel stehenden Schwerachse mit einem Zapfen in einem Arm a gelagert. Dieser Arm ist wieder drehbar in einem Aufhängearm b eingesetzt, der in der Öse c für den Kranhaken um 360° geschwenkt werden kann. Die Drehung des Bügelarmes erfolgt durch Schnecke und Schneckenrad d.

Für die Druckwasserzu- und -abfuhr an den Stellen e wird ein gepanzerter Metallschlauch oder eine Rohrspirale verwendet, die an ein um den Ösenzapfen drehbares Verteilstück f angeschlossen werden können. Von hier aus gelangt das Druckwasser durch Rohrleitungen und weitere Verteilstücke zu der am Nietbügel befestigten Steuerung g. Man erhält

Abb. 150. 75 t-Nietmaschine mit Universalaufhängevorrichtung. (Ausführung Schloemann A. G., Düsseldorf.)

also trotz der allseitigen Beweglichkeit des Nietbügels überall feste Rohrverbindungen.

Die Nietapparate für transportable Maschinen werden mit Rücksicht auf eine kurze und gedrungene Bauart so einfach wie möglich gehalten. Man verzichtet aus diesem Grunde in den meisten Fällen auch auf die Anbringung von nachstellbaren Führungen, Vordruckkolben und Blechschlußvorrichtungen.

Als Werkstoff für Nietbügel und Nietapparate verwendet man Stahlformguß GS 45. Die Bügel bestehen aus Rippenguß und erhalten ein Doppel-T-Profil. Die Bestimmung der Querschnitte erfolgt nach den geläufigen Rechnungsmethoden, wobei man eine Nennbeanspruchung für Biegung von $k_b = 600$ kg/cm² nicht überschreitet. Bei

der Wahl des Niethubes und Berechnung des Druckwasserverbrauches
ist die Federung der Bügelarme zu berücksichtigen, die bei großen
feststehenden Nietmaschinen etwa 20 bis 30 mm beträgt und sich
rechnerisch genau ermitteln läßt.

Abb. 152 zeigt das Steuerschema für eine ortsfeste Nietmaschine
mit Blechschlußvorrichtung. Der Rückzugzylinder ist an der konstanten
Druckleitung angeschlossen und wird nicht gesteuert. Die Ausgangs-

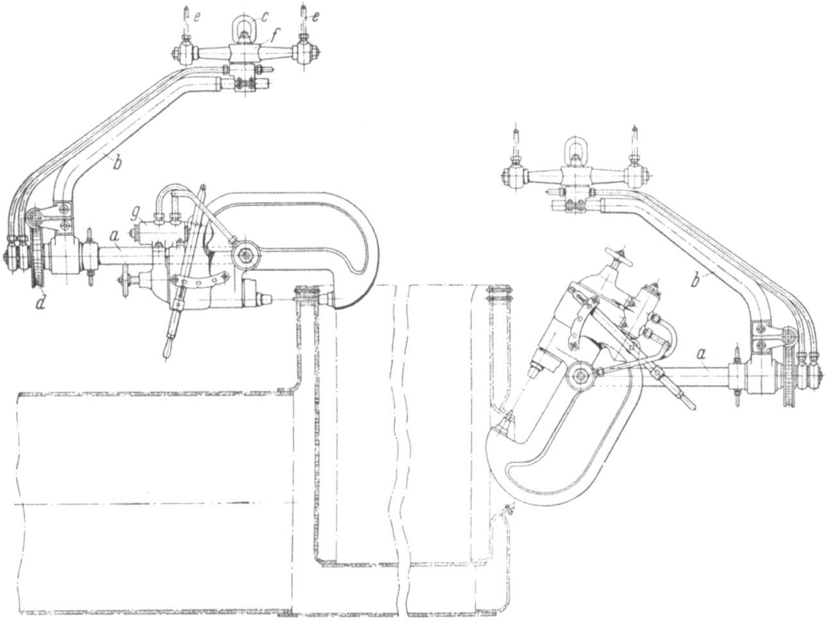

Abb. 151. Nietmaschine nach Abb. 150 beim Nieten einer Lokomotiv-Feuerbüchse.

lage für den Steuerhebel ist die Rückzugstellung. Nach dem Ventilerhebungsdiagramm sind hierbei die Ventile, 4, 2 und 5 geöffnet.
Der Niet- und Vordruckzylinder haben über die Ventile 4 und 2 eine
Verbindung mit der Abwasserleitung; die Blechschlußvorrichtung steht
über Ventil 5 unter Druck, so daß der Döpper am Gegenhalter in der
Blechschlußhülse liegt. In der Vordruckstellung ist nur Ventil 1 geöffnet, wodurch Druckwasser in den Vordruckzylinder eintritt und
der Kolbendruck den konstanten Rückzugdruck überwindet. Bei der
Vordruckbewegung wird der Nietzylinder mit Niederdruckwasser, das
aus der Abwasserleitung durch Ventil 4 nachströmt, aufgefüllt. Öffnet
man dann in der Steuerstellung Nietdruck I das Ventil 3, so erfolgt
die Stauchung des Nietes, wobei die Blechschlußvorrichtung zurückgedrückt und das Wasser aus dem Blechschlußzylinder durch Ventil 5
in die Druckleitung verdrängt wird. Bei der Weiterbewegung des

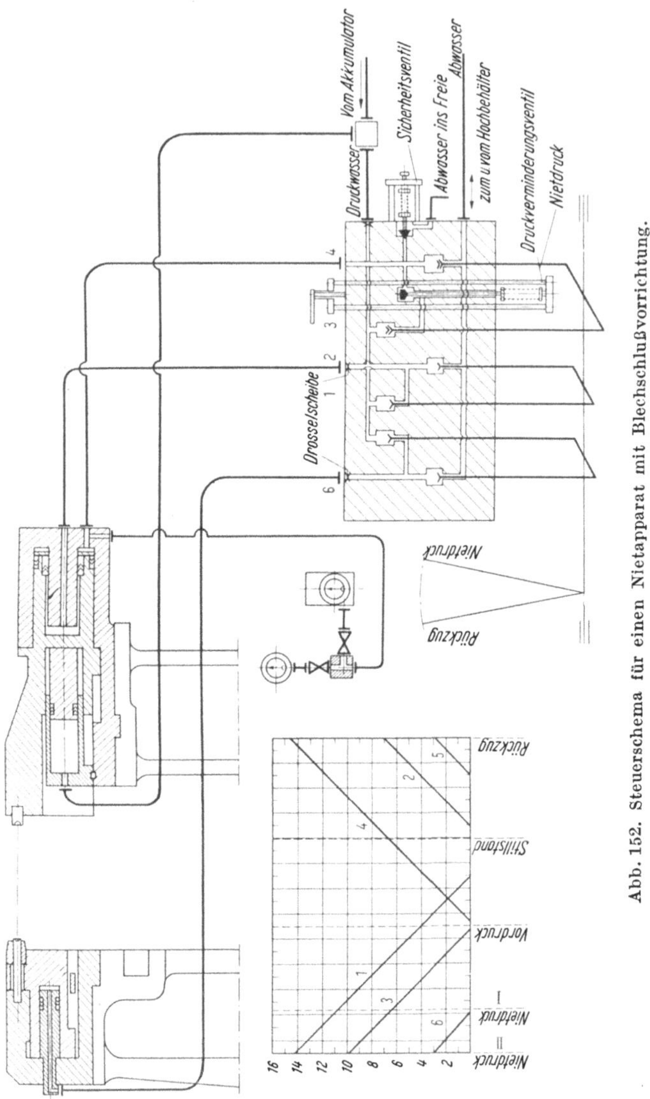

Abb. 152. Steuerschema für einen Nietapparat mit Blechschlußvorrichtung.

Steuerhebels in die Endstellung Nietdruck *II* wird das Ventil *6* geöffnet und durch Ablassen des Druckes aus dem Blechhaltezylinder der volle Nietdruck erreicht.

Hinter dem Einlaßventil *3* befindet sich noch ein federbelastetes Druckregulierventil, siehe Seite 245, das von Hand leicht auf beliebig hohe Drücke eingestellt werden kann und selbsttätig die Druckwasserzufuhr unterbindet, wenn ein bestimmter Nietdruck erreicht ist. Bei Undichtigkeiten des Ventils wird eine Druckerhöhung im Nietzylinder durch ein zusätzlich eingebautes Sicherheitsventil vermieden. Die Regelung des Nietdruckes ist notwendig, um Beschädigungen der Kesselbleche beim Drücken schwacher Nieten zu vermeiden.

Da Dampfkessel eine besonders sorgfältige Herstellung der Nietung verlangen, ist es üblich, die gesamte Nietarbeit durch ein Nietkontrollgerät fortlaufend aufzeichnen zu lassen. Bei jeder Nietung wird der Druck in einen ununterbrochen ablaufenden Diagrammpapierstreifen (Abb. 153) mit einem Schreibstift eingetragen. Dabei achtet der Steuermann auf eine unter dem Schreibgerät angeordnete Stoppuhr, auf der die Zeit,

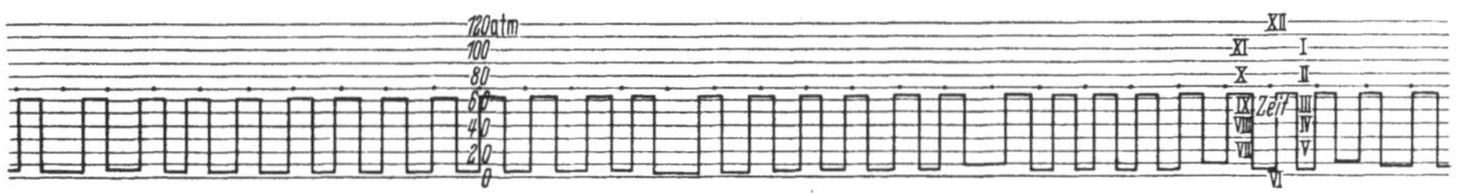

Abb. 153. Druck-Zeitdiagramm für die Nietkontrolle.

mit welcher der Niet unter Druck gehalten werden soll, eingestellt ist. Der Uhrzeiger beginnt erst zu laufen, wenn der Nietdruck erreicht ist. Nach dem Ablaufen des Zeigers stellt der Steuermann die Nietmaschine auf Rückzug, wobei der Uhrzeiger wieder in seine Nullstellung zurückgeht. Die den verschiedenen Nietdurchmessern entsprechenden Schließzeiten und Nietkräfte sind aus einer an der Steuerung angebrachten Tafel ersichtlich. Das Nietkontrollgerät ist verschlossen und nur dem Betriebsleiter zugänglich.

IV. Abschnitt.

Hydraulische Pressen für die Umformung von Schiffsblechen.

Ein großer Blechbedarf besteht auf den Werften. Die Bleche für den Schiffsrumpf werden auf hydraulischen *Schiffbaupressen* in kaltem Zustande nach einer Schablone gebogen, durchgesetzt, geknickt oder an den Enden abgesetzt bzw. angebogen. Diese Schiffbau- oder Biegepressen findet man in den verschiedensten Bauarten.

Am weitesten verbreitet ist die *einhüftige, hufeisenförmige Ständerpresse*; sie ist bequem zugänglich und für den Krantransport der Bleche gut geeignet. Man benutzt sie auch noch zum Biegen und Durchsetzen von Profileisen und zum Ausstanzen von Löchern und Öffnungen. Ihre Konstruktion ist mit einer Bördel- und Flanschierpresse vergleichbar; sie besitzt jedoch nur einen einzigen oberen Arbeitskolben und keinen Klapptisch. Es fehlt auch der untere Hilfskolben; man verwendet aber oft außer einem horizontalen noch einen schräg von oben unter 45° wirkenden zusätzlichen Arbeitskolben zum Flanschieren von Blechen.

Sollen sehr lange Bleche in einem Arbeitsgang gebogen werden, so benutzt man zweckmäßig eine *Presse mit horizontalem Biegebalken* — wie im Kesselbau —, bei der jedoch das Blech von der Breitseite eingeführt werden kann. Die Druckwirkung muß in diesem Falle also an den Enden des Biegebalkens wie bei einer Abkantpresse stattfinden, der infolgedessen ein verhältnismäßig hohes Profil erhält.

Zum *Biegen von Kielplatten* hat sich eine Spezialpresse bewährt, in der das Blech zunächst auf seiner ganzen Länge eingespannt und dann mit einer langen Walze gebogen wird. Diese Walze läßt sich sowohl in horizontaler als auch in vertikaler Ebene schrägstellen, um gute Übergänge in verschiedenen Biegeebenen herstellen zu können.

Weiterhin sind auf Werften zum Biegen und Profilieren von Blechen Abkantpressen im Gebrauch, die im nächsten Abschnitt ausführlich beschrieben werden.

a) Schiffbaupressen in Ständerbauart.

Die Druckkräfte dieser Pressen schwanken zwischen 200 und 2000 t; die Ständerausladungen zwischen 1000 und 2500 mm. Unter Ausladung versteht man das Maß von Mitte Preßzylinder bis zur Ständerbrust.

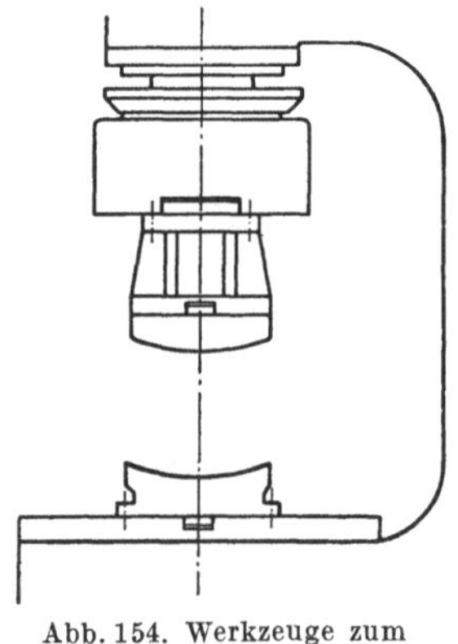

Abb. 154. Werkzeuge zum Wölben von Schiffsblechen.

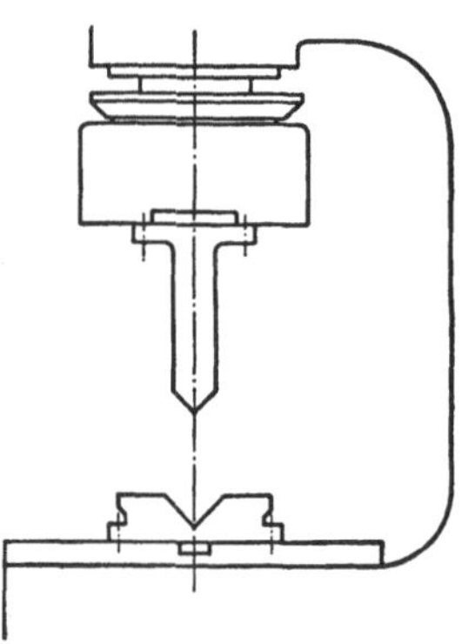

Abb. 155. Werkzeuge zum Knicken von Schiffsblechen.

Es richtet sich nach den zur Verarbeitung kommenden Blechbreiten, wobei für die größten Pressen die max. Walzbreite, die etwa 5 m beträgt, ausschlaggebend ist. Würde man zum Biegen derartiger Bleche eine Säulenpresse verwenden, so wäre eine außergewöhnlich große

Säulenstellung von etwa 9 bis 10 m notwendig, um mit dem Biege-
werkzeug überall hinzukommen. Die Säulenpresse ist deshalb zur
Durchführung der Biegearbeiten unzweckmäßig.

Die Stärke der zu biegenden Bleche ist sehr verschieden und beträgt
bei den größten Biegepressen etwa 80 bis 100 mm.

Die Biegekräfte lassen sich rechnerisch genau ermitteln. Bei einfachen Knick- und Biegevorgängen kann man die Rechnung nach
den Angaben auf S. 127 durchführen.

In Abb. 154 bis 157 sind einige Werkzeuge für die Durchführung der
hauptsächlich vorkommenden Biege-, Knick- und Durchsetz- bzw.
Joggelarbeiten dargestellt. Zum Joggeln von Blechen und Profilen
benötigt man bei verschiedenen Blech- oder Flanschstärken stets

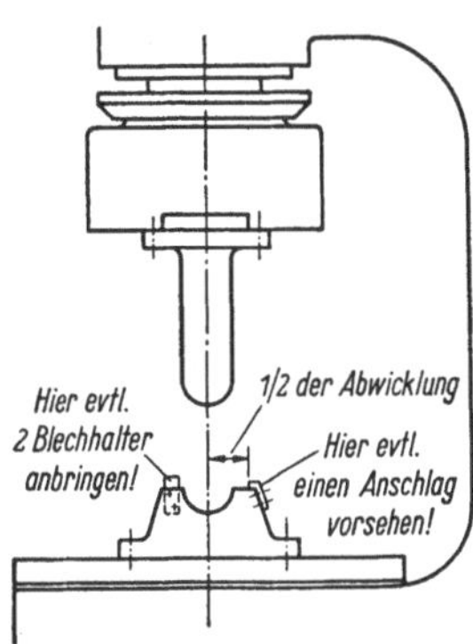

Abb. 156. Werkzeuge zum
Umbiegen von Schiffsblechen.

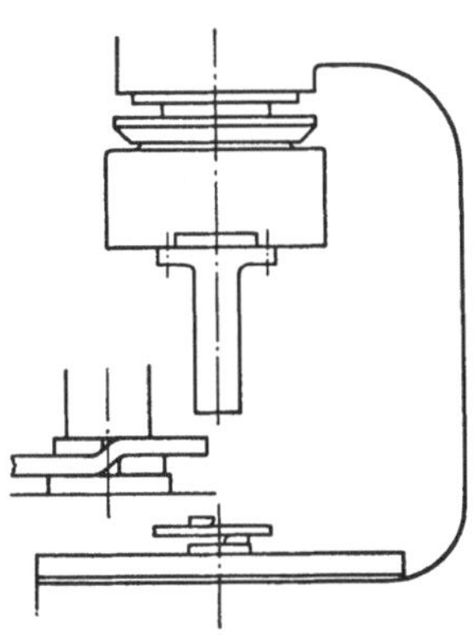

Abb. 157. Werkzeuge zum Ab- und
Durchsetzen von Schiffsblechen.

andere Druckstücke. Man verwendet deshalb für diese, sich wieder-
holenden Arbeiten gerne Universalwerkzeuge nach Abb. 158.

Hierbei werden z. B. die Unterschiede in den Stärken der Druckstücke nach Abb. 157 durch Verstellung der beiden Keile a und b
ausgeglichen. Die verschiedenen Durchsetzhöhen kann man an einer
Skala genau einstellen. Zum Joggeln von Profilen wird das Untergesenk mit zwei seitlichen Spindeln vorgeschoben. Die Einstellung der
Durchsetzhöhe erfolgt durch Verschieben des Keiles c. Um mit dem
Ein- und Ausbringen der Profileisen keine Zeit zu verlieren, kann
man die Paßstücke d in dem Schlitten e mit einer Kolbenstange f rückwärts bewegen, wodurch das Untergesenk geöffnet und das Profil
freigelegt wird.

Für Schiffbaupressen mit Druckkräften von 200 bis 600 t und Aus-
ladungen von 1000 bis 1500 mm werden die Ständer einteilig ausgeführt. Bei größeren Pressen ist es üblich, die Ständer wegen ihres
großen Gewichtes und der Transportschwierigkeiten zu teilen.

Abb. 159 zeigt eine 200 t-Schiffbaupresse mit einteilig gegossenem Ständer. Die Verbindung des Zylinders a mit dem Ständer b erfolgt durch zwei kräftige Schrumpfanker. Die Führung c für den Preßtisch ist am Ständer angeschraubt und kann leicht abgenommen werden, wenn sie beim Biegen oder Knicken der Bleche im Wege steht. Der Preßtisch wird durch starke, seitliche, auf der ganzen Zylinderlänge

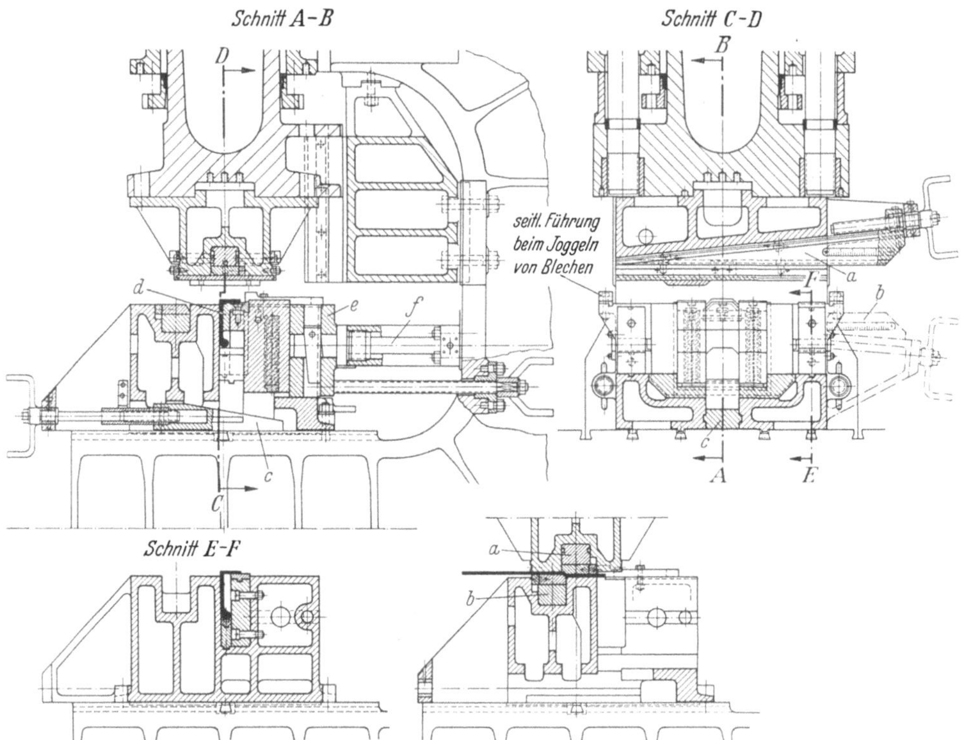

Abb. 158. Universalwerkzeuge zum Ab- und Durchsetzen von Schiffsblechen und -profilen.

geführten Rückzugstangen d, die den Preßhub nach unten durch aufgeschraubte Muttern e begrenzen, gegen Verdrehung gesichert. Der Rückzugplunger f drückt unmittelbar auf eine Traverse g, mit der die beiden Stangen verbunden sind. Zur Abdichtung der Plunger dienen Stopfbüchsen, die leicht nachgezogen werden können.

In der Ständerbrust befindet sich ein kleiner horizontaler Zylinder h, dessen Kolben für eine Druckkraft von etwa 20 t bemessen ist. Die Einrichtung wird vorteilhaft bei der Anwendung von Universalwerkzeugen zum Durchsetzen von Blechen und Profilen benutzt.

Die Presse ist für den Anschluß an ein Druckwassernetz eingerichtet und arbeitet mit Vorfüllung, d. h. der leere Abwärtsgang des

Preßtisches erfolgt durch das Gewicht der beweglichen Teile, wobei
der Zylinder mit Niederdruckwasser aufgefüllt wird. Dieses Füllwasser
befindet sich in einem auf dem Ständer angebrachten Kessel i, der
gleichzeitig als Säule für einen Drehkran vorgesehen ist, mit dem die
Bleche und Profileisen transportiert werden. Der Kranausleger wird
bei Pressen dieser Größe für eine Ausladung von etwa 3,5 bis 4 m

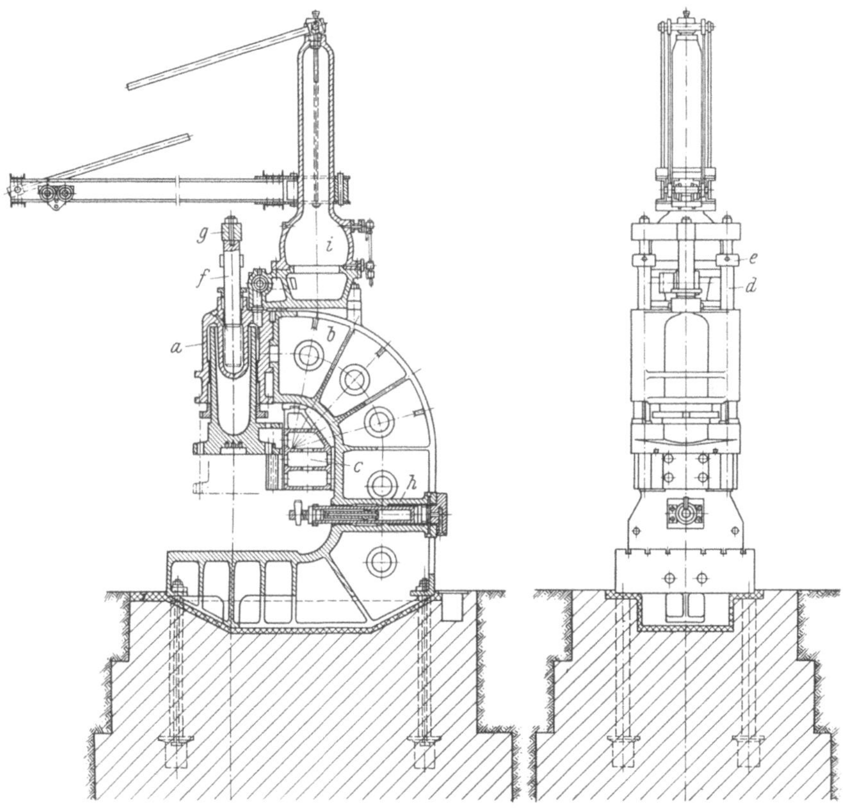

Abb. 159. 200 t-Schiffbaupresse mit Ständerführung und horizontalem Hilfszylinder.
(Ausführung Hydraulik G.m.b.H., Duisburg.)

eingerichtet und mit einem Elektrozug für etwa 1000 bis 1500 kg
Tragfähigkeit ausgerüstet.

Die Konstruktion und Abmessungen einer Schiffbaupresse werden
meistens nach Wünschen und Erfahrungen der auftraggebenden
Werften ausgeführt. In Abb. 160 u. 161 ist z. B. eine 300 t-Schiffbaupresse
dargestellt, die außer einem horizontalen, auch noch einen unter 45°
schräg liegenden Hilfszylinder a bzw. b besitzt. Die Kolbenkraft ist
dabei verhältnismäßig stark und beträgt für beide Hilfszylinder etwa

75 t. Der schräg liegende Kolben c hat vornehmlich die Aufgabe, Ränder an Bleche zu pressen, wobei eine Einspannung des Bleches erforderlich ist. Der Plunger wird bei diesen Arbeiten durch sehr starke Kraftkomponenten abgedrückt, so daß für den Werkzeugträger eine gute Führung vorgesehen werden muß. Sie besteht aus einem Schlitten e, der an der Ständerbrust befestigt und nach Erledigung der Hilfsarbeiten wieder ausgebaut wird.

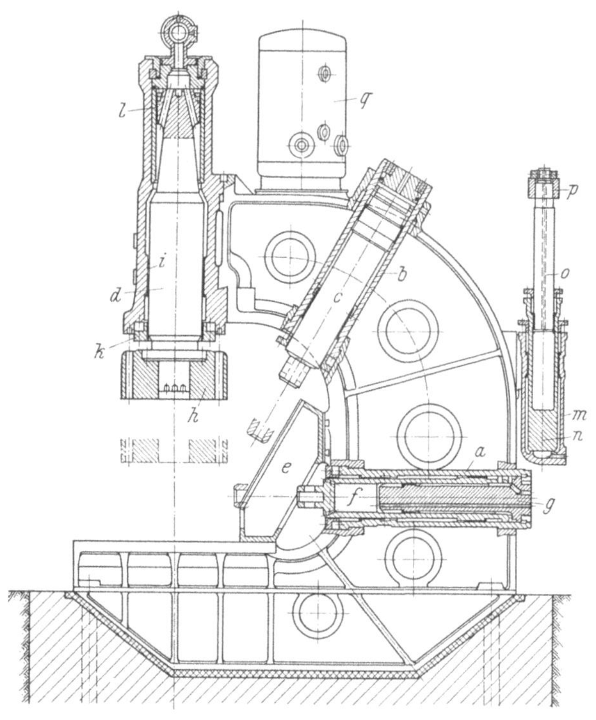

Abb. 160. 300 t-Schiffbaupresse mit Zylinderführung, angebautem Druckübersetzer, horizontalem und schrägem Hilfszylinder. (Ausführung Hydraulik G.m.b.H., Duisburg.)

Um mit dem horizontalen Kolben f auch leichte Arbeiten mit einer wesentlich geringeren Druckkraft ausführen zu können, ist der Zylinderboden g mit einem angeschmiedeten Plunger versehen, der in dem ausgebohrten Kolben f abgedichtet wird. Man kann also mit zwei Druckstufen arbeiten. Wird das Druckwasser nur in den kleinen Zylinder eingeführt, so füllt sich der Hauptzylinder mit Niederdruckwasser auf.

Der in senkrechter Richtung arbeitende Hauptkolben g ist einfachwirkend und im Preßtisch h fest eingesetzt. Da der Tisch am Ständer keine Führung besitzt, muß diese Aufgabe vom Plunger selbst übernommen werden. Zu diesem Zweck wird die Stopfbüchse mit einer langen Grundbüchse i versehen und der Stopfbüchsenflansch k außen geführt. Weiterhin ist der verlängerte Plunger noch mit einer Führungsbüchse l ausgerüstet, so daß Biegungsmomente keine unzulässigen Kantenpressungen und keinen außergewöhnlichen Verschleiß der Dichtungen hervorrufen.

Der am Ständerrücken angebaute Druckübersetzer erhöht den Betriebswasserdruck von 100 auf 200 atü. Tritt das Druckwasser mit

Abb. 161. Betriebsaufnahme der Schiffbaupresse nach Abb. 160.

100 atü Druck in den am Ständer befestigten Niederdruckzylinder m ein, so bewegt sich der Plunger n aufwärts und verdrängt aus einer mittleren Bohrung das Hochdruckwasser durch den feststehenden Hochdruckplunger o, der durch eine Traverse p und zwei seitliche Stangen mit dem Niederdruckzylinder fest verbunden ist, mit 200 atü in den Preßzylinder. Die Presse arbeitet also mit zwei Druckstufen von 150 und 300 t, wodurch beim Biegen schwacher Bleche beachtliche Druckwassermengen eingespart werden.

Der auf dem Ständer angeordnete Kessel q enthält das für die Vorfüllung erforderliche Niederdruckwasser.

Abb. 162 zeigt eine Schiffbaupresse mit geteiltem Ständer. Ober- und Unterteil bilden zwei einarmige Hebel, die hinten einen gemeinsamen Drehpunkt haben und in der Mitte mit zwei Konsolen aufeinanderliegen. Die Konsolen sind als lange Hülsen ausgebildet zur Aufnahme von zwei Zugankern, die beide Ständerteile unter Vorspannung zusammenhalten. Die nach oben verlängerten Anker dienen gleichzeitig als Säulen für zwei Drehkrane, die um ungefähr 360° geschwenkt werden können.

Beim Vorspannen der Anker wird die Presse um etwa 25% ihrer Druckkraft überlastet und in den zwischen den Konsolen entstehen-

Abb. 162. 2000 t-Schiffbaupresse in geschweißter Bauweise mit 2,5 m Ausladung, geteiltem Ständer und aufgebauten Drehkranen. (Ausführung Hydraulik G.m.b.H., Duisburg.)

den Schlitz ein Keil geschoben. Diese Methode ist einfacher und zuverlässiger als das warme Einschrumpfen der Anker.

Da beim Biegen der Bleche auf diesen schweren Pressen der exzentrische Abstand des resultierenden Arbeitswiderstandes von der Zylindermitte oft sehr groß ist, muß der Preßplunger zur Aufnahme des dadurch entstehenden Biegungsmomentes kräftig ausgebildet und gut geführt werden. Die Plungerkonstruktion nach Abb. 159 u. 160 ist deshalb für niedrige Betriebsdrücke von etwa 100 bis 150 atü geeignet. Wählt man den Druck für schwere Pressen mit Rücksicht auf günstige Zylinder-,

Ventil- und Rohrleitungsquerschnitte höher, so ist es zweckmäßig, den Plunger als Differentialkolben auszubilden, wobei man bei der Wahl der Durchmesser freie Hand hat.

Kräfte, die den Preßtisch bei Biegearbeiten verdrehen wollen, werden von starken Führungsstangen aufgenommen, die Hubbegrenzungsmuttern besitzen.

Man kann auch nach Abb. 163 das Ständeroberteil ausschließlich zur Führung eines Preßstempels einrichten und den oberen Teil dieses

Abb. 163. 800 t-Schiffbaupresse mit geteiltem Stahlgußständer, aufgebautem Arbeitszylinder und Führung des Plungerkopfes. (Ausführung Eumuco A. G., Leverkusen-Schlebusch.

Stempels als einfach wirkenden Plunger ausbilden, dessen Zylinder sodann mit dem Oberteil durch vier Säulen verbunden sind. Man spart dadurch eine Stopfbüchse ein, muß aber dafür eine weniger gute Zugänglichkeit und eine größere Bauhöhe in Kauf nehmen. Die Säulen für die Drehkrane sind seitlich am Preßzylinder angeordnet. Hierdurch kommt man, bei einem Vergleich mit Abb. 162, mit einer kleineren Ausladung aus; die Ausleger können dabei jedoch nicht mehr so weit geschwenkt werden.

In Abb. 164 ist eine Schiffbaupresse mit geteiltem Ständer dargestellt, bei der jedes Unter- und Oberteil aus einem durchlaufenden Träger a und b besteht, die durch Konsolen c und d miteinander verbunden sind. Sie bilden hinten einen Drehpunkt e und werden vorne durch 2 Anker f — genau wie in Abb. 162 — unter Vorspannung gehalten.

Der horizontale Zylinder g bewegt sich über einem feststehenden Plunger h, der durch die Traverse i mit 2 Säulen k an dem Konsol d befestigt ist. Die Rückzugkolben l drücken den beweglichen Zylinder wieder in seine Ausgangsstellung zurück.

In der gleichen Bauart ist auch der Arbeitszylinder m mit dem Werkzeugtisch n ausgeführt. Er bewegt sich über dem feststehenden

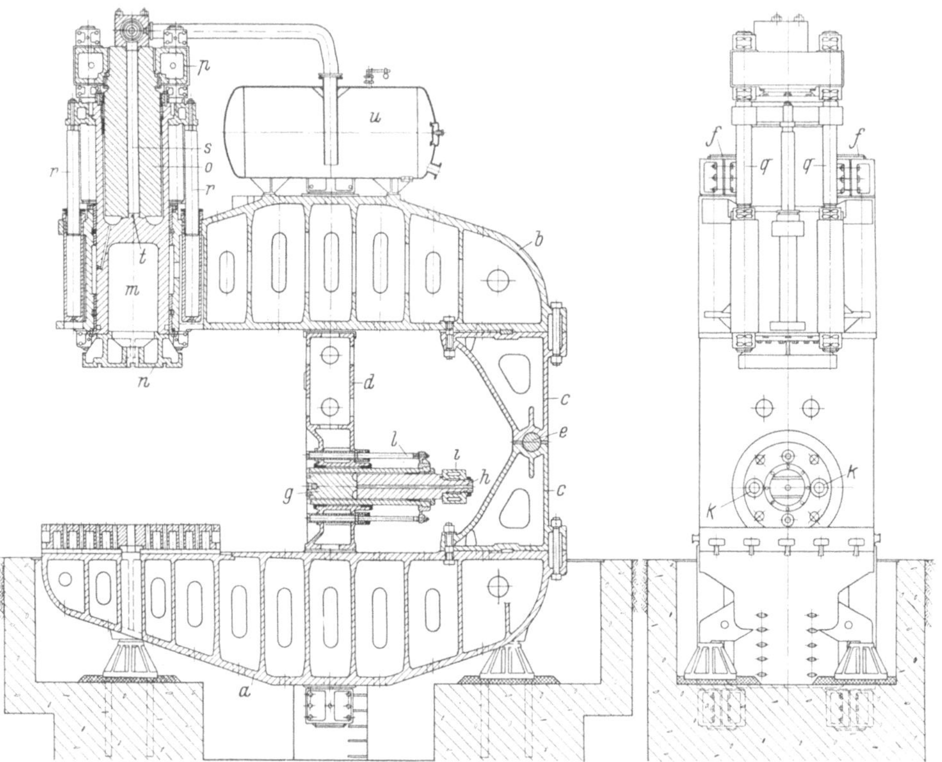

Abb. 164. 1000 t-Schiffbaupresse mit geteiltem Stahlgußständer, feststehendem Arbeitsplunger, beweglichem Zylinder, Ständerführung und Hilfszylinder in der Ständerbrust.
(Ausführung Eumuco A. G., Leverkusen-Schlebusch.)

Plunger o, der durch die Traverse p und 4 Säulen q mit dem Träger b verbunden ist. Für die Rückzugbewegung des Zylinders sind die beiden Plunger r vorgesehen. Die Verzögerung der Plungerbewegung am Hubende wird durch Drosselung des Wassers in der Bohrung s mit dem zylindrischen Ansatz t hervorgerufen.

Ein Windkessel u enthält das Füllwasser und nimmt das aus den Zylindern durch die Steuerungen zurückfließende Wasser wieder auf.

Abb. 165 u. 166 zeigen eine ölhydraulische Schiffbaupresse für Einzelantrieb. Man stellt sie gern dort auf, wo kein Druckwassernetz vor-

handen ist. Die Vorzüge dieser Betriebsart werden ausführlich auf
Seite 263 erläutert. Die Presse besitzt einen geschweißten, einteiligen
Ständer mit geschmiedetem Zylinder in seinem Oberteil. Der Kolben
ist doppeltwirkend und wird im Zylinder durch selbstspannende gußeiserne Kolbenringe abgedichtet. In gleicher Weise erfolgt die Abdichtung des Plungers in der unteren Stopfbüchse am Zylinder, die
auch zur Hubbegrenzung dient. Zur Sicherung des Preßtisches gegen
Verdrehung sind zwei seitliche Führungsstangen vorgesehen.

Abb. 165. 400 t-Schiffbaupresse in geschweißter Bauweise mit Einzelantrieb durch eine
aufgebaute Drucköl-Axialpumpe. (Ausführung Hydraulik G.m.b.H., Duisburg.)

Die Antriebspumpe und der Motor befinden sich auf dem Ständer;
in seinem Innenraum ist ein Ölsammelbehälter untergebracht, aus
dem das Öl unter einer Luftspannung von etwa 2 bis 3 atü der Pumpe
und dem Füllventil im Zylinderboden zugeführt wird (siehe auch
Seite 269). In Verbindung mit der Steuereinrichtung steht noch ein Hub-
abstellgestänge, das durch verstellbare Anschläge bewegt wird und die
Pumpe in die Nullhubstellung bringt. Man kann also die Presse in jeder
Hublage beim Aufwärts- und Abwärtsgang automatisch stillsetzen.

Das Lecköl von der Pumpe und vom Preßkolben wird in einen
Behälter geleitet, der im Ständerunterteil angeordnet ist. Von diesem
Leckölbehälter wird das Öl mit einer hinter dem Ständer befindlichen
Zahnradpumpe durch einen Filter wieder in den Sammelbehälter

zurückgedrückt. Auf einem kleinen Armaturenbrett sind die Manometer zur Anzeige des Druckes im Sammelbehälter und in der Pumpe sowie die Druckknopfschalter für die Motoren untergebracht.

Der Ständer einer Schiffbaupresse ist oft sehr hohen Beanspruchungen ausgesetzt. Bei der Darstellung des ungünstigsten Belastungsfalles ist zu beachten, daß der vom Arbeitsstück ausgehende Preßwiderstand außerhalb der Zylindermitte auftreten und Biegungs- und Verdrehungsbeanspruchungen hervorrufen kann. Man bevorzugt aus

Abb. 166. Seitenansicht mit Steuerstand der Schiffbaupresse nach Abb. 165.

diesem Grunde für den Ständer eine kastenförmige Querschnittsform. Für den Abstand des Arbeitswiderstandes außerhalb der Zylinderachse nimmt man etwa 10 bis 15% der Ausladung an.

Bei der Herstellung des Ständers verwendet man als Werkstoff entweder Stahlformguß GS 45 oder Stahlblech St 00.21 für die geschweißte Ausführung mit Biegungsnennbeanspruchungen von $kb = 600$ bis 700 kg cm² bei normaler, zentrischer Belastung.

Die Schweißkonstruktion wird von den Werften oft dem Stahlformguß vorgezogen. Man vermeidet bei ihr die Unsicherheiten durch Kernverlagerungen, Lunkerbildungen und Gußspannungen, spart die hohen Modellkosten und besitzt bessere Festigkeitswerte. Abb. 167 u. 168 zeigen die geschweißten Ständerhälften einer 2000 t-Schiffbau-

presse mit einem Gewicht von etwa 100 t bei Blechstärken bis
80 mm.

Bei einem geteilten Ständer muß beachtet werden, daß die Konsolen für die Zuganker auch Schubkräfte aufnehmen können, die beispielsweise beim schrägen Absetzen von Blechen, Abb. 157, auftreten.

Abb. 167. Ständeroberteil der Schiffbaupresse nach Abb. 162.

Abb. 168. Ständerunterteil der Schiffbaupresse nach Abb. 162.

Die Zuganker werden aus St 50 geschmiedet. Nach ihrem Querschnitt richtet sich auch die Ausladung und Belastung der Drehkrane, die bei größten Schiffbaupressen mit einer Druckkraft von 2000 t für etwa 12 m bzw. 10 t bemessen werden.

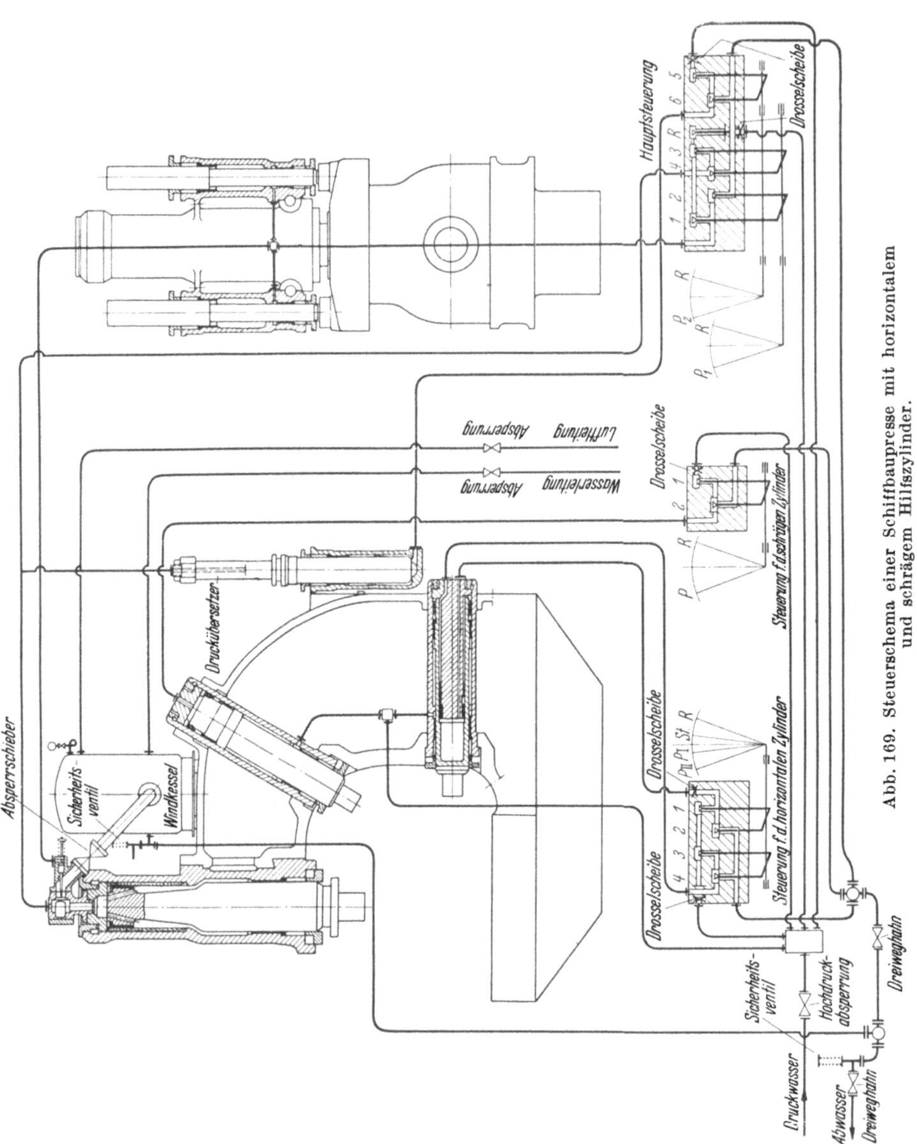

Abb. 169. Steuerschema einer Schiffbaupresse mit horizontalem und schrägem Hilfszylinder.

Das Atmen der Ständer ist beim Arbeiten deutlich sichtbar und beträgt etwa 10 bis 20 mm je nach Größe der Presse. Es tritt bei einem geteilten Ständer weniger stark in Erscheinung, da durch die Vorspannung der Anker die Dehnung in der Ständerbrust vermieden wird.

In Abb. 169 ist das Steuerschema für eine Schiffbaupresse mit zwei Druckstufen und einem horizontalen und schrägen Hilfszylinder dargestellt. Die Wirkungsweise in den einzelnen Steuerstellungen kann an Hand der Ventilerhebungsdiagramme verfolgt werden, siehe Abb. 169a. Der Druckübersetzer erhöht in der zweiten Druckstufe den Betriebs-

wasserdruck von 100 auf 200 atü und wird mit einem zweiten Handhebel der Hauptsteuerung gesteuert. Der Hochdruckinhalt des Übersetzers reicht für einen Preßhub von etwa 100 mm aus. Ist der Arbeitshub größer, so müssen mit dem Übersetzer zwei Hübe hintereinander ausgeführt werden. Der Hauptsteuerhebel bleibt hierbei in der Stellung „Preßdruck *I*" stehen, so daß der Hochdruckkolben des Übersetzers beim Öffnen des

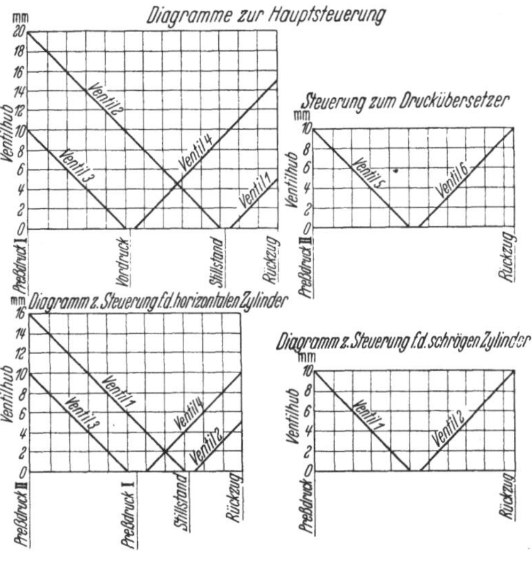

Abb. 169a.

Abwasserventiles *6* mit Druckwasser von 100 atü Spannung wieder in seine Ausgangsstellung zurückgeht.

Die Rückzugzylinder für die beiden Hilfszylinder sind an der konstanten Druckleitung angeschlossen. Man spart hierdurch zwei Ventile in jeder Steuerung ein, muß aber die Fläche jedes Arbeitskolbens um die Rückzugkolbenfläche vergrößern. Der horizontale Hilfszylinder besitzt eine Vierventilsteuerung für das Arbeiten mit zwei Druckstufen.

b) Schiffbaupressen mit horizontalem Biegebalken.

Diese Pressen haben einen ähnlichen Aufbau wie Abkantpressen, Seite 213, und dienen vorzugsweise zum Biegen sehr langer Schiffsbleche.

Abb. 170 u. 171 zeigen eine Presse für eine Druckkraft von 1200 t; sie wurde in Schweden erbaut und besitzt geschweißte Träger als Biegebalken, weil Gußstücke mit solchen Abmessungen und Gewichten dort nicht hergestellt werden konnten. Die größte Länge der Bleche, die sich quer durch die Presse schieben lassen, beträgt etwa 12 m.

Der Unterträger liegt fest auf dem Fundament. An jedem Trägerende sind vier Säulen angeordnet, die oben durch eine Traverse

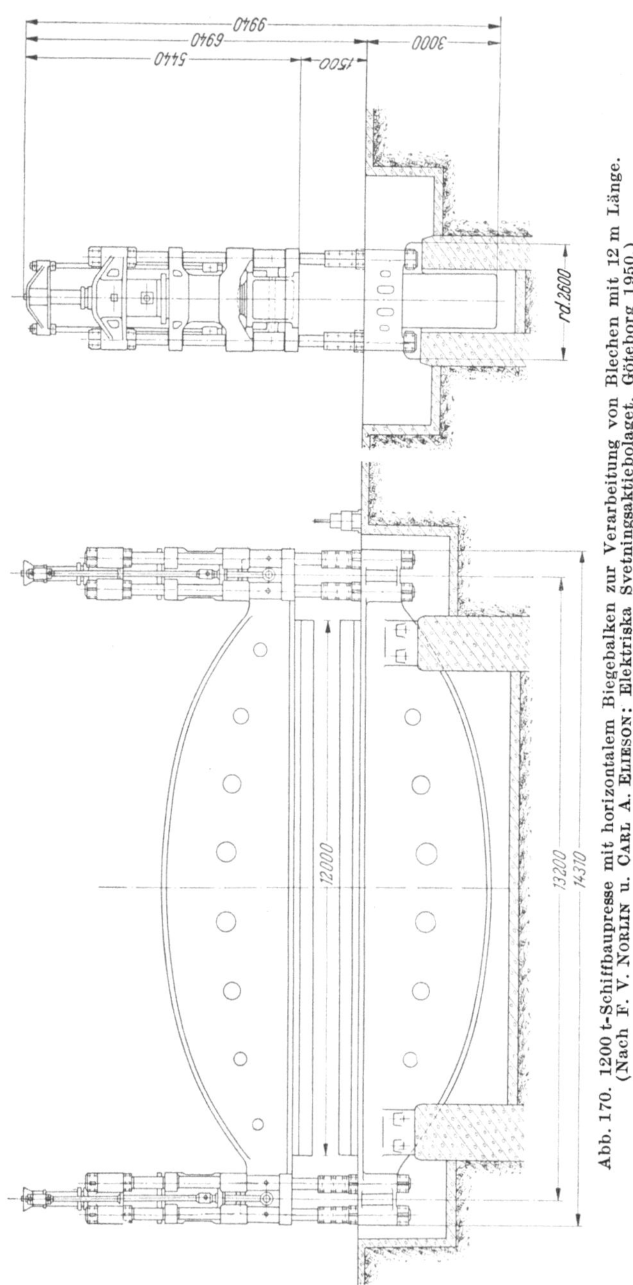

Abb. 170. 1200 t-Schiffbaupresse mit horizontalem Biegebalken zur Verarbeitung von Blechen mit 12 m Länge. (Nach F. V. NORLIN u. CARL A. ELIESON: Elektriska Svetningsaktiebolaget, Göteborg 1950.)

verbunden sind, an der sich der feststehende Preßplunger befindet. Der Preßzylinder ist beweglich, um eine lange Führung an den Säulen zu erhalten; sie ist notwendig, damit bei unsymmetrischen Belastungen kein Klemmen auftritt. Die Druckübertragung zwischen dem Zylinder und dem oberen, beweglichen Träger erfolgt über eine ballig abgedrehte Lagerplatte.

Die Druckkraft beträgt an jeder Pressenseite 600 t; der Hub von 600 mm Länge wird nach unten durch zweiteilige Säulenhülsen begrenzt.

Abb. 171. Betriebsaufnahme der Schiffbaupresse nach Abb. 170.

Der feststehende Plunger dient gleichzeitig als Rückzugzylinder. Der Rückzugplunger drückt auf eine Traverse, die durch zwei Zugstangen mit dem beweglichen Tisch unterhalb des Drucklagers gelenkig verbunden ist.

Um eine Überlastung der Presse zu vermeiden, muß man dafür sorgen, daß Bleche mit geringerer Breite immer in Pressenmitte gelegt werden und die Steuerung mit Anzeigegeräten versehen ist, die dem Bedienungsmann eine Druck- und Hubkontrolle an jeder Pressenseite ermöglicht.

Aus Abb. 172 gehen die Abmessungen für den beweglichen Biegebalken hervor. Die Tischbreite beträgt 900 mm; das Maß ist bedingt durch die Höhe der Werkzeuge und den kleinsten Winkel, mit dem die Bleche geknickt werden sollen. Der Tisch hat ein kastenförmiges

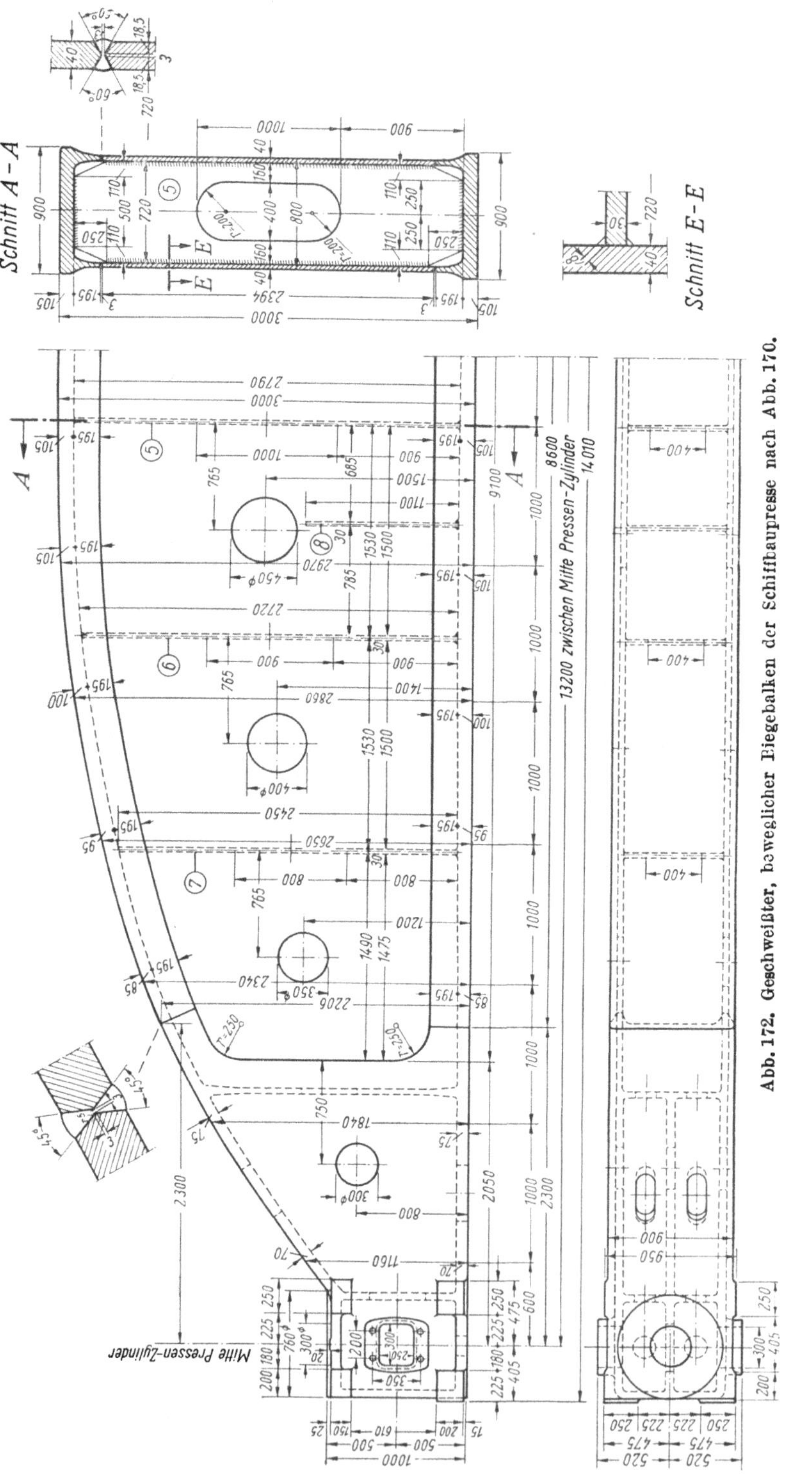

Abb. 172. Geschweißter, beweglicher Biegebalken der Schiffbaupresse nach Abb. 170.

Profil. Die schlechte Zugänglichkeit der Tischenden bei der Innenschweißung sowie die schwierige Herstellung von Gurtblechen bis etwa 100 mm Stärke und 900 mm Breite führten zu dem Entschluß, diese Teile aus Stahlformguß herzustellen und mit Steg- und Versteifungsblechen aus Walzstahl aneinanderzuschweißen. Hierdurch trat auch noch der Vorteil auf, die Gurtplatten mit Anschweißlippen für die Stegbleche versehen zu können, wodurch Kehlnähte vermieden wurden, die man bei der Verwendung eines glatten Gurtbleches hätte in Kauf nehmen müssen. Das Fertiggewicht der beiden Träger beträgt etwa 50 und 70 t. Da für derartige Stücke keine Glühöfen vorhanden waren, erforderte die Schweißarbeit zur Vermeidung des Verziehens große Erfahrungen und die Aufstellung eines genauen Schweißprogramms[1].

Als Werkstoff wurde Stahlformguß GS 45 und Walzstahl St 37 verwendet. Die Biegungsbeanspruchung bei gleichförmig verteilter Belastung über die ganze Tischlänge beträgt $k_b \cong 600\ \mathrm{kg/cm^2}$, sie soll bei außergewöhnlichen Belastungen, z. B. beim Biegen von verhältnismäßig schmalen Blechen in Pressenmitte den doppelten Wert nicht überschreiten. Die Durchbiegung der Träger ergibt sich rechnerisch bei normaler Belastung zu $f \cong 4$ mm. Man kann also nach dieser bewährten Ausführung komplizierte Schweißkonstruktionen durch eine Kombination von gegossenen und gewalzten Teilen wesentlich vereinfachen.

c) Kielplatten-Biegepressen.

Diese Maschinen verwendet man im Schiffbau zum Biegen von weichen Stahlblechen mit einer Länge bis etwa 12 m und einer Stärke bis etwa 50 mm. Das Blech wird in der Presse auf seiner ganzen Länge eingespannt und dann mit einer Walze gebogen; ihre Bewegung erfolgt von unten nach oben. Sie ist auf zwei Kolben gelagert, die unabhängig voneinander gesteuert werden können, wodurch eine begrenzte Schrägstellung der Walzen beim Biegen in vertikaler Ebene möglich ist. Außerdem ist die Biegewalze durch Schwenken der Kolben nach außen auch in horizontaler Ebene verstellbar. Die vielseitige Anwendung der Kielplattenbiegepresse geht aus Abb. 173 hervor. Ihre Konstruktion ist aus Abb. 174 ersichtlich.

Die Presse besitzt zwei Stahlgußständer a, die mit Rücksicht auf eine einfache Bearbeitung aufgesetzte Kopfstücke b erhalten; zur Befestigung dienen starke Schrumpfanker c.

Die Verbindung der beiden Ständer erfolgt durch einen oberen und unteren Werkzeugträger. Der obere Werkzeugträger d ist mit einer

---

[1] Application of Arc Welding. Göteborg (Sweden): ESAB 1950.

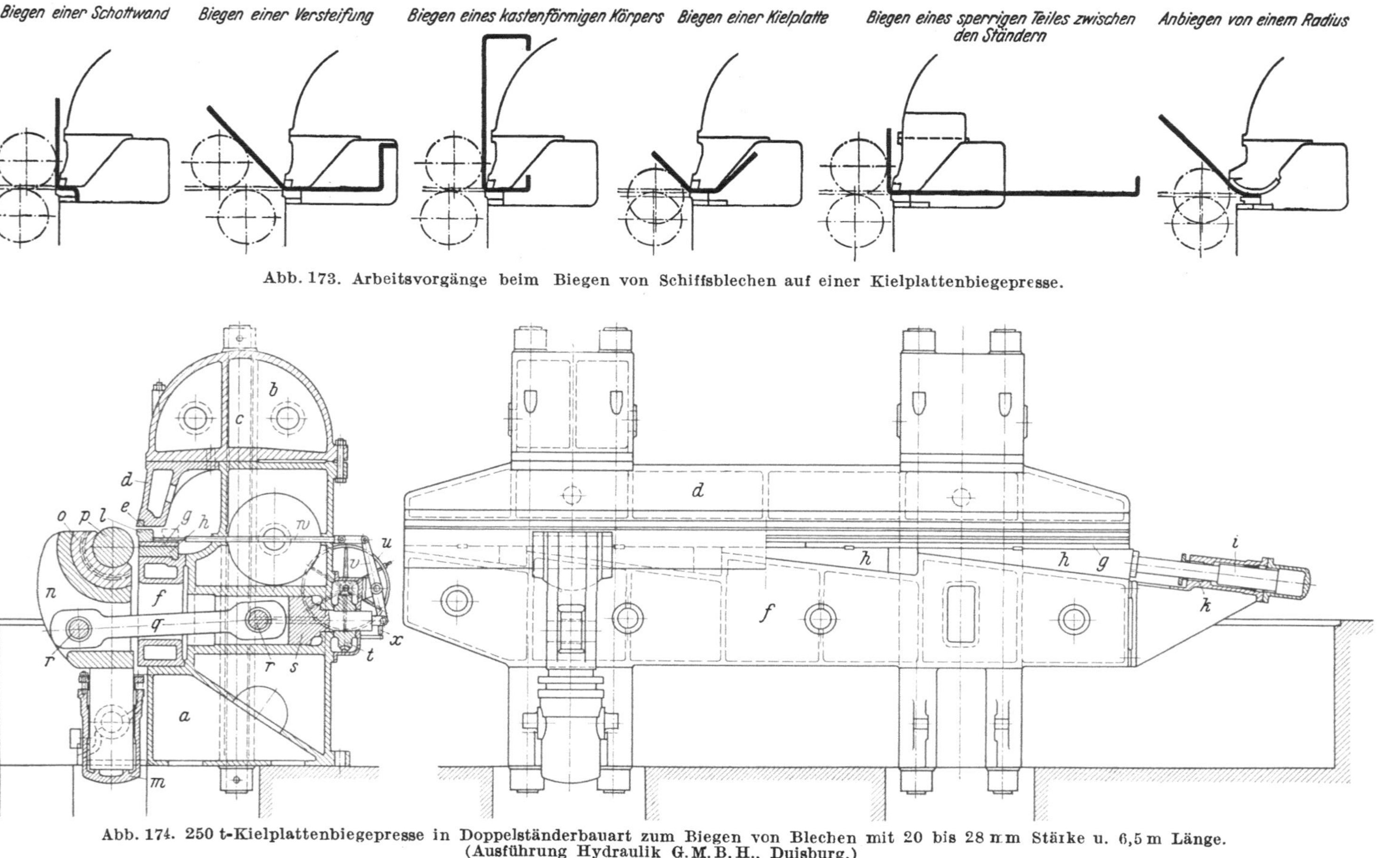

Abb. 173. Arbeitsvorgänge beim Biegen von Schiffsblechen auf einer Kielplattenbiegepresse.

Abb. 174. 250 t-Kielplattenbiegepresse in Doppelständerbauart zum Biegen von Blechen mit 20 bis 28 mm Stärke u. 6,5 m Länge. (Ausführung Hydraulik G.M.B.H., Duisburg.)

auswechselbaren Leiste *e* versehen, die durch Umdrehen für zwei
Biegeradien verwendet werden kann. Auf dem unteren Werkzeugträger *f* liegen für die Blecheinspannung vier durch eine Platte *g*
miteinander verbundene Keile *h*. Die Keilneigung beträgt 6 bis 8°
und ist selbsthemmend. Für die Keilverschiebung ist ein doppeltwirkender Kolben *i* vorgesehen, dessen Zylinder *k* an einer Seiten-
fläche des Trägers angeschraubt ist. Auf der Keilplatte befindet sich
wieder eine auswechselbare Leiste *l* für die Blecheinspannung.

Im Unterteil jedes Ständers ist ein Arbeitszylinder *m* auf zwei
Zapfen schwenkbar gelagert. Zur Vermeidung von beweglichen Rohrleitungen wird das Druckwasser dem Zylinder durch eine Bohrung
im Zapfen zugeleitet. Der Plunger besitzt ein geschlitztes Kopfstück *n*,
das oben mit einer kugelig gelagerten Tragschale *o* für die Biegewalze *p*
versehen ist. Zur Plungerführung erhält der Zylinder eine lange Grundbüchse.

Das Schwenken des Zylinders wird mit einer Lenkstange *q* vorgenommen; sie ist mit Bolzen *r* in dem Schlitz des Kopfstückes und
in einem Kreuzkopf *s* befestigt, der im Ständer in einer zylindrischen
Führung läuft und mit einer Spindel verstellt wird. Die als Schneckenrad ausgebildete Mutter *t* zum Bewegen der Spindel befindet sich in
einem hinter dem Ständer angeordneten Gehäuse; für den Antrieb
ist das Handrad *u* vorgesehen. Die Spindelbewegung wird auf einen
doppelarmigen Hebel *v* übertragen, der mit einer Stange *w* die Ein-
spannleiste einstellt; ein Zeiger *x* gibt an einem Maßstab die genaue
Lage der Leiste an.

Die Kraft zum Biegen der Bleche wird nach Erfahrungen bestimmt.
Bewährte Abmessungen ausgeführter Maschinen gehen aus Tab. 5 hervor:

Tabelle 5. *Hauptabmessungen für Kielplattenbiegepressen.*

Blech-länge mm	Blech-stärke mm	Anzahl der Zylinder	Gesamte Druckkraft t	Durchmesser der Biegebalken mm
6 500	28	2	250	360
10 500	28	2	600	440
12 000	50	4	1500	640

Bei der Werkstoffauswahl bevorzugt man:
Stahlformguß GS 45 für Ständer, Werkzeugträger, Zylinder, Druck-
    stücke usw.
Schmiedestahl St 60 für Biegewalzen, Plunger und Leisten.
Schmiedestahl St 50 für Zuganker, Lenker und Gestänge.
Gußeisen für Keile.

Für die Bedienung der Presse sind zwei einfache Ventilsteuerungen vorgesehen. Die Zylinder besitzen keine Vorfülleinrichtung. Jede Steuerung erhält nur zwei Ventile für den Ein- und Auslaß, da die Rückzugbewegung durch das Eigengewicht der beweglichen Teile erfolgt.

Der Abstand zwischen den beiden Ständern richtet sich nach dem günstigsten Biegungsmoment für die beiden Werkzeugträger. Bei

Abb. 175. Werkstattmontage einer 1500 t-Kielplattenbiegepresse mit 5 Ständern und zwischen den äußeren Ständern gelagerten Arbeitszylindern.

langen Biegepressen ist es zweckmäßig, eine größere Anzahl von Ständern vorzusehen, wobei oft zwischen zwei Ständern ein Arbeitszylinder angeordnet wird. Abb. 175 zeigt eine Kielplattenbiegemaschine mit 5 Ständern zum Biegen von Blechen bis 10 m Länge und 35 mm Stärke. Die Werkzeugträger sind in diesem Falle verhältnismäßig niedrig.

Zum Transport und Halten der Bleche sieht man in vielen Fällen auf der Presse zwei Drehkrane vor mit einer nutzbaren Ausladung von 4 bis 5 m. Jeder Ausleger erhält, genau wie bei den Schiffbaupressen, einen Elektrozug für eine Tragfähigkeit von etwa 3 bis 5 t.

V. Abschnitt.

Hydraulische Pressen für die Umformung von Blechen für Fahrzeugteile und Behälter.

Die im Fahrzeug- und Behälterbau verwendeten hydraulischen Pressen dienen hauptsächlich zur Herstellung von Rahmen, Karosserien und Bremstrommeln für Personen- und Lastkraftwagen, Traktoren, Panzerwagen usw. Es handelt sich dabei in erster Linie um *Rahmenpressen, Zieh- und Tiefziehpressen* sowie *Biege- und Abkantpressen*. Die Maschinen werden auch zur Herstellung von Gebrauchsgegenständen, Türen und Wänden, Badewannen u. a. m. benutzt.

Alle Pressen richtete man früher für Druckwasserbetrieb — entweder direkt durch Anwendung von Pumpen oder indirekt durch Zwischenschaltung von Druckwasserakkumulatoren — ein. Im Laufe der Zeit wurden jedoch diese hydraulischen Pressen immer mehr durch mechanische Pressen, die schneller arbeiteten und einfachere Antriebe hatten, verdrängt, so daß der hydraulische Betrieb nur noch für schwere Pressen übrigblieb, bei denen die mechanische Kraftübertragung Schwierigkeiten verursachte.

Dieses Bild hat sich in letzten 10 bis 15 Jahren zugunsten der hydraulischen Pressen durch die Einführung des Einzelantriebes mit Öldruckpumpen wieder ganz verschoben. Diese Pumpen sind einfacher als die mechanischen Getriebe und entnehmen — genauso wie diese — ihre Spitzenkräfte aus der in schnellaufenden Schwungrädern aufgespeicherten Arbeit.

Die Vorteile einer hydraulischen Presse im Vergleich mit einer mechanisch betriebenen Presse sind die Gleichförmigkeit und Regelbarkeit der Geschwindigkeiten, die Vermeidung von Überlastungen und des hierdurch bedingten Einbaues von Bruchsicherungen, die Möglichkeit, in jeder Hublage mit vollem Druck fest aufzufahren oder die Bewegung anzuhalten und umzukehren sowie die leichte Werkzeugeinstellung durch druckloses und langsames Zusammenfahren.

Hydraulische Pressen mit Einzelantrieb durch Öldruckpumpen wurden bereits in den vorhergehenden Abschnitten zum Schneiden von Brammen, Biegen von Rohren, Schiffsblechen u. a. ausführlich beschrieben. Sie haben im Fahrzeug- und Behälterbau vielseitigste Verwendung gefunden, da sich diese Betriebsart für die Kaltumformung dünner Bleche besonders gut eignet.

a) Rahmenpressen.

Auf diesen Pressen werden in erster Linie Längsträger für Fahrzeuge hergestellt. Die Verarbeitung der Bleche erfolgt bei einer Stärke bis etwa 4 mm in kaltem und darüber hinaus in warmem Zustande. Man benutzt die Rahmenpressen aber auch in Kesselschmieden, z. B. zum Biegen von Wasserkammern und zur Anfertigung von anderen Formteilen.

Die Arbeitsdrücke für Rahmenpressen liegen zwischen 200 und 1500 t. Die Preßtische haben Längen bis etwa 10 m und Breiten bis etwa 1,5 m. Nach der Tischlänge richtet sich die Anzahl der Säulen; sie wird mit 4, 6 oder 8 ausgeführt. Der vorteilhafteste Säulenabstand ergibt sich aus den Gleichungen für die Momente mehrfach gelagerter Träger mit gleichmäßig verteilter Belastung, wenn nicht besondere Gründe für eine andere Aufteilung bestimmend sind.

Die Druckkraft wird nach Erfahrungswerten und durch überschlägige Rechnungen bestimmt. Werden die Bleche vor dem Biegen aus einem Band gestanzt — wie es meistens der Fall ist —, so erhält man die größte Druckkraft aus der Beziehung:

$$P = f\,k_s,$$

wobei f der abgescherte Blechquerschnitt und k_s der Schubwiderstand des Werkstoffes bedeutet. Beim Schneiden des Bleches unter einem Neigungswinkel α verringert sich die Schnittkraft auf $P = f k_s \sin\alpha$.

In Abb. 176 u. 177 ist eine 600 t-Rahmenpresse mit 5 m langen und 1,5 m breiten Arbeitstischen dargestellt. Die Presse ist in Viersäulenkonstruktion ausgeführt und besitzt einen einteiligen Zylinderholm mit zwei Arbeitszylindern, die über ein gemeinsames Füllventil mit dem in der Mitte des Holmes angeordneten Windkessel verbunden sind. Neben den Arbeitszylindern befinden sich die Rückzugzylinder; die Rückzugplunger tragen Traversen und ziehen den beweglichen, oberen Arbeitstisch mit vier seitlichen Stangen aufwärts. Der Tisch wird an den Säulen in langen Hülsen geführt, damit außerhalb der Pressenmitte auftretende Arbeitswiderstände keine Schrägstellung hervorrufen. Aus dem gleichen Grunde sind auch die Arbeitsplunger fest im Tisch eingesetzt.

Abb. 178 zeigt eine 1200 t-Rahmenpresse mit 8 m langen und 1,5 m breiten Arbeitstischen. Jeder Zylinderholm a ist durch vier Säulen b mit dem festen, unteren Tisch c verbunden. Der obere Tisch d hängt an zwei Laufholmen e, die an den Säulen gut geführt werden und den Plungerdruck mit zwei Schlitten f auf den Tisch übertragen. Die Schlitten können sich bei einer Ausdehnung oder bei geringer Schrägstellung des Tisches infolge ungleichförmiger Druckwirkung in der Längsrichtung verschieben. Die Bolzen g von den beiden Druck-

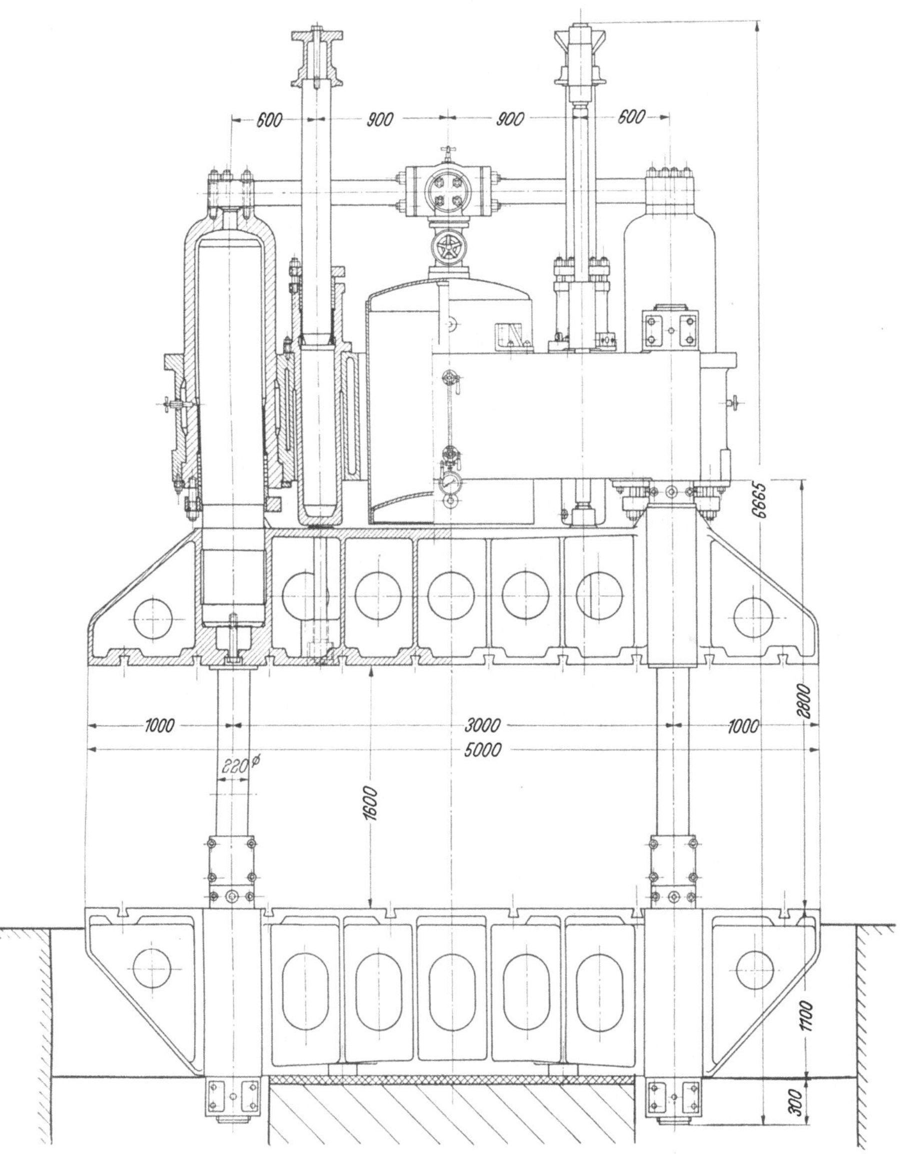

Abb. 176. 600 t-Rahmenpresse mit 5 m Tischlänge und 1,5 m Tischbreite.
(Ausführung Schloemann A. G., Düsseldorf.)

lagern sind außen mit Lenkern h an den Laufholmen befestigt. Die Rückzugbewegung wird durch zwei seitlich angeordnete Plunger i veranlaßt, deren Zylinder in dem Holm eingesetzt sind. Der feste

Arbeitstisch besitzt in der Zylinderachse Bohrungen k zum Einbau von Ausstoßvorrichtungen.

Die ganze Presse ruht auf 8 Säulenfüßen l. Das Spannen der Säulen erfolgt durch zweiteilige Muttern m und Gegenmuttern n. Zwischen den beiden Zylinderholmen befindet sich ein Windkessel o, in dem das Füllwasser für den Leergang der Presse aufgespeichert ist. Der

Abb. 177. Betriebsaufnahme der Rahmenpresse nach Abb. 176 beim Biegen
von Wasserkammern.

Untersatz p des Kessels dient gleichzeitig zur Versteifung der beiden Zylinderholme.

Da der bewegliche Tisch durch Lösen der Lenker h bequem und schnell ausgebaut werden kann, ist es möglich, durch die Anordnung von zwei Steuerungen mit beiden Laufholmen unabhängig voneinander zu arbeiten. Die Presse läßt sich infolgedessen auch vorteilhaft für die Herstellung von Böden, Wänden usw. verwenden.

Die Rahmenpresse nach Abb. 179 u. 180 ist für eine Druckkraft von etwa 600 t sowie mit 7 m langen und 1,4 m breiten Arbeitstischen eingerichtet. Die beiden Zylindertraversen b sind mit dem unteren

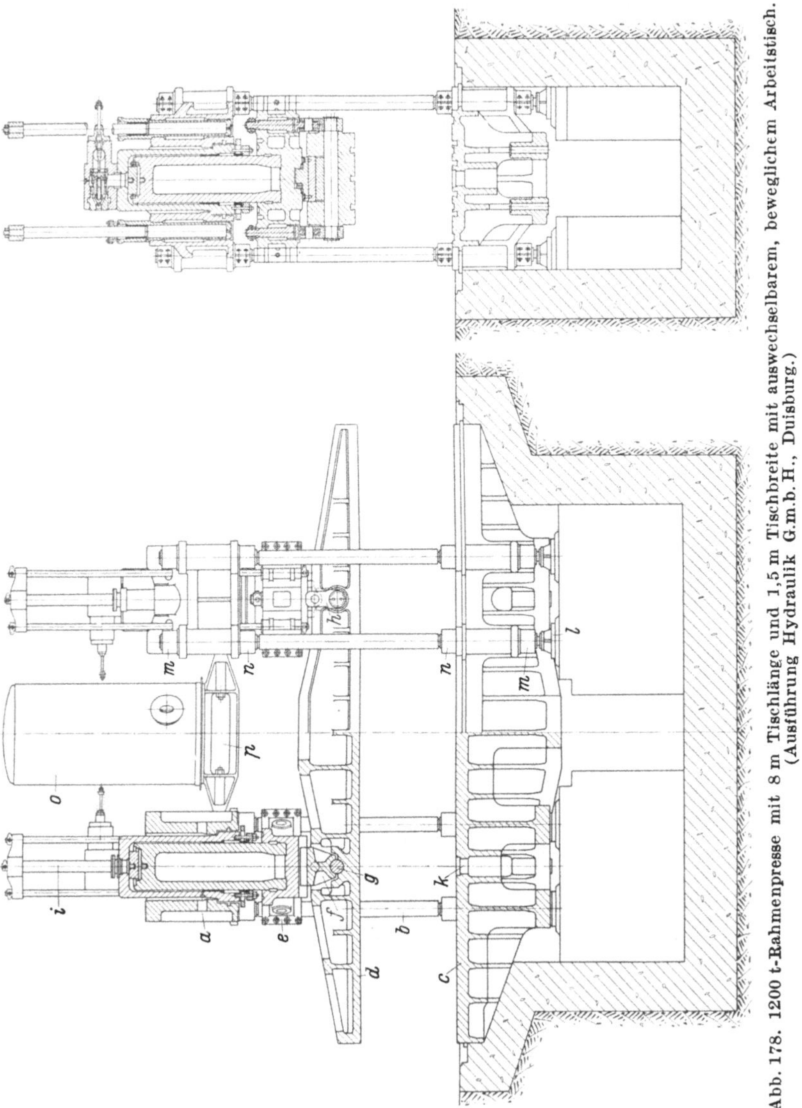

Abb. 178. 1200 t-Rahmenpresse mit 8 m Tischlänge und 1,5 m Tischbreite mit auswechselbarem, beweglichem Arbeitstisch. (Ausführung Hydraulik G.m.b.H., Duisburg.)

Tisch a durch die 4 Säulen c kraftschlüssig verbunden. Die Versteifung der Traversen erfolgt durch eine Brücke d, auf welcher der Windkessel e mit dem Füllventil f liegt. Die Säulen sind im unteren Tisch zur besseren Ausnutzung der lichten Weite ohne Gegenmuttern eingesetzt. Vor zwei diagonal zueinander stehenden Säulen befinden sich die Rückzugzylinder g, die mit ihren Plungern h gegen den beweglichen, an den

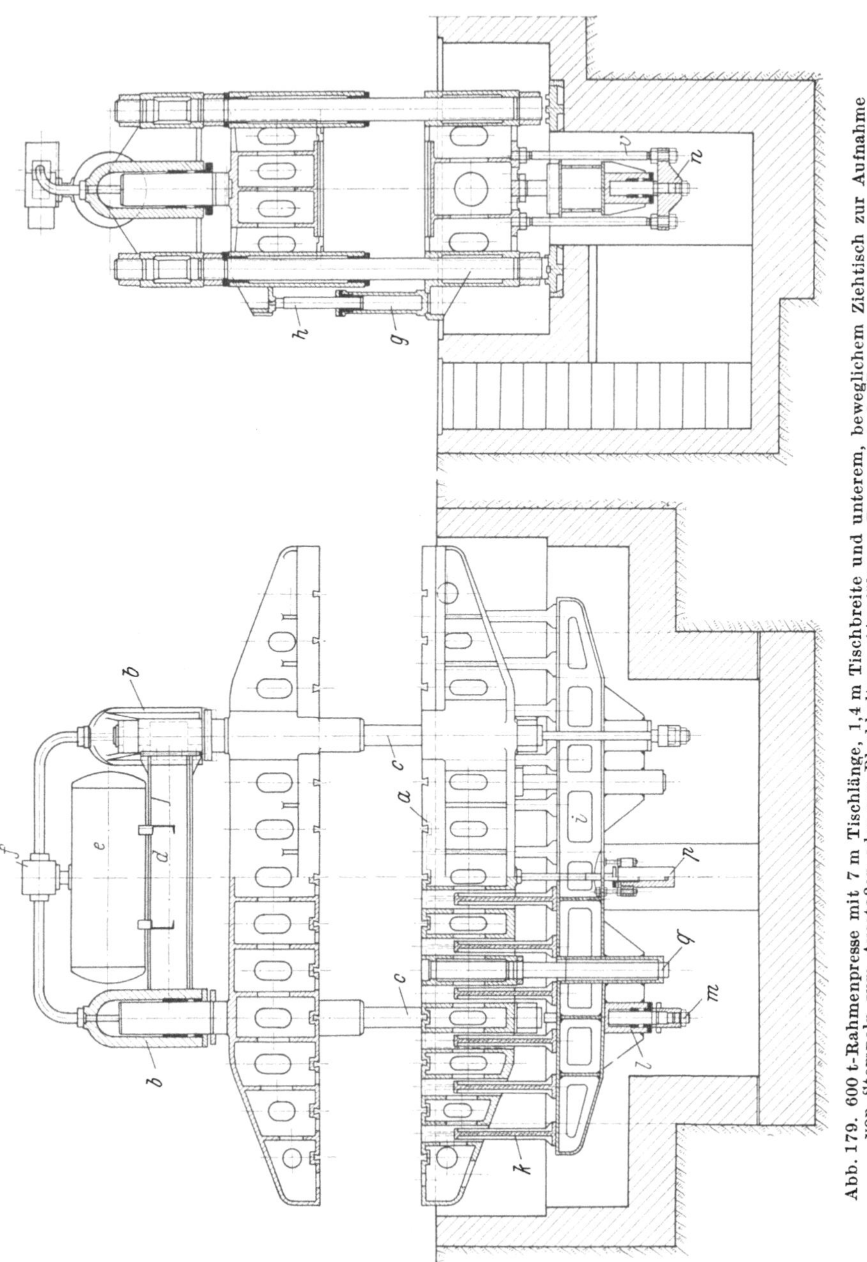

Abb. 179. 600 t-Rahmenpresse mit 7 m Tischlänge, 1,4 m Tischbreite und unterem, beweglichem Ziehtisch zur Aufnahme von Stempeln zum Ausstoßen oder zur Blechhaltung. (Ausführung Eumuco A. G., Leverkusen-Schlebusch.)

Säulen in außerordentlich langen Hülsen geführten Arbeitstisch drücken.

An der Konstruktion der Rahmenpresse ist besonders die Anordnung eines beweglichen Trägers i unter dem festen Arbeitstisch hervorzuheben, auf dem sich viele, nebeneinanderliegende Druckstücke k befinden, mit denen beim Kaltpressen von Trägern die Blechhaltung vorgenommen wird. Der Blechhalterrahmen wird beim Ziehen von den Druckstücken k mit Stößeln gegen das Blech gedrückt. Bei der Aufwärtsbewegung des Trägers i laufen die Zylinder l über feststehende Plunger m, die am unteren Tisch mit Traversen n und Stangen v

Abb. 180. Werkstattmontage der Rahmenpresse nach Abb. 179.

befestigt sind. Für die Abwärtsbewegung ist der bewegliche Zylinder p vorgesehen. Zur Führung des Trägers dienen zwei kräftige und lange Säulen q.

Für die Gußstücke von Rahmenpressen verwendet man vorwiegend Stahlformguß GS 45. Auch Schweißkonstruktionen kommen zur Ausführung, da sich durch Fortfall der Modellkosten und durch Gewichtsverminderung oft erhebliche Vorteile einstellen.

Abb. 181 zeigt das Steuerschema für eine Rahmenpresse mit zwei Arbeitszylindern, die gemeinsam oder unabhängig voneinander gesteuert werden können. Sind die Plunger mit dem oberen Tisch gekuppelt, so wird nur eine der beiden Steuerungen bedient, während der Handhebel von der anderen Steuerung feststeht. Er nimmt dabei eine Stellung ein, in der alle Ventile geschlossen sind. Arbeiten die Plunger unabhängig voneinander, so werden die von beiden Steuerungen

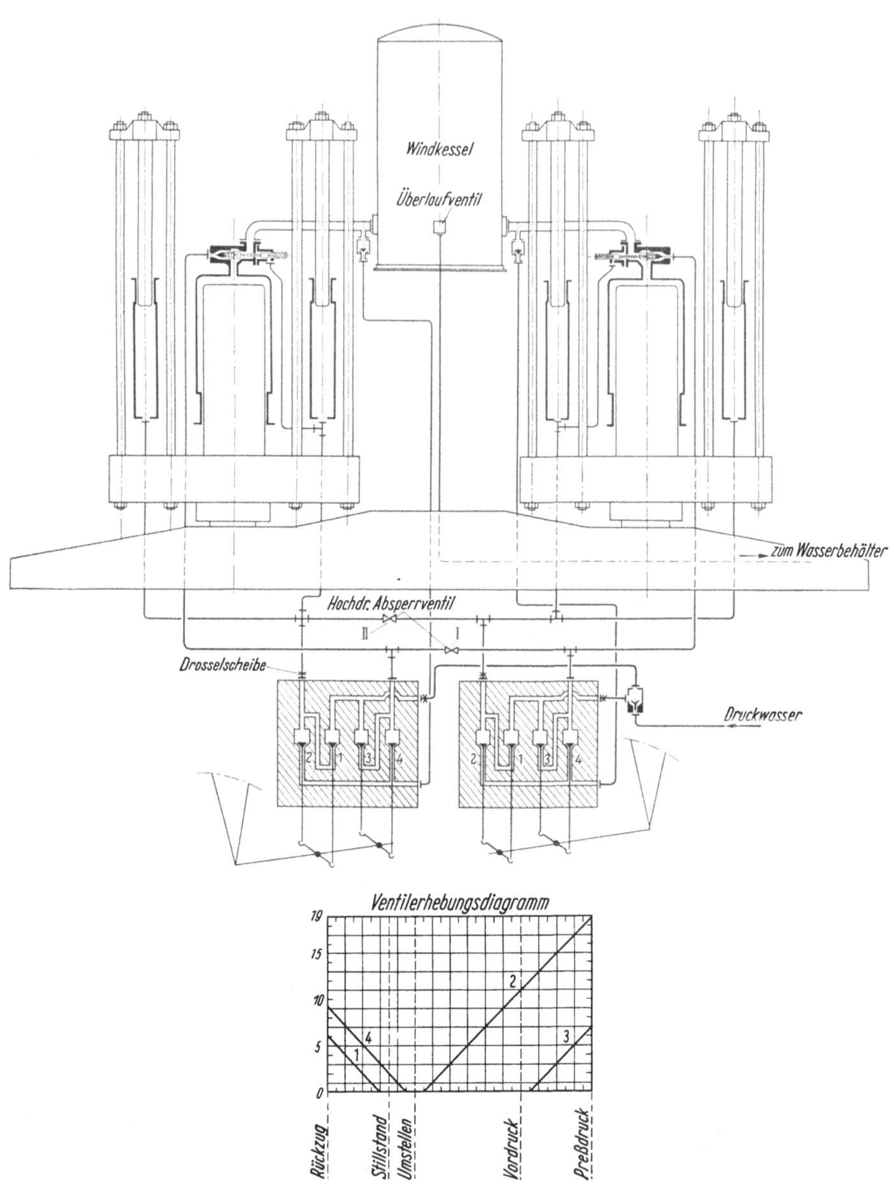

Abb. 181. Steuerschema für eine Rahmenpresse nach Abb. 178.

zu den Preß- und Rückzugzylindern führenden und untereinander verbundenen Leitungen durch Absperrungen *I* und *II* voneinander getrennt. Aus dem Ventilerhebungsdiagramm gehen die Ventilstellungen bei den verschiedenen Bewegungen in der Presse hervor.

Die Ventilanordnung für eine Dreizylinderpresse mit Druckstufen ist in Abb. 182 dargestellt. Die Stufen werden bei jedem Hub und steigendem Preßwiderstand hintereinander gefahren. Diese Schaltung hat einen verhältnismäßig großen Handhebelausschlag zur Folge und wird deshalb nur für Pressen mit kleinen Ventilquerschnitten angewandt.

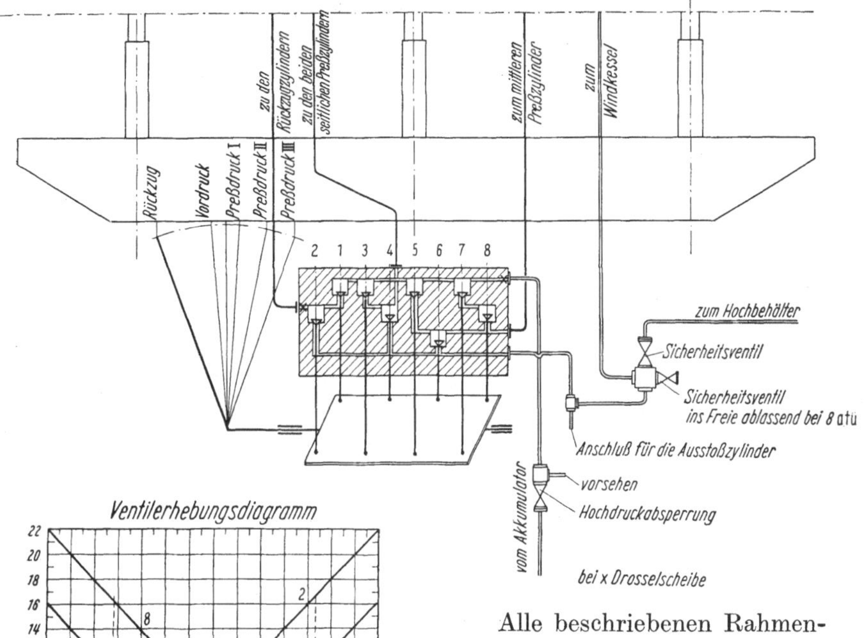

Abb. 182. Steuerschema für eine Dreizylinder-Rahmenpresse mit drei Druckstufen.

Alle beschriebenen Rahmenpressen sind für Druckwasserbetrieb eingerichtet. Er ist der einfachste und billigste, wenn am Aufstellungsort bereits eine Akkumulatoranlage vorhanden ist. Sollte diese Voraussetzung bei der Beschaffung einer neuen Presse nicht zutreffen, so ist der Betrieb mit Öldruckpumpen zweckmäßiger, wofür sich Rahmenpressen ebensogut eignen.

b) Abkantpressen.

Diese Maschinen dienen zum Kaltbiegen von Blechen und eignen sich besonders zur Herstellung von Profilen und dünnwandigen Rohren aus Blechstreifen (vgl. Abb. 183). Sie finden im Fahrzeugbau und noch in zahlreichen anderen Werken der Blechverarbeitung vielseitigste Verwendung.

Die Abkantpressen werden für Einzelantrieb mit Drucköpumpen eingerichtet und für Druckkräfte bis 1000 t ausgeführt, die man wieder nach Erfahrungen und Rechnungen auf Seite 127 bestimmt, wobei die aus dem Leistungsdiagramm nach Abb. 184 ersichtlichen Werte einen guten Anhalt geben.

Die Pressen besitzen zwei Ständer, deren lichter Abstand das Durchschieben breiter Bleche mit einem möglichst spitzen Biegewinkel gestatten soll. Die größte Tischlänge beträgt etwa 10 m; das über den Ständer hinausragende, freie Tischende wird vielfach als Horn ausgebildet, über das man geschlossene, zylindrische oder konische Behälter biegen kann.

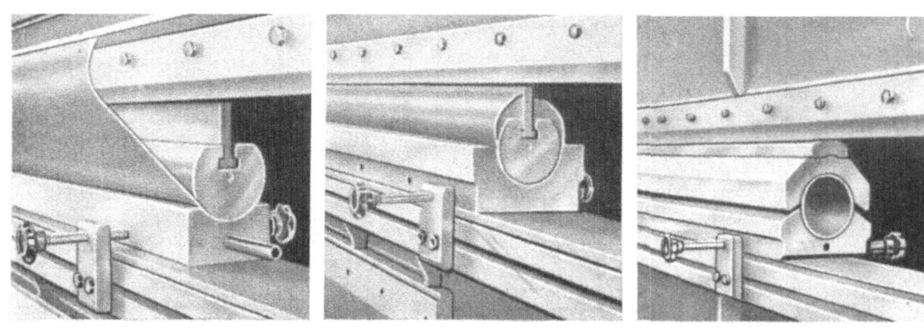

Abb. 183. Werkzeuge für Abkantpressen zur Herstellung von Rohren aus Blechstreifen.

Abb. 185 zeigt eine 500 t-Abkantpresse mit 4,5 m Tischlänge und 3 m lichtem Ständerabstand. Die Ständer bestehen aus einer Schweißkonstruktion und tragen in ihrem Oberteil einen Preßzylinder. Jeder Kolben ist doppeltwirkend und durch Lenker mit der Oberwange verbunden. Diese Konstruktion ermöglicht eine Schrägstellung der Oberwange zum Biegen von konischen Profilen, wobei man aber eine Neigung von etwa 5° für das obere Werkzeug nicht überschreitet. Die Unterwange ruht auf zwei balligen Druckplatten und verbindet beide Ständer miteinander; sie trägt ein Kopfstück zur Befestigung der verschiedenen Werkzeuge.

Von einer hydraulischen Abkantpresse wird verlangt, daß die Kolben sich vollkommen gleichmäßig bewegen, auch wenn der Preßwiderstand einseitig auftritt oder die Kolbendichtungen unterschiedlichen Verschleiß aufweisen. Zur Vermeidung eines Vorlaufes werden die Kolben deshalb mit einer Geradführung versehen, wofür es verschiedene mechanische, hydraulische oder steuerungstechnische Lösungen gibt (vgl. S. 55 u. 158).

Die Antriebspumpe befindet sich auf einer Bühne zwischen den Oberteilen der beiden Ständer; sie liegt so hoch, daß lange Bleche aus der horizontalen Ebene um einen Winkel von 45° nach oben

ausschlagen können. Außer der Ölpumpe sind auf der Bühne noch
der Ölwindkessel mit einem in der Pumpenzuleitung eingebauten
Ölfilter sowie eine Zahnradpumpe mit Antriebsmotor zur Lieferung
des Drucköles für den Steuerungsantrieb angeordnet.

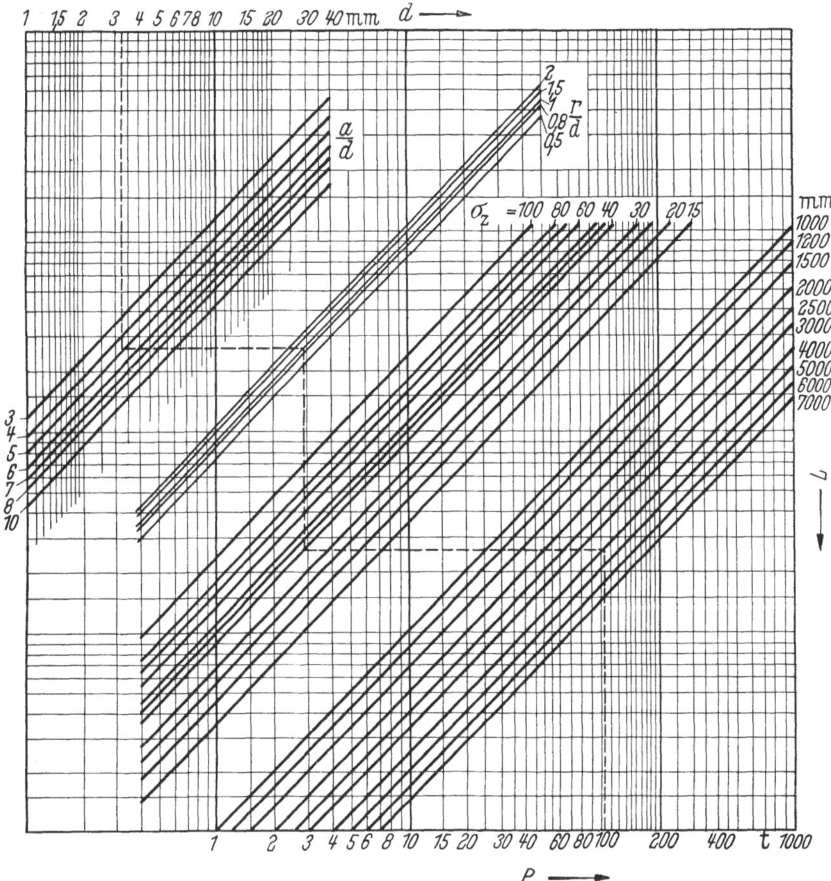

Abb. 184. Diagramm zur Bestimmung der Druckkraft von Abkantpressen. (Nach MENGELE.)

Beispiel:
Gegeben: Blechdicke $d =$ 3,25 mm   Gesucht: Erforderliche Kraft für eine recht-
Innere Abkant-   winklige Abkantung,
schenkellänge $a =$ 16,0 mm   bei $r = d =$ 3,25 mm
Material-   Man bildet die Werte:
zugfestigkeit $\sigma_z =$ 40 kg/mm² $\dfrac{a}{d} = \dfrac{16}{3,25} \sim 5, \ \dfrac{r}{d} = 1,0$
Arbeitslänge $L =$ 4000 mm

Die Verfolgung der gestrichelten Linie ergibt für obige Werte die erforderliche Arbeitskraft $P = 102$ t.

Das von der Antriebspumpe und von den beiden Arbeitskolben
anfallende Lecköl wird in zwei neben den beiden Ständern aufgestellten
Sammelbehältern aufgefangen und von dort mit einer kleinen, ein-

14*

gebauten Zahnradpumpe wieder in den Ölwindkessel gedrückt, der unter einem Druck von 3 bis 4 atü steht.

Die Wirkungsweise der Abkantpresse geht aus den auf Seite 44 gemachten Angaben hervor. Das Schwenken der Antriebspumpe erfolgt durch einen Kolben, dessen Bewegungen mit einem kleinen Schieber gesteuert werden. Das Steuergestänge wird normalerweise mit dem Fuße betätigt, und zwar durch den Druck auf ein Rohrgestänge oder eine Leiste, die etwas über Flurhöhe vor der Unterwange liegt. Die Anstellung kann im Falle einer Behinderung auch durch Handhebel ausgeführt werden, die sich an den beiden Seiten der Presse befinden. Die Ab- und Aufwärtsbewegung der Oberwange wird selbsttätig abgestellt. Zu diesem Zweck befindet sich an der Oberwange ein Anschlag, der in den gewünschten Endlagen gegen leicht verstellbare Einstellmuttern fährt. Sind für die Bedienung der Presse zwei Leute notwendig, so kommt an dem Steuergestänge

Abb. 185. 500 t-Abkantpresse mit mechanischer Geradführung durch Zahnstangen und Ritzel.
(Ausführung Hydraulik G.m.b.H., Duisburg.)

eine Zweihandsicherung zur Anwendung. Sie wirkt in der Weise, daß eine Freigabe der Schieberbewegung erst erfolgt, wenn beide Bedienungsleute die Sicherung ausgeschaltet haben.

Abb. 186 zeigt eine Abkantpresse mit hydraulischer Parallelsteuerung, wobei man das Voreilen eines Arbeitskolbens durch Drosselung des Öleintritts im Zylinder verhindert. Das Drosselventil wird durch eine Fühlersteuerung, wie man sie im Werkzeugmaschinenbau, z. B. bei Kopierdrehbänken anwendet, beeinflußt. Auf den Kolbentellern liegen die beiden Fühltaster auf, die jedes Vor- oder Nacheilen eines Kolbens durch ein zwischen Rollen geführtes Balkenkreuz mit einem Hebelgestänge auf ein Ventil übertragen. Zur Vermeidung von Übertragungsfehlern durch Reibung und Gelenkspiele sind alle Hebel kugelgelagert und durch Federn spielfrei gehalten.

Aus Abb. 187 geht die Konstruktion des Zylinders mit dem Arbeitskolben hervor. Für die Ab- und Aufwärtsbewegung sind zwei getrennte
Druckräume a und b vorhanden; die Abdichtung der Kolben erfolgt
durch die Manschetten c, d, e und f. Um die Manschetten d und e

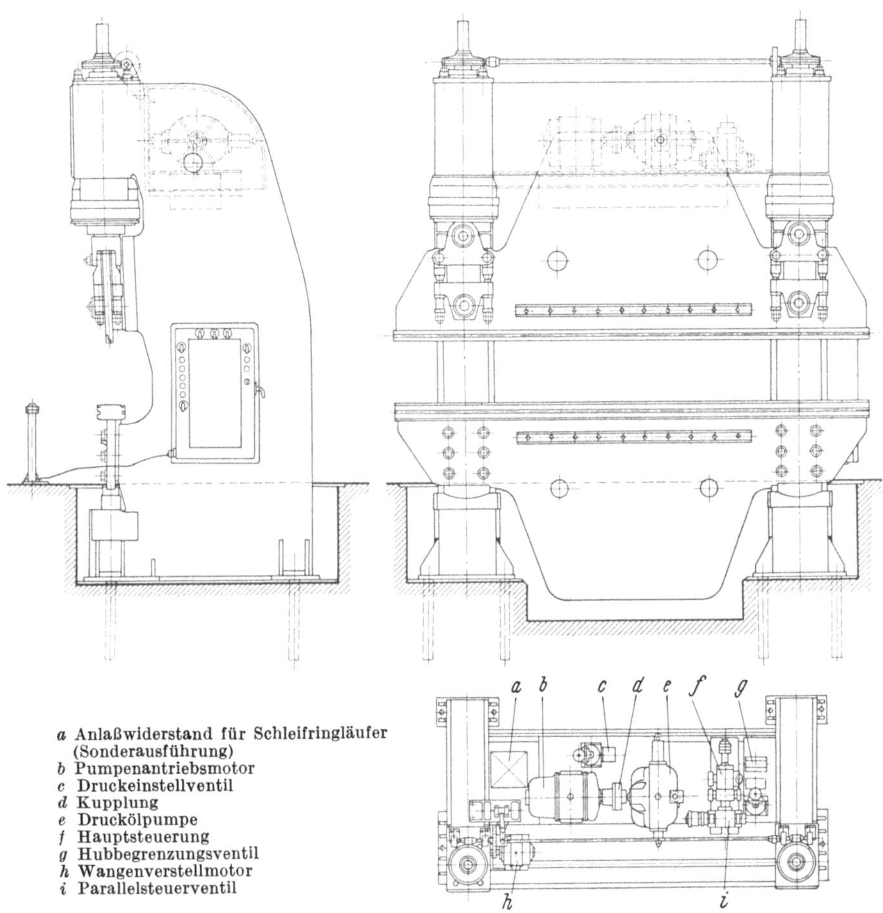

Abb. 186. Abkantpresse mit hydraulischer Geradführung.
(Ausführung Maschinenfabrik Mengele, Günzburg.)

leicht ausbauen zu können, ist der Rückzugkolben mit einer Büchse g
versehen, die gegen einen zweiteiligen Ring h drückt und mit einem
Flansch i gehalten wird. Die Manschette k dichtet die zylindrischen
Trennflächen des Rückzugkolbens ab.

Das Schneckenrad l über jedem Zylinder dreht mit einer Welle m
die Spindel n in der Mutter o und verstellt dadurch die Oberwange.

Die beiden Schneckenräder besitzen eine gemeinsame Antriebswelle mit Motor und Druckknopfsteuerung. Durch Auskuppeln des der Antriebsseite abgewandten Schneckengetriebes treibt der Motor nur noch eine Seite an und bewirkt auf diese Weise die Schrägstellung der Oberwange.

Die für den Betrieb der Abkantpresse erforderliche Einrichtung ist schematisch in Abb. 188 dargestellt und weicht in ihrer Wirkungsweise von der vorher beschriebenen erheblich ab. Die Pumpe 5 fördert bei jedem Arbeitsvorgang das Drucköl gleichförmig in eine Steuerung 6, von wo es in die verschiedenen Zylinderräume geleitet wird. Der Öldruck und die Liefermenge können vorher an den Vorrichtungen 3, 3a und 11 eingestellt werden. Die Ab- und Aufwärtsbewegung wird also nicht durch das Ausschwenken des Pumpenkörpers, sondern durch eine besondere Steuerung hervorgerufen. Ferner ist die Arbeitsgeschwindigkeit nur durch vorherige Einstellung und nicht durch eine Veränderung des Steuerhebelausschlages regelbar. Anstelle eines Steuergestänges kann man auch elektrische Schalter 10 anwenden, die

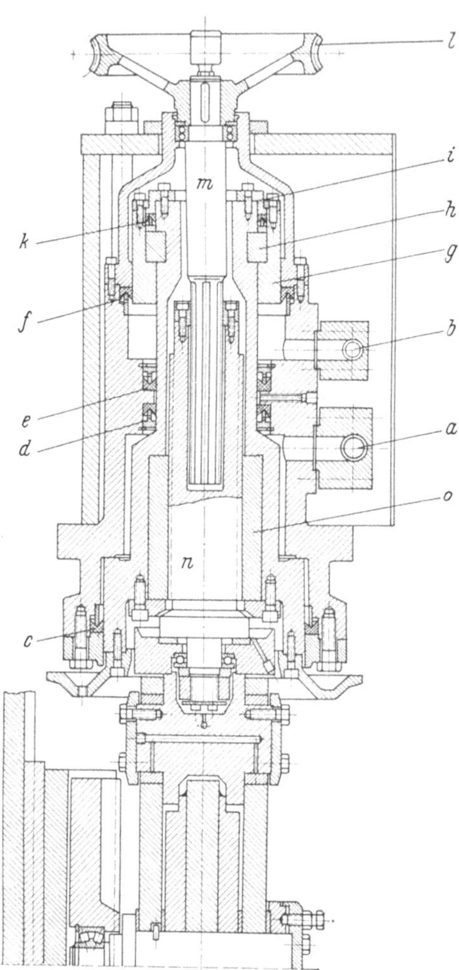

Abb. 187. Zylinderkonstruktion der Abkantpresse nach Abb. 186.

den Vorteil bieten, daß man sie auf einer Steuersäule oder an Auslegearmen anbringen kann, wodurch man nicht an einen festen Standort gebunden ist. Mit der Steuerung 9 wird durch die Fühlersteuerung 8 der Zuflußquerschnitt zu den Zylinderräumen 2 reguliert, um ein Vor- oder Nacheilen der Arbeitskolben zu vermeiden.

Schema der Steuerung einer ölhydraulischen
Abkantpresse

 2 Druckräume
 3 Preßdruck-Einstellventil
 3 a Einstellung für Preßdruck durch Hand-
    rad oder elektrisch
 4 Hubräume
 5 Pumpe
 6 Hauptsteuerventil mit Hubmagnet
 7 Hubbegrenzungsventil
 7 a Einstellung für Hub
 8 Parallelsteuerung
 9 Parallelsteuerventil
10 Betätigungseinrichtung
    Fuß- oder Zweihandbedienung
    Einmann- oder Zweimannbedienung
11 Einstellung der Preßgeschwindigkeit
    durch Handrad oder elektrisch (Sonder-
    ausführung).

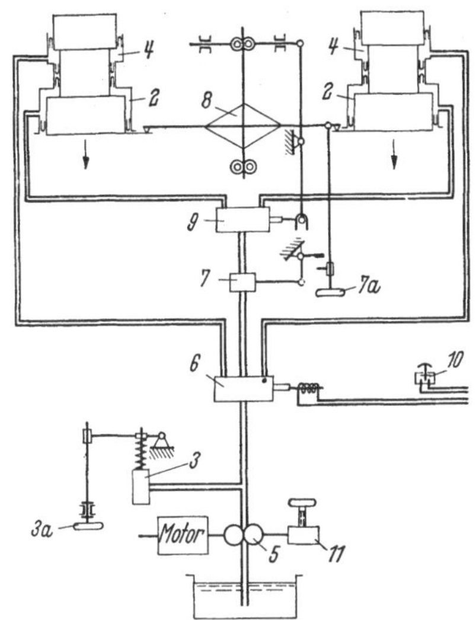

Abb. 188. Steuerschema der Abkantpresse nach Abb. 186.

c) Blechziehpressen.

Diese Pressen werden zur Herstellung von Karosserieteilen, Türen, Wänden, Gefäßen und Gebrauchsgegenständen aller Art verwendet, wobei dünne Bleche in kaltem Zustande zur Verarbeitung kommen. Man unterscheidet einfach-, doppelt- und dreifachwirkende Blechziehpressen.

Bei den *einfachwirkenden Pressen* wird das Blech mit einem Stempel in eine Form gedrückt oder durch einen Ring gezogen. Zum Auswerfen der Preßteile aus den Formen werden in den Werkzeugen Stößel angeordnet, die durch Federkraft pneumatisch oder durch die Rückzugvorrichtung des oberen, beweglichen Preßtisches betätigt werden.

Vielfach wird im unteren, festen Arbeitstisch auch ein Ziehkissen vorgesehen, das beim Ziehen, nach dem in Abb. 189 dargestellten Gegenzugverfahren als Blechhaltung dient. Die Stößel befinden sich in diesem Falle auf einer unter dem festen Tisch liegenden, beweglichen Platte, die unter einem konstant wirkenden Kolbendruck steht. Sie drücken beim Ziehen das Blech mit einem Ring gegen das obere, bewegliche Werkzeug. Der konstant wirkende Blechhaltedruck wird dabei überwunden; er kann beliebig eingestellt werden, indem man die aus dem Zylinder verdrängte Flüssigkeit mit einem Überströmventil drosselt. Beim Rückgang des oberen Arbeitstisches wirkt das Ziehkissen als Ausstoßvorrichtung.

Die *doppeltwirkenden Ziehpressen* besitzen einen oberen Arbeitstisch, durch den sich in der Mitte ein Ziehstößel vollkommen unabhängig bewegen kann. An dem Tisch befinden sich die Blechhaltewerkzeuge, womit beim Tiefziehen das Blech eingespannt wird. Der Blechhaltedruck wird in besonderen Zylindern erzeugt und den verschiedenen Arbeiten angepaßt. Ist beim Ziehen keine Blechhaltung erforderlich, so kann der obere Preßtisch mit dem Ziehstößel gekuppelt werden. Der untere, feste Arbeitstisch wird zweckmäßig mit einem Ziehkissen ausgerüstet in der vorbeschriebenen Ausführung, um auch schwierig geformte Preßteile nach Abb. 190 herstellen zu können.

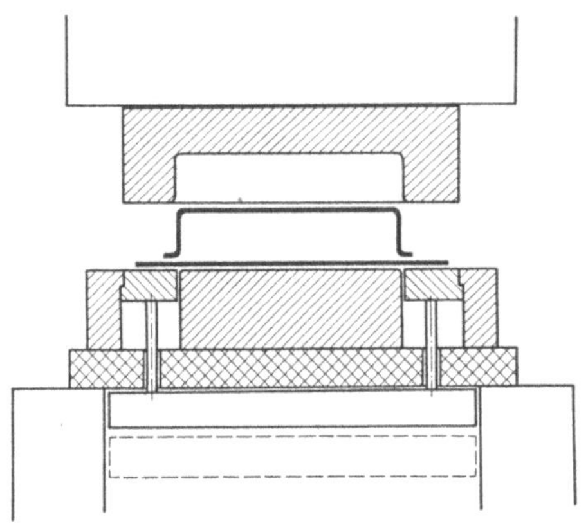

Abb. 189. Werkzeuge für eine einfachwirkende Ziehpresse mit unterem Ziehkissen.

Dreifachwirkende Ziehpressen besitzen im unteren Arbeitstisch ein oder mehrere Ziehkissen, die an einer besonderen Kraftquelle angeschlossen sind und infolgedessen unabhängig von der Bewegung des oberen Tisches arbeiten. Man macht von dieser Einrichtung auch gern beim Auswerfen großer Ziehteile, z. B. für den Automobilbau, Gebrauch, wobei eine verhältnismäßig große Druckkraft erforderlich ist.

Die Ermittlung der Ziehkraft erfolgt meistens nach praktischen Erfahrungen und Überlegungen, wenn man sich nicht auf bestimmte Arbeiten festlegen will. Die größten Tiefziehpressen werden heute für die Karosserieherstellung benutzt. Sie sind für eine Ziehkraft von etwa 800 bis 1000 t und für einen Blechhaltedruck von etwa 400 bis 500 t eingerichtet, während die Druckkraft zur Ausführung des Gegenzuges etwa 250 bis 300 t beträgt.

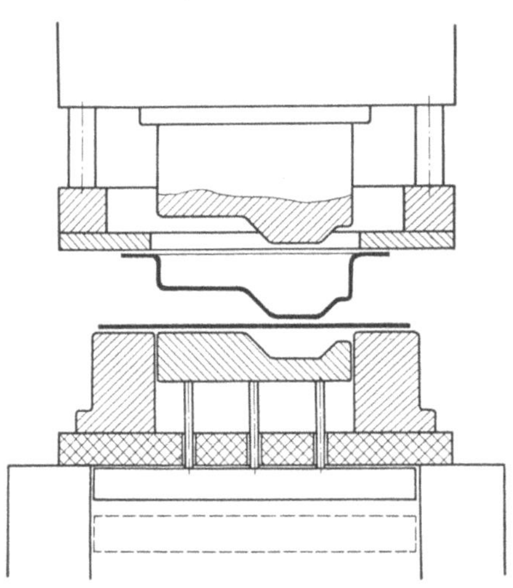

Abb. 190. Werkzeuge für eine doppeltwirkende Ziehpresse mit unterem Ziehkissen.

Neben gründlichen wissenschaftlichen Untersuchungen[1] zur Ermittlung des Kraftbedarfes beim Ziehen von Blechen gibt es auch einfache Faustregeln[2] die meistens mit genügender Genauigkeit eine Berechnung der Ziehkraft P_z gestatten. Demnach besteht beim Ziehen zylindrischer Gefäße die Beziehung:

$$P_z = d \pi s m k_z,$$

wobei bedeuten:

$d =$ Durchmesser des Ziehstempels,
$s =$ Blechstärke,
$k_z =$ Zugfestigkeit des Werkstoffes,
$m =$ Korrekturfaktor der Zugfestigkeit.

Der Wert m ist abhängig von dem Ziehverhältnis $m = d : D$; womit die Durchmesser des Ziehstempels und der Platine bezeichnet werden. Durch Versuche wurden ermittelt:

Tabelle 6. *Korrekturfaktor für bestimmte Ziehverhältnisse.*

$d : D$	0,55		0,6		0,65		0,7		0,75		0,8
		0,575		0,625		0,675		0,725		0,775	
m		0,93		0,79		0,66		0,55		0,45	
	1,0		0,86		0,72		0,6		0,5		0,4

Für gute Tiefziehbleche läßt sich in einem Zuge ein Ziehverhältnis $d : D = 0,55$ erreichen. Bei mehreren Zügen wählt man für den ersten Zug $d : D \cong 0,6$.

Der Blechhaltedruck P_B soll sein: $P_b = (F - f)\,p$.
Es bedeuten:

$F =$ Fläche der Platine mit dem Durchmesser D,
$f =$ Fläche des Ziehstempels mit dem Durchmesser d,
$p =$ spez. Belastung des Bleches.

Man wählt $p = 10 \div 20$ kg/cm², wobei für schwache Bleche die höheren Werte einzusetzen sind.

Eine überschlägige, schnelle Ermittlung von Platinendurchmessern bis 500 mm ermöglicht das Diagramm nach Abb. 191. Dem ersten Zug liegt dabei ein Ziehverhältnis von $d : D = 0,6$ und den weiteren Zügen das Verhältnis $d : D = 0,8$ zugrunde ohne Berück-

---

[1] OEHLER, G.: Formänderung beim Tiefziehen. Werkstattstechn. u. Maschinenbau 40. Jg. (1950) H. 6. — E. SIEBEL: Der Niederhaltedruck beim Tiefziehen. Stahl u. Eisen Bd. 74 (1954) Nr. 3. — A. GELECI: Die Berechnung der Kräfte und des Kraftbedarfes bei der Formgebung im bildsamen Zustande der Metalle. Budapest: Akadem. Verlag 1952.
[2] SCHULER, L.: Das Ziehen auf doppelt wirkenden Ziehpressen. Göppingen.

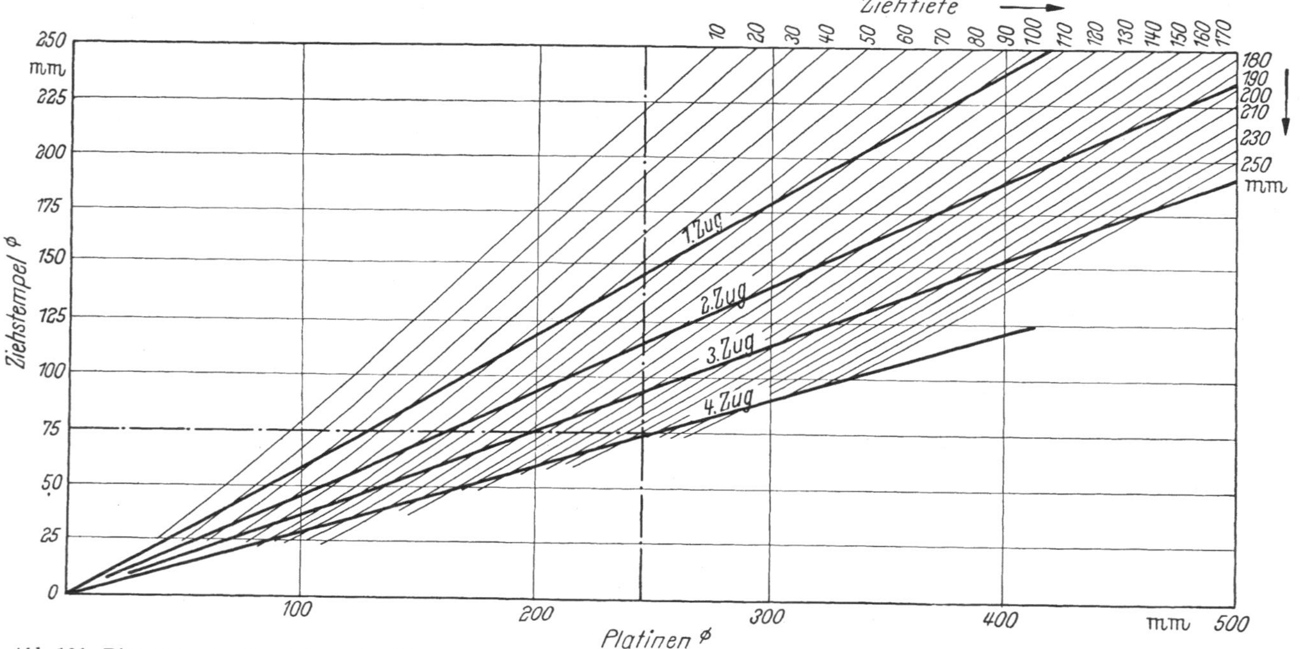

Abb. 191. Diagramm zur Ermittlung des Platinendurchmessers und der Anzahl der auszuführenden Züge bei gegebenen Abmessungen eines zylindrischen Gefäßes. (Nach L. SCHULER, Göppingen.)

Anwendungsbeispiel zur Ermittlung des Platinendurchmessers und der Zahl der Züge bei der Herstellung eines Gefäßes mit 75 mm Stempeldurchmesser und 180 mm Ziehtiefe = Gefäßhöhe.

Im Schnittpunkt der Kurve für die Ziehtiefe 180 mm mit der Waagerechten des Ziehstempeldurchmessers 75 mm zeigt die Senkrechte unten auf der Nullinie den Platinendurchmesser von 245 mm Durchmesser an.

Nach oben geben die Schnittpunkte mit den starken Stufungslinien die Anzahl der erforderlichen Züge an. Nach diesen Schnittpunkten werden in der erwähnten Weise die entsprechenden Ziehstempeldurchmesser und Ziehtiefen für die Zwischenzüge ermittelt, z. B.;

1. Zug = 147 mm Stempeldurchmesser und 65 mm Ziehtiefe,
2. Zug = 116 mm Stempeldurchmesser und 102 mm Ziehtiefe,
3. Zug = 93 mm Stempeldurchmesser und 137 mm Ziehtiefe,
4. Zug das fertige Gefäß.

Liegt der erste Schnittpunkt zwischen zwei Stufungslinien, so ist für die Zahl der Züge der nächst untere Schnittpunkt mitzuzählen. Der letzte Zug ist dann nicht voll ausgenutzt.

sichtigung der Dehnung. Aus der Tafel können außerdem die Anzahl der erforderlichen Züge, Stempeldurchmesser und Ziehtiefe abgelesen werden.

Abb. 192 zeigt eine doppeltwirkende, rein hydraulisch betriebene Blechziehpresse mit unterer Ausstoßvorrichtung. In dem Oberholm a mit dem mittleren Ziehzylinder sind seitlich die beiden Blechhaltezylinder b angeordnet. Der Ziehplunger c besitzt ein im oberen Tisch zylindrisch geführtes Kopfstück d, das durch einen Ring e und einen Bajonettverschluß mit dem Tisch gekuppelt werden kann. Für den Rückzug des Plungers sind im Oberholm zwei schräg zur Mittelachse liegende Zylinder f vorgesehen. Die Rückzugplunger g drücken auf eine Traverse, die mit dem Ziehplunger durch eine Kolbenstange i verbunden ist. Die Blechhaltezylinder tragen ein Füllventil k mit einem darüber angeordneten Windkessel l. Die Plunger m sind auf dem Tisch n mit ballig gedrehten Pfannen v gelagert. Die versetzt gezeichneten Differentialkolben p mit den Zylindern q für den Rückzug des Tisches liegen vor und hinter jedem Blechhaltezylinder. Die Verbindung zwischen dem Oberholm a und dem Unterholm r wird durch vier geschmiedete Säulen s hergestellt.

Die max. Ziehkraft beträgt 500 t bei einer max. Blechhaltekraft von 250 t. In gekuppeltem Zustand üben die Plunger also eine Gesamtdruckkraft von 750 t aus. Die Ausstoßvorrichtung ist für eine Kraft von etwa 75 t eingerichtet und entspricht in ihrer Ausführung der Beschreibung auf Seite 18.

In Abb. 193 ist die Zylinderanordnung für eine doppeltwirkende, rein hydraulisch betriebene Ziehpresse mit einem Gesamtdruck von 450 t bei einer Ziehkraft von 250 t und einer Blechhaltekraft von 200 t dargestellt. An der Konstruktion ist der Einbau der Rückzugzylinder in die Arbeitszylinder zur Erzielung einer geringen Bauhöhe der Presse bemerkenswert.

Der Ziehplunger a besitzt einen angeschmiedeten Kopf zur Aufnahme eines Bolzens b, an dem zwei mit der Rückzugtraverse c verbundene Stangen angreifen. Der Laufholm d trägt die Werkzeuge für die Blechhaltung; der Hub der Blechhalteplunger e wird nach unten durch die zweiteiligen Muttern f begrenzt. Der größte Relativhub des Plungers a ergibt sich aus dem Abstand der Bundfläche vom Laufholm. Das Druckstück g ist auswechselbar, um den Ziehplunger durch einen Gewindebolzen mit dem Laufholm kuppeln zu können.

Abb. 194 zeigt eine einfachwirkende Öldruckpresse mit Einzelantrieb für eine Ziehkraft von 315 t und eine von unten wirkende Kissendruckkraft von 80 t; sie dient zur Herstellung von Radiatorkörpern, flachen Blechnäpfen usw.

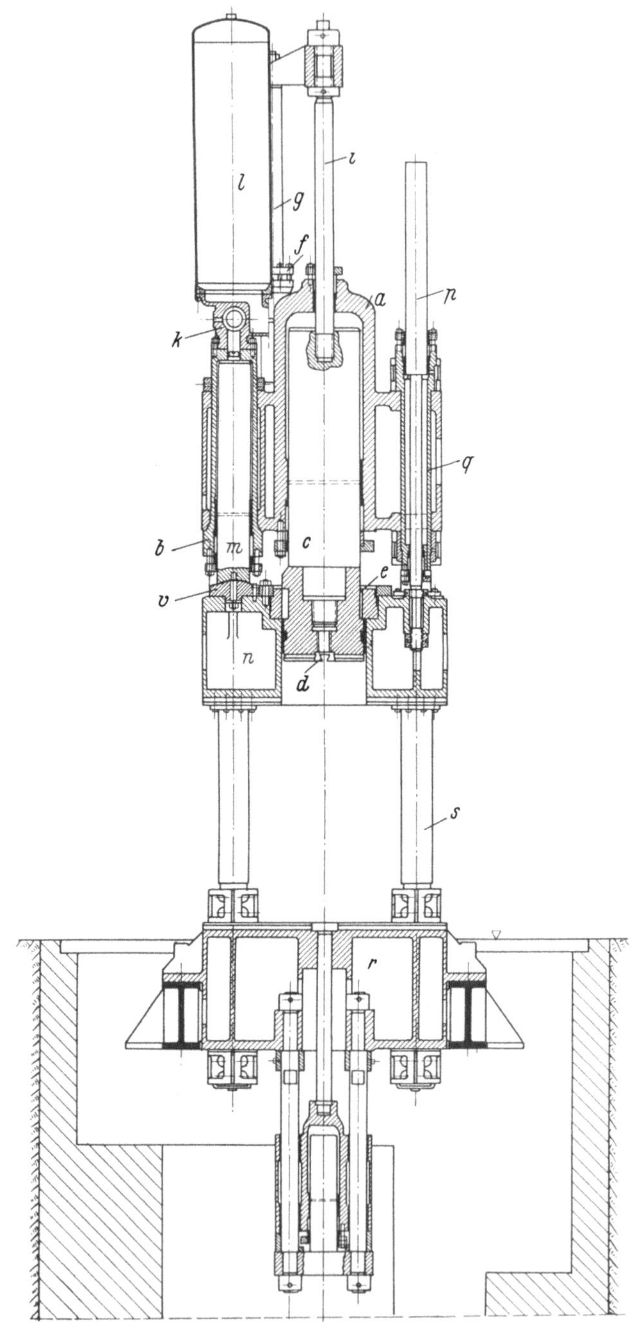

Abb. 192. 750 t-doppeltwirkende Ziehpresse mit unterer Ausstoßvorrichtung.
(Ausführung Hydraulik G.m.b.H., Duisburg.)

Die Presse besteht aus einem Rahmen, der durch vier Zuganker zusammengehalten wird. Der obere Preßzylinder besitzt einen doppeltwirkenden Kolben. Der bewegliche Preßtisch hat am Rahmen eine lange, nachstellbare Prismenführung. Der untere, feste Tisch ist mit Nuten und einer Anzahl von Bohrungen für den Durchgang von Stößeln versehen, die mit einer unter dem Unterholm angeordneten Tischplatte bewegt werden. Der Kolben im unteren Zylinder steht unter konstantem Öldruck von etwa 3 bis 4 atü und übt eine nach oben wirksame mittlere Ausstoßkraft von etwa 3000 kg zum Auswerfen fertiger Preßteile aus. Das Öl fließt aus einem auf dem Zylinderholm montierten Windkessel durch ein Rückschlagventil in den Zylinder des Ziehkissens. Werden die Stößel heruntergedrückt, so strömt das aus dem Zylinder verdrängte Öl durch ein luftbelastetes Überströmventil in den Windkessel zurück, wobei sich eine Kolbenkraft von 80 t bei einem Druck von etwa 100 atü entwickeln kann.

Die Hauptantriebspumpe befindet sich ebenfalls auf dem Zylinderholm. Die Förderleistung beträgt etwa 180 l/min und gestattet, bei dem vollen Arbeitsdruck von etwa 200 atü, die Anwendung einer Ziehgeschwindigkeit von etwa 18 mm/sek. Die Senk- und Rückzuggeschwindigkeit werden mit etwa 100 mm/sek ausgeführt. Zwischen Pumpe und Antriebsmotor ist noch ein Schwungrad zur Überwindung der Spitzenleistung und zur Verringerung der Stromstöße auf das elektrische Leitungsnetz vorgesehen. Das Lecköl aus der Pumpe und sämtlichen Zylinder-

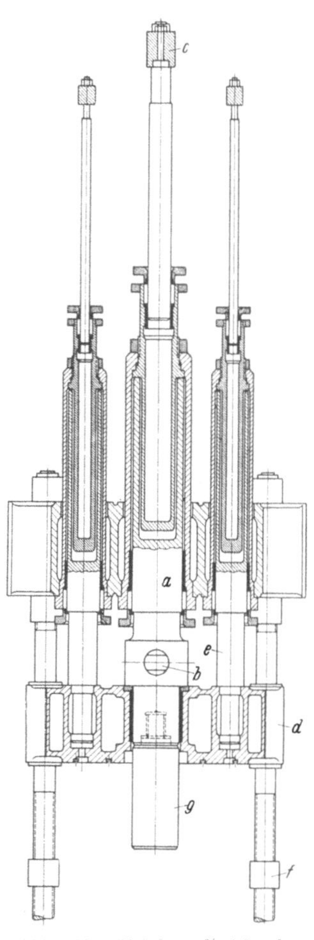

Abb. 193. 450 t-doppeltwirkende Ziehpresse mit ausgebohrten Plungern zum Einhängen der Rückzugzylinder.

räumen wird unterhalb der Presse in einem Behälter aufgefangen und mit einer Zahnradpumpe durch einen Filter wieder in den Windkessel gedrückt.

Eine doppeltwirkende Öldruckpresse mit Einzelantrieb und luftbetriebener Ausstoßvorrichtung zur Herstellung von Ziehteilen für Karosserien, Badeöfen, Kühlschränke usw. ist in Abb. 195, 196 u. 197

dargestellt. Der Aufbau ist im wesentlichen der gleiche wie bei der Presse nach Abb. 194. Der mittlere Ziehkolben überträgt eine Druckkraft von 250 t auf einen quadratischen Stempel, der in dem beweglichen Preßtisch in ausgefahrener Stellung noch eine gute Führung besitzt. Die

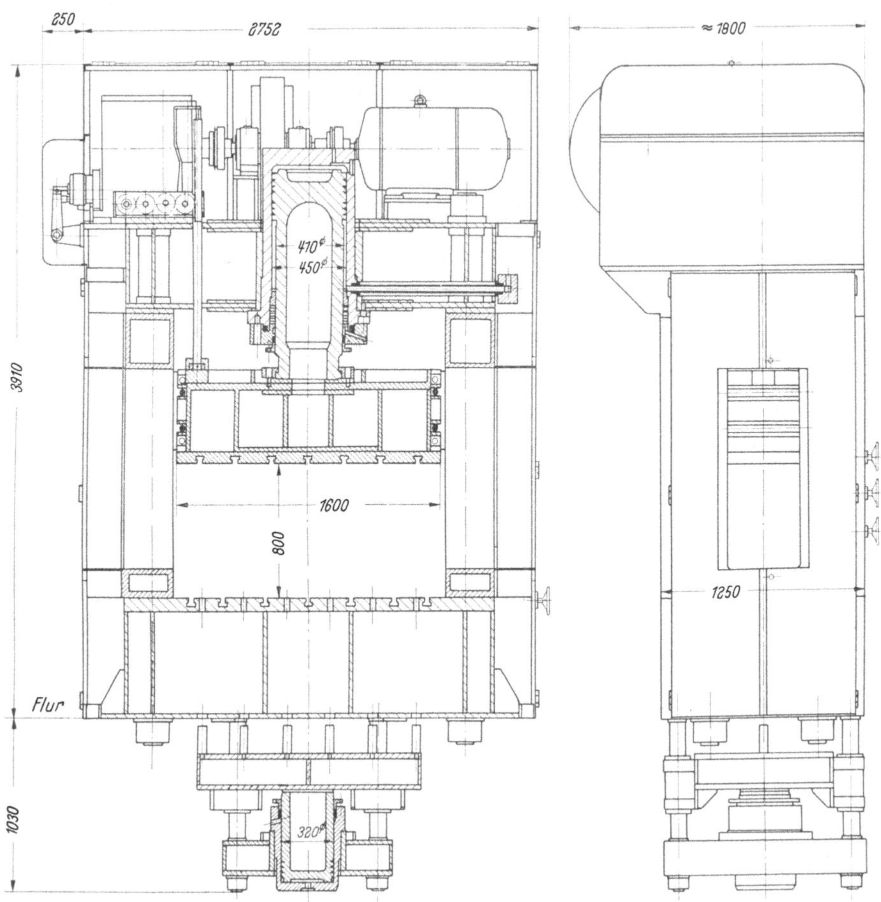

Abb. 194. 315 t-einfachwirkende ölhydraulische Ziehpresse mit Ziehkissen und Axialpumpenantrieb. (Ausführung Maschinenfabrik Meer A. G., M.-Gladbach.)

Druckkraft für die Blechhaltung beträgt 200 t; sie wird zur Erzielung einer möglichst gleichförmigen Druckübertragung auf 4 Zylinder verteilt, die im gleichen Abstande um den mittleren Arbeitszylinder angeordnet sind. Der Ausstoßkolben wird nur auf seiner Unterseite gesteuert und bewegt sich infolge seines Eigengewichtes abwärts, wobei in der Endlage eine Bremsung durch die Bildung eines Pufferraumes stattfindet. Die Ausstoßerkraft beträgt etwa 35 t.

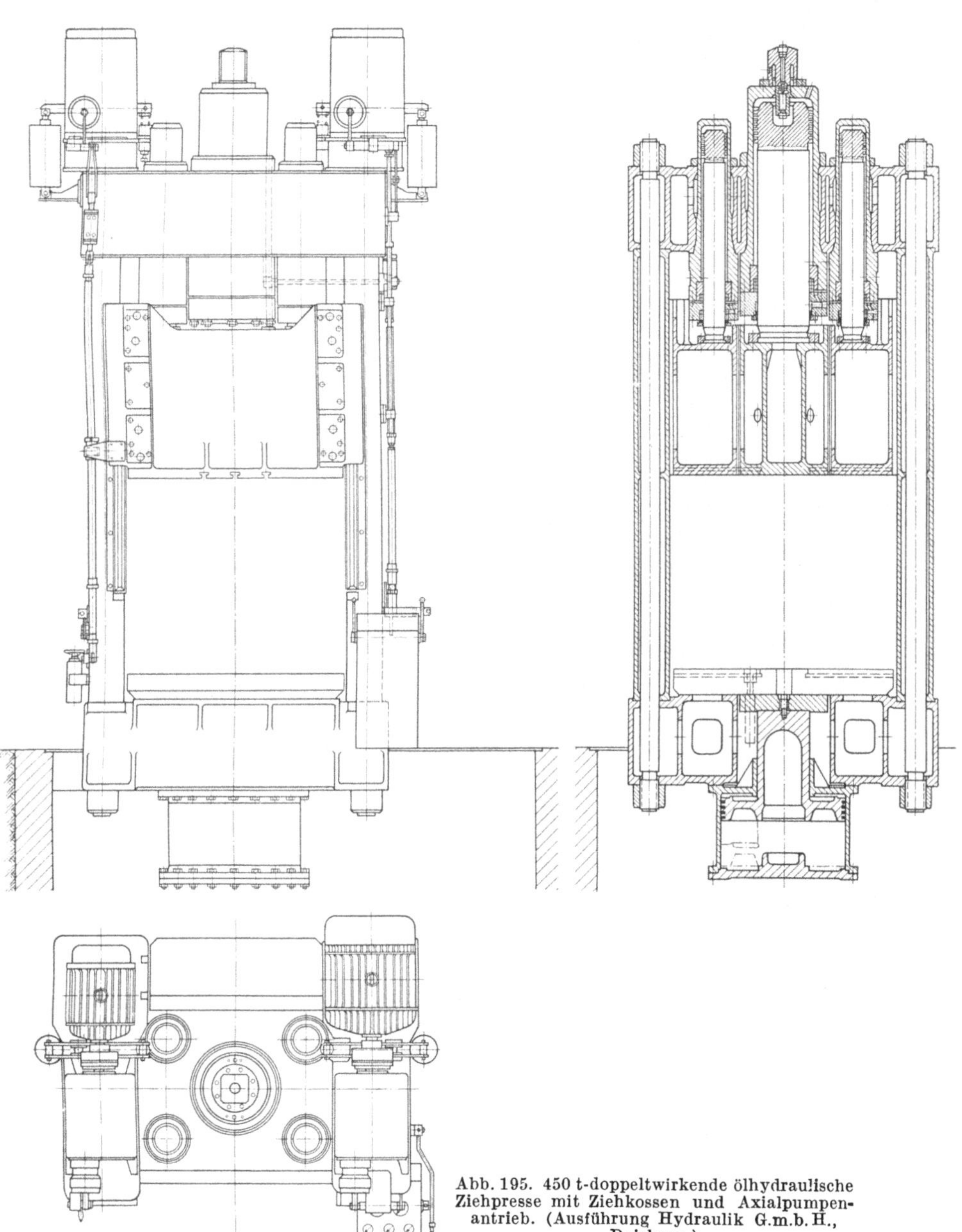

Abb. 195. 450 t-doppeltwirkende ölhydraulische
Ziehpresse mit Ziehkossen und Axialpumpen-
antrieb. (Ausführung Hydraulik G.m.b.H.,
Duisburg.)

Die beiden Antriebspumpen befinden sich auf dem Zylinderholm. Die Förderleistung ergibt bei einem max. Druck von etwa 200 atü eine Ziehgeschwindigkeit von 23 mm/sek und eine Senk- und Rückzuggeschwindigkeit von etwa 100 mm/sek.

Die auf die Blechhaltezylinder arbeitende Pumpe ist wegen einfacher Ersatzteilhaltung für die gleiche Förderleistung eingerichtet, obwohl sie

Abb. 196. Betriebsaufnahme der Ziehpresse nach Abb. 195.

wesentlich kleiner gehalten werden kann. Die Blechhaltekolben bewegen sich bei der max. Förderleistung auf- und abwärts mit einer Geschwindigkeit von etwa 135 mm/sek.

Wird der Ziehstempel mit dem oberen Tisch durch ein gemeinsames Werkzeug gekuppelt und läßt man die Pumpen auf alle Zylinder arbeiten, so addieren sich die Druckkräfte, so daß einfache Ziehteile ohne Blechhaltung mit einer max. Druckkraft von 450 t hergestellt werden können.

Abb. 198 und 199 zeigen eine dreifachwirkende Öldruckpresse in Viersäulenkonstruktion zur Herstellung größter Karosserieteile für den Automobilbau. Der untere Arbeitstisch hat eine Aufspannfläche für die Werkzeuge von 3750 × 2750 mm. Die Druckkräfte betragen 550 t für die Zieharbeit, 400 t für die Blechhaltung und 300 t für den Gegenzug von unten.

Der Unterholm *a* ist durch vier Säulen *b* mit dem Zylinderholm *c* verbunden. Die Säulenenden stehen unter Vorspannung durch Anzug der zweiteiligen Gegenmuttern *d*. In der Mitte des Oberholmes befindet sich der Zylinder *e* mit dem doppeltwirkenden Ziehkolben *f*, der auf dem Ziehtisch *g* befestigt und im Zylinder mit Kolbenringen abgedichtet ist. Der Tisch wird in dem beweglichen Blechhalterahmen *h* gut geführt, der wieder an den vier Säulen in langen zylindrischen Büchsen läuft. Der Rahmen *h*, kann mit dem Ziehtisch *g* durch vier starke Bolzen, die man durch Drehen der Handräder *i* verschiebt, gekuppelt werden. Seine Bewegung erfolgt durch vier Blechhaltekolben *k*; die zugehörigen Zylinder *l* sind symmetrisch um den mittleren Zylinder *e* angeordnet.

Auf dem Unterholm *a* befindet sich eine Platte *m*, die mit Aufspann-Nuten und zahlreichen Löchern für den Durchgang von Stempeln versehen ist. Sie deckt eine große Öffnung im Unterholm ab, in der sich eine Tischplatte *n* auf- und abwärts bewegt, die an Säulen *o* geführt wird und die lose aufgesetzten Stempel für das Ausstoßen oder den Gegenzug nach oben drückt. Für das Heben und Senken der Tischplatte *n* sind zwei seitliche und ein mittlerer Zylinder *p* und *q* vorgesehen, sie bewegen sich über entsprechende, feststehende Kolben *r* und *s*. Die Kolben sind auf einer Traverse *t* befestigt, und

Abb. 197. Doppeltwirkende ölhydraulische Ziehpresse mit stirnseitig angeordnetem Radialpumpenantrieb. (Ausführung HPM The Hydraulic Press Manufacturing Co., Mount Gilead/Ohio.)

durch vier Säulen *u* mit dem Unterholm verbunden. Als Hubbegrenzung für den Blechhalterahmen *h* dienen zwei Schwenkarme *v*, auf die sich der Rahmen in der Achse der Kolben *k* aufsetzt.

Die Presse ist mit drei Antriebspumpen *w*, *x*, *y* ausgerüstet, die das Drucköl zur Ausführung der Kolbenbewegungen liefern. Sämtliche Kolbengeschwindigkeiten sind stufenlos regelbar; auch die Kolbenhübe können beliebig durch Anschläge eingestellt werden.

Will man mit Ziehkissen arbeiten, so wird das über den drei unteren Kolben *r* und *s* stehende vorgespannte Öl über ein druckluftbelastetes Ventil verdrängt, wobei sich ein Druck von etwa 100 atü entwickelt.

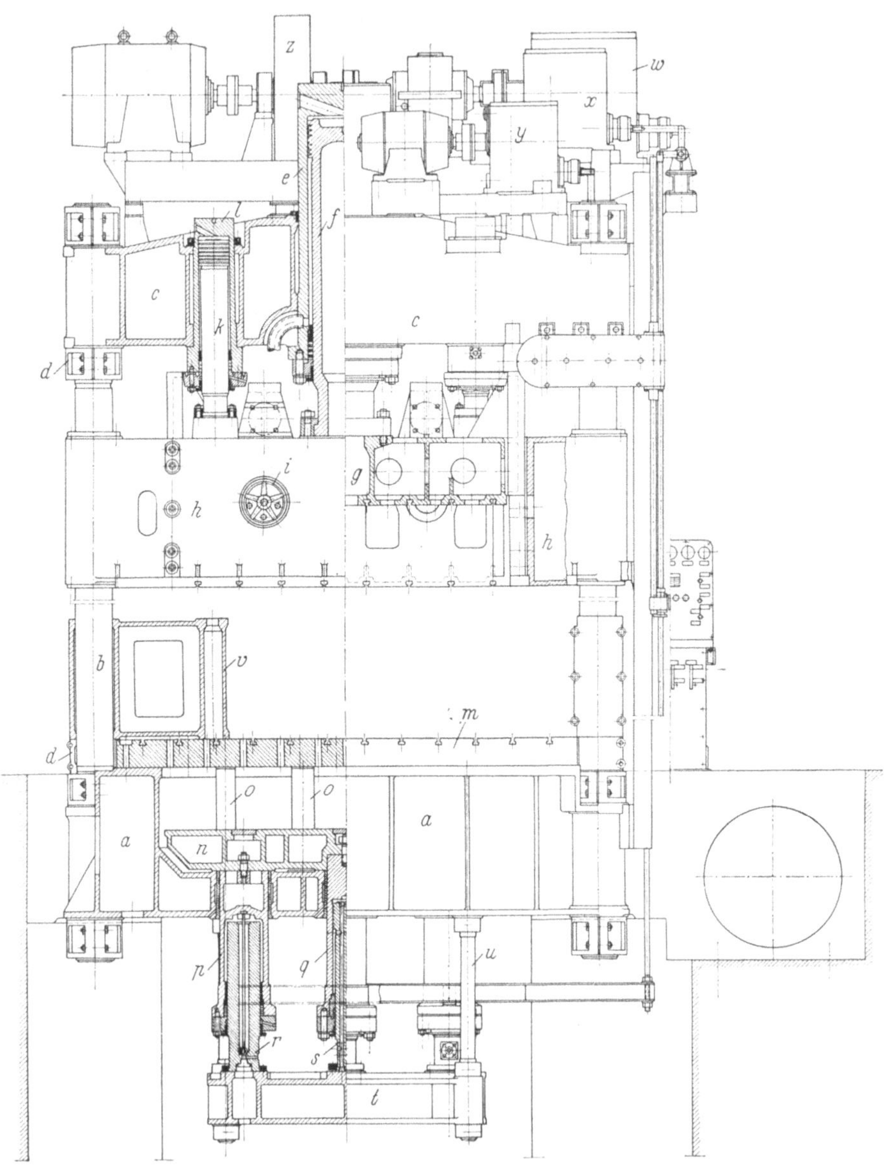

Abb. 198. 1000 t-dreifachwirkende ölhydraulische Ziehpresse mit Axialpumpenantrieb.
(Ausführung Maschinenfabrik Meer A. G., M.-Gladbach.)

Die Aufwärtsbewegung erfolgt durch den im mittleren Zylinder eingesetzten Differentialkolben s. Beim Gegenzug erhalten die drei unteren
Zylinder p und q von der Pumpe y das Drucköl.

Die Förderleistungen der drei Pumpen sind für folgende Geschwindigkeiten der Kolben bemessen:

$v \cong$ 45 mm/sek. beim Ziehen,
$v \cong$ 220 mm/sek. beim Rückzug und Leergang,
$v \cong$ 140 mm/sek. bei der Auf- und Abwärtsbewegung des Blechhalterahmens,
$v \cong$ 25 und 220 mm/sek. beim Heben und Senken der unteren Tischplatte.

Abb. 199. Betriebsaufnahme der Ziehpresse nach Abb. 198.

Die für Blechziehpressen verwendeten Werkstoffe sind:

Stahlformguß GS 45   für alle gegossenen Teile des Rahmengestells und die zweiteiligen Säulenmuttern,
Stahlgußform GS 52.1 für die Zylinder,
St 50   für Zylinder, Säulen und Stangen,
Kokillenhartguß
und Stahl C 35.16   für Plunger.

d) Blechziehpressen mit Gummikissen.

Das Ziehen und Schneiden bzw. Stanzen von dünnen Blechen auf hydraulischen Pressen unter Verwendung von Gummikissen ist schon lange bekannt; es kam jedoch erst vor etwa 25 Jahren im Flugzeugbau zu erfolgreicher Anwendung[1]. Das Verfahren eignet sich besonders zur Herstellung von Rumpf- und Trägerflächenkonstruktionen aus Aluminiumblechen mit 1,5 bis 2 mm Stärke mit großer Preßfläche und schwachen Wölbungen, wobei das Blech nach Abb. 200 mit Gummikissen über Stempel oder Formwerkzeuge gezogen wird. Das Gummikissen befindet sich in einem Rahmen — auch Koffer genannt — und macht beim Ziehen die Anwendung einer Blechhaltung überflüssig. Dadurch entsteht der große Vorteil, daß man für diese Zieharbeiten einfache Ober- oder Unterdruckpressen verwenden kann, die trotz der notwendigen hohen Druckkräfte bis etwa 10 000 t verhältnismäßig billig sind. Weitere Vorteile bestehen in den niedrigen Werkzeugkosten, den kurzen Beschickungszeiten und der Vermeidung von Zwischenglühungen durch Wahl einer größeren Zahl von Umformstufen, wodurch die Reihenanfertigung schon bei geringen Stückzahlen rentabel wird.

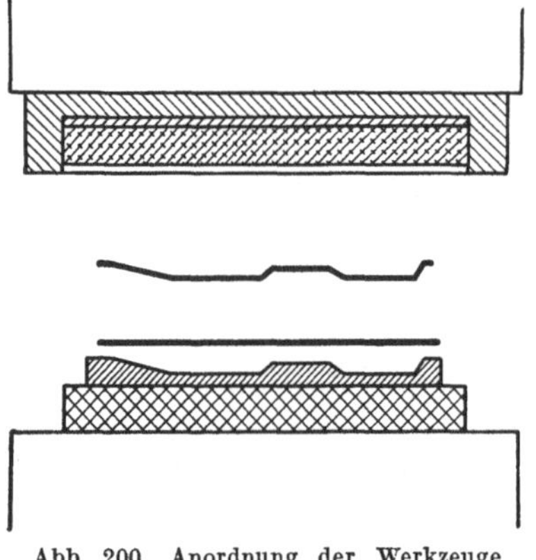

Abb. 200. Anordnung der Werkzeuge für das Ziehen von Blechen mit einem Gummikissen.

Das Ziehverfahren kommt, wie bereits erwähnt, in erster Linie für die Verarbeitung von Leichtmetallblechen zur Anwendung; es wird aber auch zu Herstellung von Formteilen aus weichem Stahlblech mit 0,5 bis 0,6 mm Stärke benutzt.

Die aufzuwendende Druckkraft P erhält man aus der Beziehung: $P = F \cdot k$, wobei mit F die gedrückte Fläche des Bleches und mit k der spez. Druck, der zum Umformen erforderlich ist, bezeichnet werden. Man wählt im Mittel $k = 120 \div 160$ kg/cm². Der Druck richtet sich nach der Blechstärke und der Ziehtiefe und soll einen Höchstwert von $k = 400 \div 450$ kg/cm² mit Rücksicht auf die Haltbarkeit des Gummis nicht überschreiten.

Abb. 201 bis 203 zeigen eine Viersäulenpresse in Sonderausführung mit zwei unteren Arbeitszylindern für einen Gesamtpreßdruck von 4000 t.

---

[1] PLEINES, E. W.: Das Umformen von Blechen mittels Gummi. Werkstatttechn. u. Maschinenbau Bd. 40 (1950) H. 11.

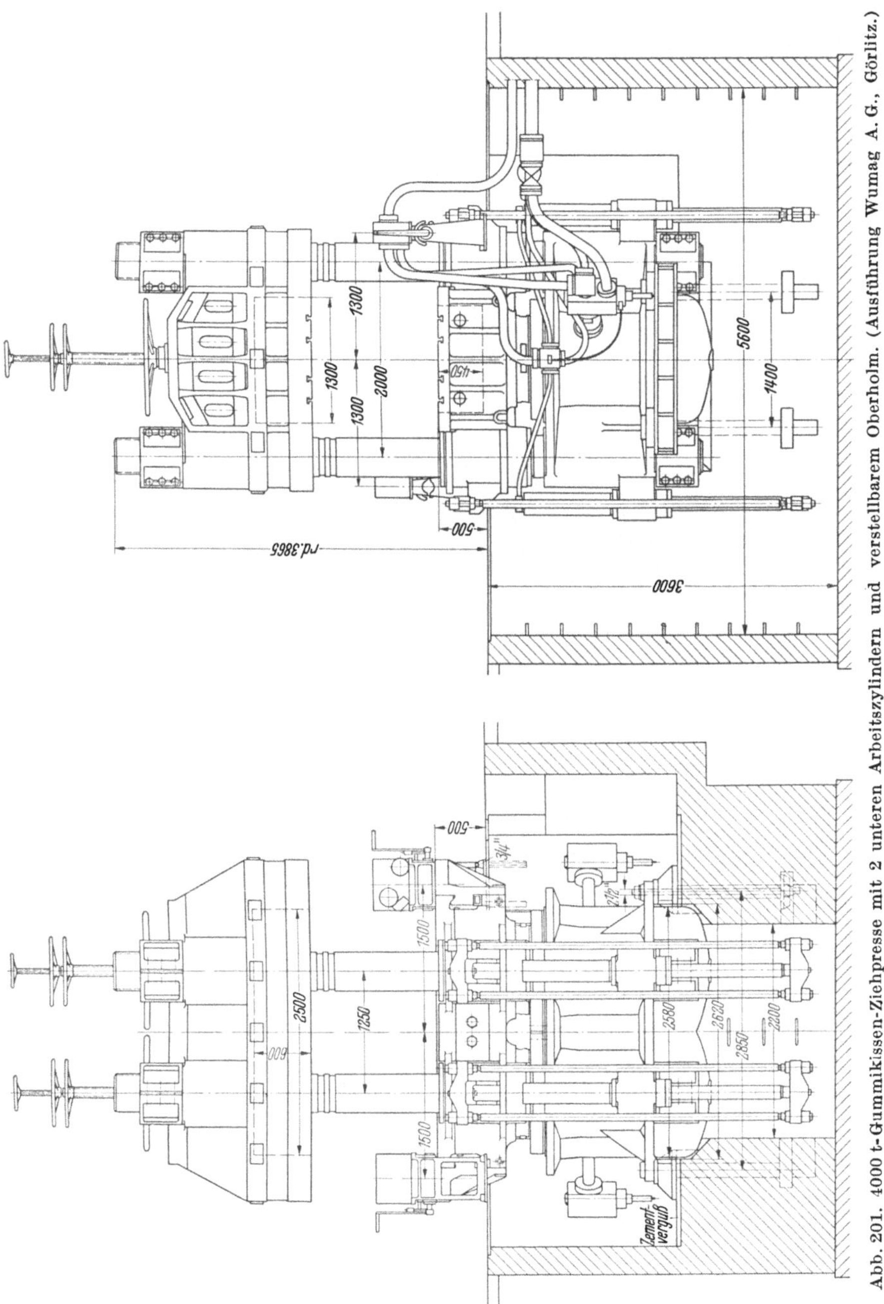

Abb. 201. 4000 t-Gummikissen-Ziehpresse mit 2 unteren Arbeitszylindern und verstellbarem Oberholm. (Ausführung Wumag A. G., Görlitz.)

Der Unterholm ist mit den beiden Zylindern in einem Stück gegossen und durch die Säulen kraftschlüssig mit dem Oberholm verbunden, der zur Aufnahme des Gummikissens an seiner Unterseite eine kastenförmige Öffnung mit den Abmessungen 2500 × 1300 × × 600 mm besitzt. Jeder der beiden Preßplunger überträgt einen Druck von 2000 t auf einen zugehörigen Arbeitstisch, der an zwei Säulen geführt wird und mit einer Öffnung von 1300 × 850 × 450 mm ver-

Abb. 202. Werkstattaufnahme der Ziehpressen nach Abb. 201.

sehen ist. Die beiden beweglichen Tische besitzen eigene Rückzugvorrichtungen und Steuerungen und können sowohl einzeln und unabhängig voneinander als auch im gekuppelten Zustande gemeinsam arbeiten, wobei der Gesamtdruck von etwa 4000 t bei einem Hube von 1100 mm zur Verfügung steht. Die Kupplung der Tische erfolgt durch einen Einlegekeil. Die Rückzugzylinder liegen am Unterholm neben den Säulenkanonen. Die Rückzugplunger drücken auf Traversen, die jeweils durch zwei Stangen mit den Tischtraversen verbunden sind.

Die kastenförmigen Öffnungen können je nach Art und Form der herzustellenden Blechteile durch gußeiserne dreiteilige Einsatzkästen oder durch Gummikissen ausgefüllt werden. Die Gummiarten haben verschiedene Härtegrade; sie schwanken zwischen 70 bis 80 Shoreeinheiten beim Stanzen und 50 bis 60 Einheiten beim Pressen. Die Einsatzkästen für den Oberholm sind sechsteilig; die beiden Kästen in den beweglichen Tischen sind dreiteilig. Je nach Anzahl der eingesetzten Kästen kann der spez. Druck zwischen 130 und 420 kg/cm² in Stufen von 1 : 3 verändert werden, wobei man außerdem Gelegenheit

Abb. 203. Betriebsaufnahme der Ziehpresse nach Abb. 201.

hat, mit einem Stempel von unten nach oben oder umgekehrt zu pressen; man kann auch ohne Gummikissen arbeiten, wenn man sämtliche Einsatzkästen einlegt. Aus- und Einbau der Kästen und Gummikissen erfolgt mit Hilfe von Spindeln im Oberholm. Falls eine Verkleinerung der lichten Höhe zwischen den Arbeitstischen erwünscht ist, so kann der Oberholm mit dem beweglichen Tisch abgesenkt werden, nachdem die zweiteiligen Halteringe an den Säulen entfernt und in eine tiefer liegende Nute gebracht worden sind. Im Anschluß daran werden die oberen Säulenmuttern verstellt.

Die Presse arbeitet in Verbindung mit zwei Druckstufenpumpen und automatisch wirkenden Druckauslösevorrichtungen für 90, 180 und 300 atü Betriebswasserdruck. Die Arbeitsgeschwindigkeit beim Höchstdruck beträgt 5 bis 6 mm/sek, während im Leergang aufwärts und bei der Rückzugbewegung Geschwindigkeiten von 120 bis 150 mm/sek zur Verfügung stehen. Die Antriebsmotoren sind für eine Leistung von etwa 140 PS eingerichtet. Der Leergang aufwärts erfolgt durch Auffüllen der Zylinder mit Niederdruckwasser aus einem Windkessel bei einem Druck von 6 bis 10 atü.

Abb. 204. 2500 t-ölhydraulische Gummikissen-Ziehpresse mit oberem Arbeitszylinder und Beschickungseinrichtungen an allen 4 Pressenseiten. (Ausführung HPM The Hydraulic Press Manufacturing Co., Mount Gilead, Ohio.)

In Abb. 204 ist eine 2500 t-Gummikissen-Ziehpresse mit einem oberen Arbeitszylinder und Einzelantrieb durch Druckölpumpen dargestellt. Auf dem unteren Preßtisch, der durch 4 Säulen mit dem Zylinderholm verbunden ist, liegt eine ausfahrbare Stahlplatte nach Abb. 208, auf der sich die Werkzeuge mit den aufgelegten Blechen befinden. An dem oberen beweglichen Preßtisch ist ein geschweißter Kasten nach Abb. 206 befestigt, der das aus mehreren Lagen bestehende

Gummikissen nach Abb. 207 enthält. Die Presse wird nach Abb. 205 von allen Seiten beschickt. Zu diesem Zwecke ist der untere Preßtisch mit Rollentischen nach Abb. 209 versehen.

Abb. 205. Beschickung einer 5000 t-Gummikissen-Ziehpresse von 2 Seiten.

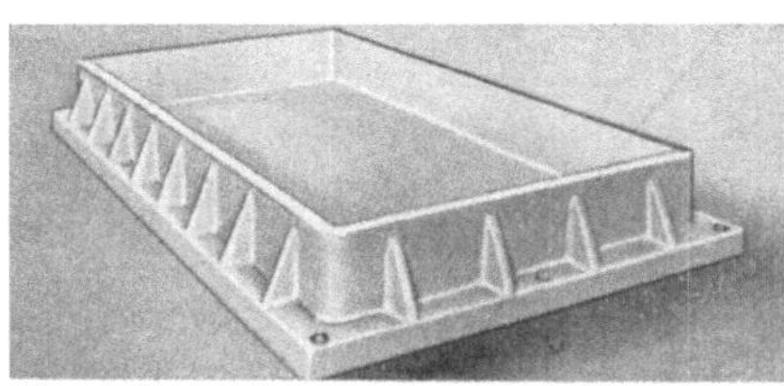

Abb. 206. Werkzeugrahmen zur Aufnahme eines Gummikissens.

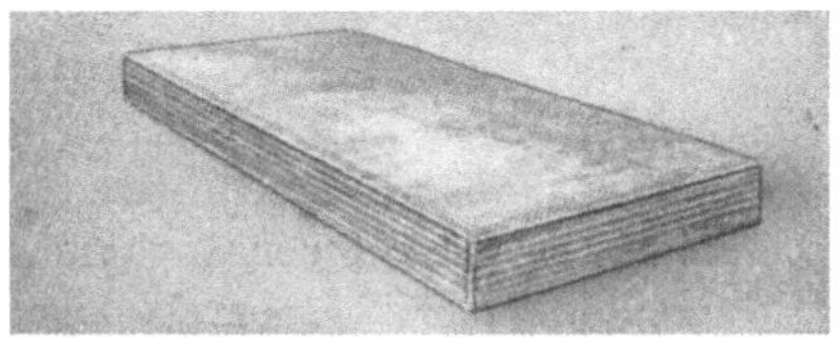

Abb. 207. Gummikissenpaket.

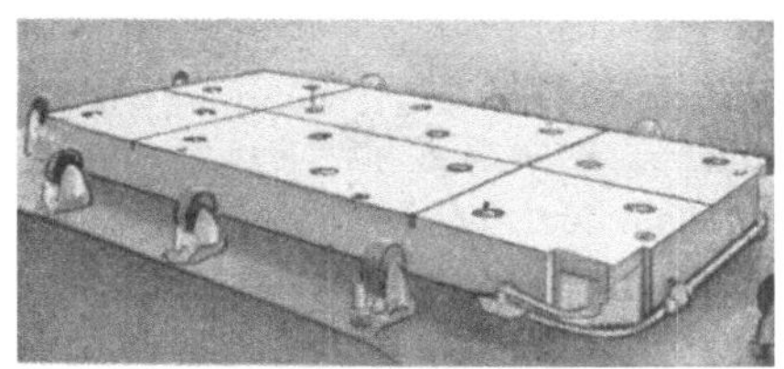

Abb. 208. Untere, verschiebbare Tischplatte.

Abb. 209. Rollentisch zur Aufnahme der verschiebbaren Tischplatte.

Die Säulen sind für den Schutz des Bedienungspersonals gegen Unfälle mit Hülsen umgeben. Die Rückzugzylinder mit den am beweglichen Tisch angreifenden Kolben befinden sich seitlich vom oberen

Arbeitszylinder. Die Antriebspumpen sind seitlich am Zylinderholm angeordnet. Die Wirkungsweise geht aus Abb. 38 hervor.

Tabelle 7. *Hauptabmessungen ausgeführter Gummikissen-Ziehpressen H. P. M.*

Preßdruck	1000	2500	2500	5000
Gummikissen mm	1500 × 900	2500 × 1200	2500 × 1200	4300 × 1300
Anzahl der Tische	2	2	4	4
Antriebsleistung PS	40	100	100	400
Gewicht to	28	110	135	340

VI. Abschnitt.

Steuerungen, Akkumulatoren und Pumpen für den Betrieb hydraulischer Pressen.

Jeder Bewegungsvorgang in einer hydraulischen Presse macht vorher die Bedienung einer Steuerung erforderlich, die mit einem Handhebel betätigt wird. Mehrere Steuerungen können — wenn es zweckmäßig ist und die Arbeitsvorgänge nacheinander ablaufen — auch zusammengefaßt und mit einem einzigen Handhebel versehen werden. Eine Ausnahme machen nur ölhydraulische Pressen mit Einzelantrieb durch regelbare Pumpen, die man so schalten kann, daß sich die Saug- und Druckseiten vertauschen, d. h. also die Strömungsrichtungen umkehren lassen, wodurch sich die Anordnung einer besonderen Steuerung erübrigt.

Werden die Pressen *dampf- oder lufthydraulisch* betrieben, so dient das Druckwasser lediglich als hydraulisches Gestänge zur Kraftübertragung; man steuert in diesem Falle also nur den Dampf oder die Luft und niemals das Wasser (siehe S. 115). Dampfbetrieb ist wegen seiner Unwirtschaftlichkeit unmodern geworden. Man findet ihn noch häufig an Scheren, Kümpelpressen, Panzerplattenbiegepressen u. a.; für Neuanlagen ist er aber in den letzten beiden Jahrzehnten nicht mehr zur Ausführung gekommen. Von einer ausführlichen Beschreibung dieser Betriebsart soll deshalb abgesehen werden.

Das gleiche gilt für den Luftbetrieb, ausgenommen für lufthydraulische Nietmaschinen, die auf Seite 172 eingehend beschrieben wurden.

Die Mehrzahl der Pressen wird *reinhydraulisch* betrieben, worunter man den Anschluß an einen Akkumulator versteht, der in Verbindung mit einer oder mehreren elektrisch angetriebenen Druckwasserpumpen arbeitet.

Die Pressen können auch ohne Akkumulator *unmittelbar von den Pumpen betrieben* werden. Bei dieser Betriebsart haben in der letzten Zeit Öldruckpumpen eine große Anwendung gefunden, da sie sich wegen ihrer kleinen Baumaße an den Pressen anbauen und für den Einzelantrieb verwenden lassen.

a) Steuerungen.

Die Wirkungsweise vieler Pressen wurde in den vorhergehenden Abschnitten an Hand von Steuerplänen ausführlich erläutert; Ausgangspunkt aller Bewegungen waren dabei die Ventilsteuerungen.

Jede Steuerung erhält normalerweise ein geschmiedetes, würfelförmiges Ventilgehäuse. Die Kanäle für die Ventile und Rohranschlüsse werden aus dem vollen Block gebohrt. Das Ventilgehäuse ist auf einem Steuerbock befestigt, in dem die mit einem Handhebel bewegte Steuerwelle gelagert wird (Abb. 140). Das Öffnen und Schließen der Ventile erfolgt durch Stößel.

Kolbenschiebersteuerungen hat man im Laufe der Zeit vollkommen aufgegeben. Sie haben bei den heute angewendeten, verhältnismäßig hohen Betriebsdrücken den Nachteil, daß die Manschettendichtungen an den Kolben schnell verschleißen und schlecht kontrolliert werden können, wodurch erhebliche Betriebsstörungen und große Druckwasserverluste entstehen.

Um eine hin- und hergehende Plungerbewegung hervorzurufen, muß für jede Bewegungsrichtung ein Einlaß- und ein Auslaßventil vorhanden sein. Für die Auf- und Abwärtsbewegung oder für den Vorwärts- und Rückwärtsgang des Plungers einer vertikalen oder horizontalen Presse z. B. nach Abb. 141 u. 32 ist demnach eine Vierventilsteuerung erforderlich.

Aus dem Ventilerhebungsdiagramm nach Abb. 141 geht hervor, in welcher Reihenfolge die Ventile beim Übergang von einer in die andere Steuerstellung geöffnet und geschlossen werden. Die Ventilerhebungskurve ist eine schräg aufsteigende, gerade Linie, wenn die Ventilstößel zwangläufig mit der Hebelwelle verbunden sind; Handhebelausschlag und Ventilhübe stehen also im Gegensatz zum Nockenantrieb in einem direkt proportionalen Verhältnis zueinander.

Steuerungen mit Nockenscheibenantrieb, vgl. Abb. 141, vermeidet man nach Möglichkeit, da die Nocken infolge der großen Stößelkräfte einem starken Verschleiß ausgesetzt sind und die Stößel von den Abwasserventilen bei großer Manschettenreibung leicht hängenbleiben können. Im Vergleich damit sind die Hebelverbindungen betriebssicherer.

Sowohl bei der vertikalen als auch bei der horizontalen Presse kann man die hin- und hergehenden Bewegungen auch mit einer Zweiventilsteuerung hervorrufen. In diesem Falle werden die Rückzugzylinder, z. B. der Ausstoßvorrichtung nach Abb. 14, an die konstante Druckleitung angeschlossen. Die Plunger müssen also beim Abwärts- bzw. Vorwärtsgang die von den Rückzugplungern ausgeübte Gegenkraft überwinden und infolgedessen in dieser Bewegungsrichtung eine um den Querschnitt der Rückzugplunger vergrößerte Fläche aufweisen. Man macht von dieser Vereinfachung der Steuerung gern Gebrauch, wenn z. B. in einer Presse Hilfsbewegungen mit Volldruck ausgeführt werden müssen. Der konstant wirkende hydraulische Druck kann auch durch ein Gewicht oder eine Federkraft ersetzt werden.

Von jeder hydraulischen Presse wird heute verlangt, daß beim Leerhub kein Druckwasserverbrauch im Arbeitszylinder stattfindet. Bei der Oberdruckpresse nach Abb. 210a läßt sich diese Forderung leicht dadurch erfüllen, daß man die Ventile *2* und *3* nicht mehr gleichzeitig, sondern nacheinander öffnet und dann in dem Diagramm die Steuerstellung „Vordruck" einführt.

Befindet sich der Steuerhebel also in dieser Raststellung, so ist das Abwasserventil *2* für die beiden Rückzugzylinder ganz geöffnet. Der Plunger bewegt sich infolge der Wirkung des Eigengewichtes abwärts, wobei angesaugtes Wasser aus der Abwasserleitung durch das geschlossene, aber wie ein Rückschlagventil wirkende Ventil *4* in den oberen Zylinder einströmt.

Soll der gleiche Vorgang bei einer horizontalen Presse stattfinden, so muß an Stelle des Gewichtes ein hoher Abwasserdruck zur Verfügung stehen, um den Plunger im Leergang beim Öffnen des Abwasserventils *2* vorwärts zu schieben. Genügt der Abwasserdruck zur Überwindung der Bewegungswiderstände nicht, so kann man auch nach Abb. 74 den Leerhub durch eine auf 2 Vordruckplunger ausgeübte Druckkraft zurücklegen. Diese Plungerbewegung wird entweder nach Abb. 152 durch besondere Ventile gesteuert oder nach Abb. 74 durch einen konstanten Druck in den Zylindern hervorgerufen. Im zweiten Falle muß, wie bereits erwähnt, eine verstärkte Rückzugkraft zur Anwendung kommen; dies gilt auch für Benutzung eines hohen Abwasserdruckes als Vordruckkraft.

Berechnet man die erforderliche Querschnittsfläche für das Abwasserventil *4*, so erhält man in der Regel einen sehr großen Durchmesser im Vergleich mit den übrigen Ventilen, weil die zulässige Wassergeschwindigkeit beim Nachsaugen verhältnismäßig gering ist.

Außerdem muß von der Steuerung ein starkwandiges Druckrohr mit großem Querschnitt zum Preßzylinder geführt werden.

Es ist deshalb vorteilhaft, dieses große Abwasserventil unmittelbar am Preßzylinder anzuordnen und es mit einem kleinen Kolben zu öffnen, der gleichzeitig mit der Rückzugvorrichtung gesteuert wird. Rückzug- und Treibkolbenzylinder sind also nach Abb. 210b an einer gemeinsamen Leitung angeschlossen.

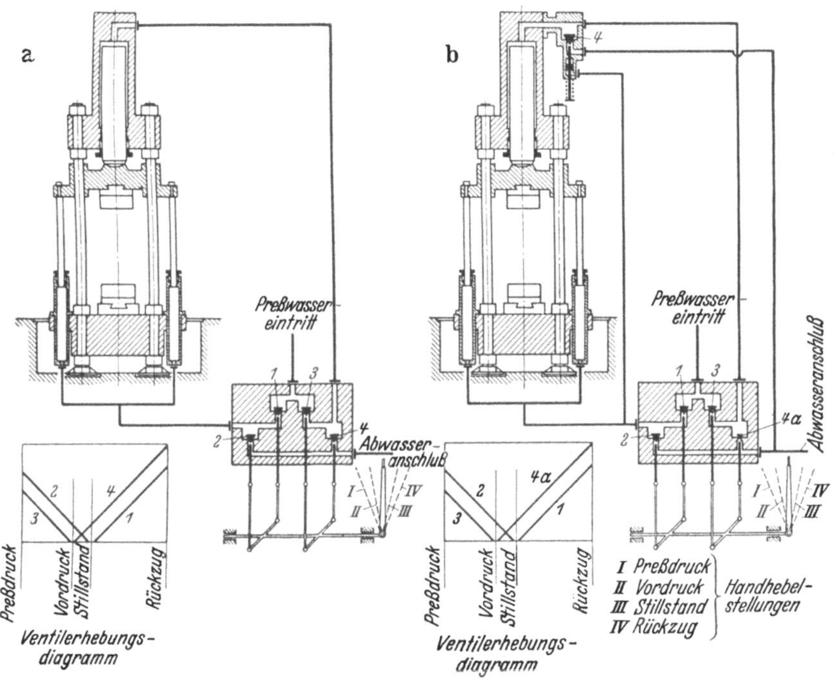

Abb. 210. Steuerschema für eine Oberdruckpresse.

Damit zum Öffnen des Ventils — das man jetzt Füllventil nennt — keine große Kraft erforderlich ist, läßt man in der Steuerung ein verhältnismäßig kleines Abwasserventil *4a* bestehen, das lediglich die Aufgabe zu erfüllen hat, den Preßzylinder vor Beginn der Rückzugbewegung zu entspannen.

Das Druckrohr von der Steuerung zum Zylinder erhält nunmehr einen kleinen, dem Querschnitt des Einlaßventils entsprechenden lichten Durchmesser, während die Fülleitung mit großem Querschnitt aus einem dünnwandigen Rohr hergestellt und unmittelbar an der Abwasserleitung angeschlossen werden kann. Man kann auch das Entlastungsventil im Füllventil einbauen, so daß es als Voröffnungs-

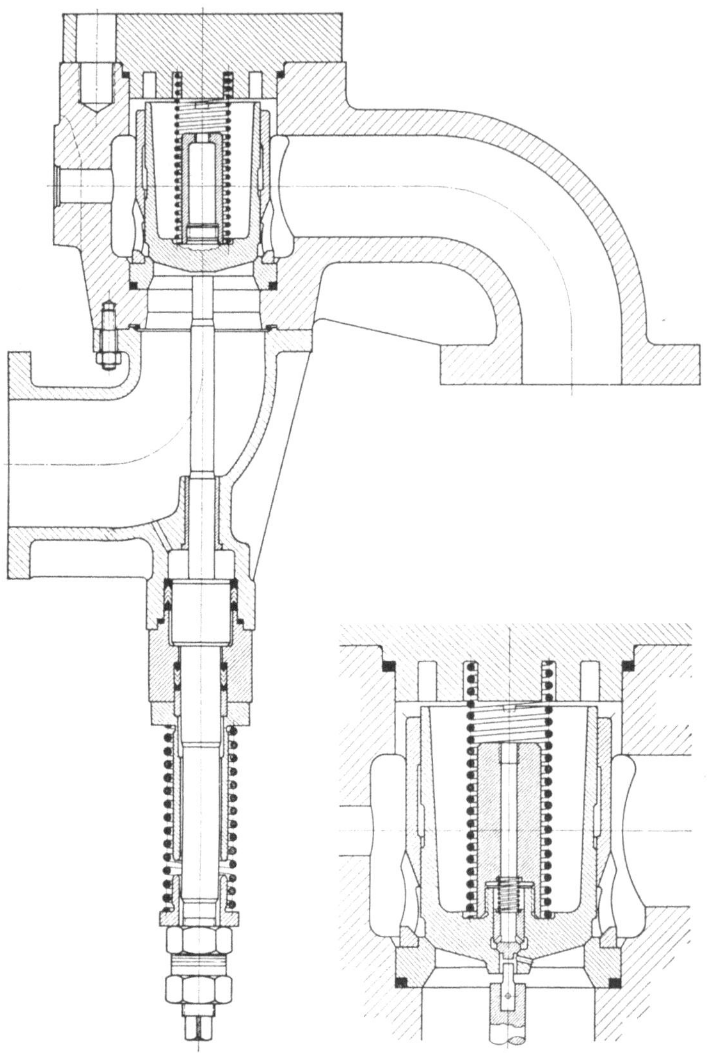

Abb. 211. Füllventil mit Krümmer für den Anbau am Preßzylinder.

ventil wirkt; diese Konstruktion nach Abb. 211 unten ist jedoch weniger gebräuchlich.

Der Durchmesser eines Füllventiles ist von der Leergangsgeschwindigkeit und dem Querschnitt des Arbeitsplungers sowie von der Wassergeschwindigkeit im Ventilsitz abhängig. Da die Werte für die Geschwindigkeit und den Querschnitt des Plungers in der Regel festliegen, richtet sich der Füllventilquerschnitt also nur noch nach der Wassergeschwindigkeit bzw. dem Druck des Füllwassers.

Um zur Erzielung eines kleinen Ventildurchmessers über einen möglichst hohen Druck des Füllwassers verfügen zu können, speichert man es meistens in einem Windkessel auf, der neben der Presse aufgestellt wird und unter einer Luftspannung von etwa 2 bis 5 atü steht. In diesen Kessel läßt man auch das Wasser aus dem Arbeitszylinder und allen übrigen Zylindern der Presse zurückfließen, so daß in ihn mehr Wasser einströmt als beim Füllen aus ihm entnommen wird. Der Unterschied besteht in der Wassermenge, die für die Arbeits- und Rückzughübe aus der Druckleitung verbraucht wird.

Steigt dabei der Windkesseldruck über seinen Höchstdruck an, so öffnet sich automatisch ein Überlaufventil, wodurch das überschüssige Wasser durch eine Rücklaufleitung in einen Sammelbehälter gelangt und von dort wieder im Kreislauf den Druckwasserpumpen zufließt.

Die unmittelbare Entnahme des Füllwassers aus dem Sammel- oder Hochbehälter würde wegen des geringen Gefälles sehr große Füllventildurchmesser ergeben. Die Aufstellung eines Windkessels hat außerdem noch den Vorteil, daß Wasserschläge in der Abwasserleitung durch das Luftpolster verhindert werden. Der Spannungsabfall in einem Windkessel richtet sich nach dem Kesselvolumen. Bezeichnet V das Gesamtvolumen des Windkessels und V_z das Zylindervolumen der Presse, so soll sein: $V \cong 4\,V_z$ (Fußnote Seite 156).

Für das Füllventil gibt es verschiedene Konstruktionen; es wird entweder nach Abb. 211 in einem eigenen Gehäuse untergebracht oder nach Abb. 212 direkt in den Zylinderboden eingebaut. Das Ventilgehäuse wird aus Schmiedestahl oder Elektrostahlguß hergestellt. Die geschmiedete Ausführung verwendet man in der Regel für hohe Betriebswasserdrücke. Der Ventilteller und Ventilsitz bestehen aus hochwertiger Bronze oder rostfreiem Stahl; für die Laterne und Ventilführung kann bei großen Abmessungen Gußeisen oder Bronce von geringer Güte gewählt werden. Ventilsitz und -deckel werden im Gehäuse durch Vulkanfiberringe oder Manschetten abgedichtet.

Zum Öffnen des Füllventils dient ein Treibkolben, der durch eine Feder zurückgezogen wird.

Der Treibkolbenkraft wirken die Federkraft und die Belastung des Füllventils entgegen, die durch die von der Rückzugvorrichtung hervorgerufene Abwasserspannung im Preßzylinder entsteht.

Für die Steuerventile gibt es viele bewährte Ausführungen; eine von ihnen zeigt Abb. 213. Die Ventilgarnitur oder der Ventilsatz besteht aus dem Ventil a mit dem Ventilsitz b und dem Voröffnungs- oder Entlastungsventil c, den Verschraubungen d, e, f und dem Stößel oder Hebestift g mit der Führungsbüchse h. Die obere Ventilverschraubung erhält eine kleine Entlüftungsschraube, damit Lufteinschlüsse abgelassen werden können.

Im geschlossenen Zustand lastet auf dem Ventil der volle hydraulische Druck, der aus der Ventilkammer i durch Bohrungen k in den Entlastungsraum m eindringt. Wird der Stößel g angehoben, so öffnet sich zunächst das Voröffnungsventil c, wodurch der Druck in dem Entlastungsraum abfällt. Bei der Weiterbewegung des Stößels wird das Hauptventil ohne großen Kraftaufwand mitgenommen; dabei kommt die Druckfläche des Stößels unter dem Ventil ganz zur Auflage.

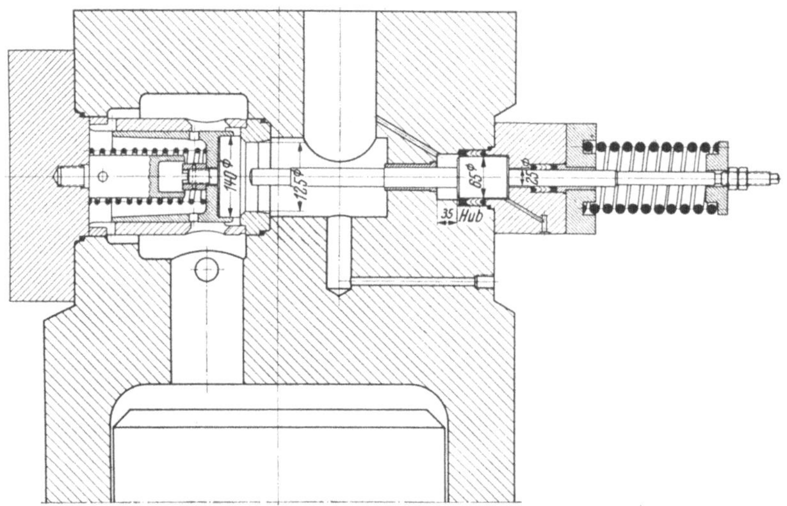

Abb. 212. Füllventil im Zylinderboden.

Um einen ausreichenden Druckabfall im Entlastungsraum zu erzielen, muß man dafür Sorge tragen, daß der Querschnitt des Voröffnungsventils und der Durchflußlöcher n wesentlich größer — möglichst das Zwei- bis Dreifache — ist als derjenige der Bohrungen k einschließlich des Spieles zwischen dem Ventil a und seiner zylindrischen Führung.

Das entlastete Steuerventil hat den Nachteil, daß es nicht als Rückschlagventil verwendet werden kann. Tritt z. B. der Druck unter dem Ventil auf, so entweicht das Wasser aus dem Entlastungsraum durch die kleinen Bohrungen k und durch den Spalt zwischen dem Ventil und seiner Führung zu langsam; es kann kein Druckabfall entstehen und das Ventil bleibt infolgedessen geschlossen.

Muß man also bei einer Presse mit einem Rückfluß des Wassers rechnen — z. B. aus den Rückzugzylindern, wenn das Abwasserventil durch falsche Einstellung geschlossen bleibt und der Arbeitszylinder Druckwasser erhält —, so ist man gezwungen, neben einem entlasteten Einlaßventil noch ein Rückschlagventil anzuordnen (Abb. 32).

Auf der Querschnittsfläche des Stößels für das Druckeinlaßventil — nicht für das Druckauslaßventil — wirkt nach dem Öffnen des Ventils der volle Betriebswasserdruck. Diese Kraft ist bestrebt, die Steuer- oder Hebelwelle zurückzudrehen, so daß der Handhebel in den verschiedenen Steuerstellungen durch eine Klinke gesichert werden muß. Man kann aber auch im Ventilgehäuse einen Ausgleichstift nach Abb. 214 an der dem Stößel gegenüberliegenden Seite der Hebelwelle vorsehen, wodurch ein Gleichgewichtszustand der Stößelkräfte hervorgerufen und die Klinkensicherung sich durch einen einfachen Schnäpper ersetzen läßt. Die Anordnung eines Ausgleichstiftes hat außerdem einen leichteren Gang des Handhebels zur Folge.

Ventile mit kleinem Querschnitt oder für einen geringen Betriebswasserdruck besitzen keine Voröffnungsventile und sind dadurch im Aufbau einfacher. Die Durchmessergrenzen erhält man aus der zulässigen Handhebelkraft, die den Wert von $P = 15 \div 20$ kg möglichst nicht überschreiten soll.

Für sämtliche Teile einer Ventilgarnitur einschließlich der Verschraubungen verwendet man geschmiedete Aluminiumbronze mit einer Festigkeit von etwa 130 kg/mm² bei einer Dehnung von etwa 20%. Für Ventile, Ventilsitze und Hebestifte hat sich auch V2a-Stahl oder Remanitstahl sehr gut bewährt. Die Ventilfedern werden ebenfalls aus Bronze oder einem rostfreien Stahl hergestellt. Die Dichtungsringe für Ventilsitze und Verschraubungen bestehen aus Vulkanfiber, die Manschetten für die Hebestifte aus lohgarem Kernleder oder vulkanisiertem, ölbeständigen Baumwoll- oder Zellstoffgewebe.

Die Ventile müssen gut geführt werden. Die Höhe h wählt man $h = 1,5 \div 2d$, wenn d den Außendurchmesser des Ventils bedeutet. Der Dichtungsdruck auf dem Ventilsitz, der meistens unter einem Winkel von $\alpha = 45°$ abgeschrägt wird, beträgt im Mittel $k = 600 \div 800$ kg/cm².

Der freie Querschnitt f eines Ventils richtet sich nach der Geschwindigkeit V und der Querschnittsfläche F des Arbeitsplungers sowie nach der im Ventilsitz auftretenden Wassergeschwindigkeit v. Es ist also:

$$F V = f v \quad \text{und} \quad f = F V : v .$$

Man wählt für schnell arbeitende Pressen:
$V = 0,3 \div 0,6$ m/sek für Leergangsbewegungen,
$V = 0,3 \div 0,4$ m/sek „ Rückzugbewegungen,
$V = 0,1 \div 0,15$ m/sek „ Arbeitsbewegungen.

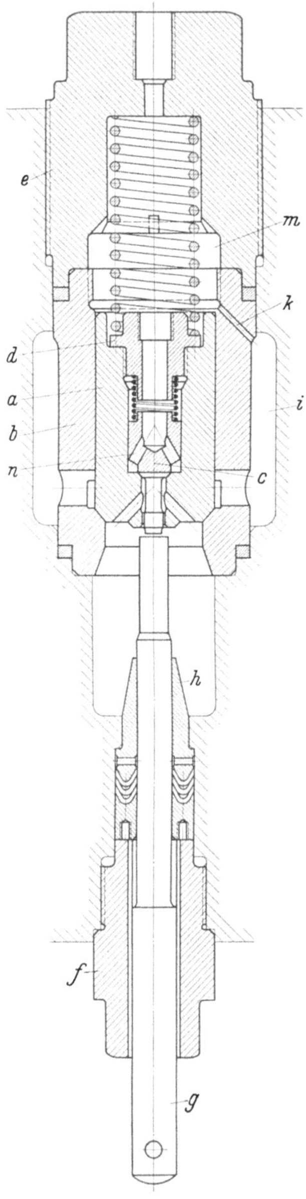

Abb. 213. Entlastetes Steuerventil.

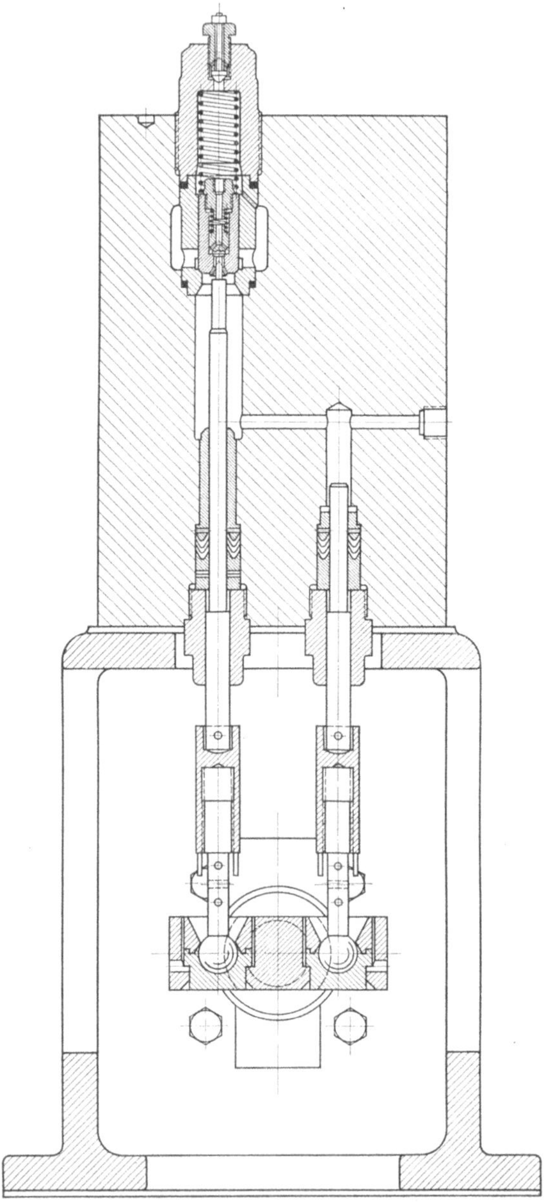

Abb. 214. Entlastetes Steuerventil mit
Ausgleichstift und Hebelwelle.

Die max. Wassergeschwindigkeit im Ventilsitz soll mit Rücksicht auf einen tragbaren Verschleiß $v = 30 \div 40$ m/sek nicht überschreiten.

Bewährte Wassergeschwindigkeiten in Abhängigkeit von den Betriebswasserdrücken sind:

für Druckwassereinlaßventile

bei $p = 50 \div 100$ atü $\quad v = 15 \div 20$ m/sek,

„ $p = 100 \div 200$ atü $\quad v = 20 \div 25$ m/sek,

„ $p = 200 \div 315$ atü $\quad v = 25 \div 30$ m/sek,

„ $p = > 315$ atü $\quad v = 30 \div 40$ m/sek.

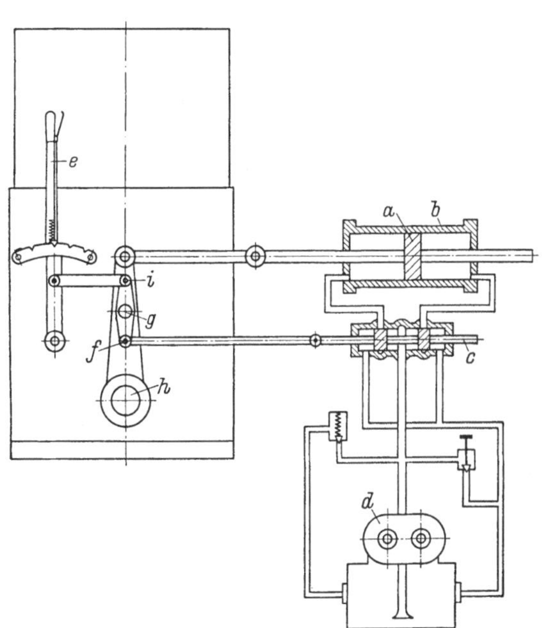

Abb. 215. Steuerung mit Servomotorantrieb. (Ausführung von Rollsche Eisenwerke, Klus.)

für Druckwasserauslaßventile

bei $p = 10 \div 20$ atü $\qquad v = 10 \div 15$ m/sek,

für Füllventile

bei $p = 2 \div 5$ atü $\qquad v = 3 \div 7{,}5$ m/sek.

Soll die Wassergeschwindigkeit aus einem gegebenen Druckabfall h errechnet werden, so besteht die Beziehung:

$$v = \varrho \sqrt{2gh},$$

wobei für Druckverluste in Ventilgehäusen und Rohrleitungen $\varrho = 0{,}25$ eingesetzt werden kann.

16*

Steuerungen für schwere Loch- und Ziehpressen, Kümpelpressen, Schiffbaupressen usw. erhalten verhältnismäßig große Ventile, die meistens nicht mehr direkt mit einem Handhebel über eine Hebelwelle in der beschriebenen Ausführung geöffnet werden können. Man treibt die Steuerwelle dann indirekt mit einer Steuermaschine an, wie sie von Schiffs- und Bergwerksmaschinen her bekannt ist.

Die Steuermaschinen — auch Servomotoren genannt — besitzen nach Abb. 215 für den Antrieb der Hebelwelle einen doppeltwirkenden Kolben a in dem Zylinder b, der durch einen Schieber c gesteuert wird. Die Druckflüssigkeit kann entweder aus der Akkumulatoranlage entnommen oder — falls man einen eigenen Steuerkreislauf vorzieht — von einer Zahnradölpumpe d geliefert werden.

Bewegt man mit dem Handhebel e den Hebel f um den Drehpunkt g, so tritt durch die entstehende Schieberbewegung eine Bewegung des Kolbens a und eine Drehung der Steuerwelle h auf. Hierdurch wandert der Drehpunkt g und dreht den Hebel f um den nunmehr festen Drehpunkt i, wodurch der Schieber wieder zurückbewegt wird und die Kolbenbewegung aufhört. Zu einem bestimmten Handhebelausschlag gehört also immer ein entsprechender Ausschlag der Steuerwelle bzw. die Steuerwelle folgt genau der Bewegung des Handhebels. Die Steuermaschinen arbeiten vollkommen zuverlässig; eine Phasenverschiebung zwischen der Bewegung des Handhebels und der Steuerwelle tritt bei richtiger Bemessung der Zylinder- und Steuerquerschnitte praktisch nicht in Erscheinung.

·In letzter Zeit ist man auch dazu übergegangen, die hydraulischen Steuerungen elektrisch anzutreiben, wodurch man den Bedienungsstand übersichtlicher gestalten und die Verlegung der Rohrleitungen vereinfachen kann. Die kleinen Schalthebel für mehrere Steuerungen werden nebeneinander auf einem Steuerpult angeordnet.

Die Rohrleitungsanschlüsse für hydraulische Steuerungen sind durch Normen festgelegt. Bei sehr langen Anschlußrohrleitungen, die zu den Steuerungen führen, sollen zur Vermeidung von Wasserschlägen folgende Wassergeschwindigkeiten möglichst nicht überschritten werden

$$v = 8 \div 10 \text{ m/sek} \quad \text{für Druckrohre,}$$
$$v = 3 \div 6 \text{ m/sek} \quad \text{,, Abwasserrohre.}$$

Reinhydraulisch betriebene Pressen arbeiten mit einem bestimmten Netz- oder Akkumulatordruck und kommen nach beendetem Arbeitshub immer auf ihre volle Druckkraft. Dies ist aber z. B. bei Rohrprüfpressen, Nietmaschinen, Blechziehpressen u. a. nicht immer erwünscht, und es wird deshalb oft verlangt, daß sich der Druck den Arbeitsstücken anpassen muß. Zu diesem Zweck baut man in der Steuerung — unmittelbar hinter dem Einlaßventil — oder in der

Rohrleitung zwischen der Steuerung und dem Preßzylinder eine Druckreguliervorrichtung ein, die auf beliebige Drücke eingestellt werden kann. Ein Ausführungsbeispiel ist in Abb. 216 dargestellt.

Das Ventil *a* wird durch eine Feder *b*, die auf einen verlangten Druck mit der Schraube *c* eingestellt worden ist, stets offengehalten.

Läßt man durch das Einlaßventil in der Steuerung Druckwasser in den Preßzylinder eintreten, so wirkt der sich dabei entwickelnde Druck auch auf die abgedichtete Fläche der Ventilstange; das Ventil wird geschlossen, wenn der Druck die Federkraft übersteigt. Ein hinter dem Druckregulierventil eingebautes Sicherheitsventil *d*, das mit ihm gleichzeitig eingestellt wird, verhindert einen Druckanstieg, wenn das Regulierventil im Laufe der Zeit undicht werden sollte.

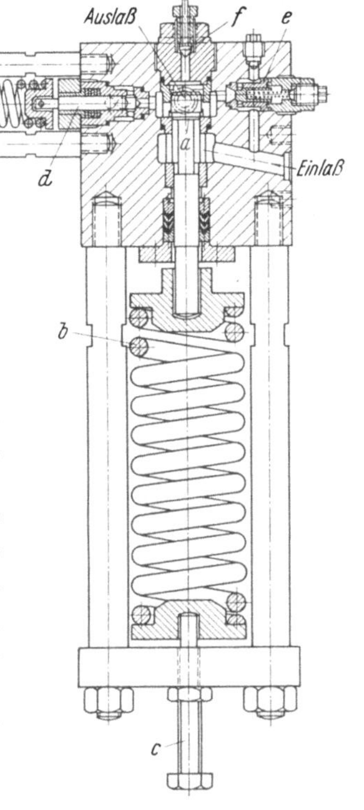

Stellt man die Steuerung auf Rückzug, so wird der Druck aus dem Zylinder durch das Rückschlagventil *e* abgelassen bis die Feder *b* das Regulierventil wieder öffnet. Wäre dieses Rückschlagventil nicht vorhanden, so würde das Regulierventil trotz Umstellung der Steuerung geschlossen bleiben. Zur Entlüftung des Ventilgehäuses dient der Ventilkegel *f*

b) Druckwasseranlagen für den Einzel- und Gruppenantrieb hydraulischer Pressen.

Eine Druckwasseranlage besteht aus einem Speicher — auch Akkumulator genannt —, der von einer oder mehreren Pumpen mit Druckwasser gespeist wird, dessen Spannung meistens etwa 200 at beträgt. Die Anlage wird zweckmäßig von den Pressen getrennt in einem eigenen Maschinenraum untergebracht und sowohl für den Einzel- als auch für den Gruppenantrieb von mehreren, gleichzeitig arbeitenden Pressen verwendet.

Das Wasser führt einen Kreislauf aus, es fließt aus einem Sammelbehälter den Pumpen zu, die es in den Akkumulator drücken. Von dort kommt es durch eine Steuerung in den Zylinder der Presse und fließt nach Beendigung des Arbeitshubes durch die Steuerung zurück in einen Windkessel, von wo es dann wieder in den Sammelbehälter geleitet wird.

Man unterscheidet Speicher bzw. Akkumulatoren für Druckluft- und Gewichtsbelastung.

Gewichtsakkumulatoren sind veraltet und kommen seit etwa 20 Jahren nur ganz selten zur Ausführung. Das Druckwasser befindet sich in einem stehend angeordneten Zylinder, dessen Plunger mit einem schweren Gewicht belastet ist, wofür gußeiserne Platten oder

Abb. 217. Druckwasseranlage mit einer Wasserflasche.
(Ausführung Hydraulik G.m.b.H., Duisburg.)

ein mit Erz oder Schrott gefüllter Behälter verwendet wird. Das Gewicht richtet sich nach dem Betiebswasserdruck; es beträgt beispielsweise bei einem Plungerdurchmesser von 300 mm etwa 140 t, für einen Betriebswasserdruck von 200 atü. Die Nachteile des Akkumulators sind die großen Baumaße und die Druckerhöhungen, die bei schnellem Umsteuern einer Presse durch die Masse des beweglichen Gewichtes entstehen können.

Ein Akkumulator mit Druckluftbelastung — fälschlicherweise auch Druckluftakkumulator genannt — besteht im allgemeinen aus einer Wasserflasche und aus einer mit ihr verbundenen Batterie von Luft-flaschen (Abb. 217 u. 218). Die Größe des Wasservolumens verhält sich zum Gesamtvolumen der Flaschen normalerweise wie 1 : 10. Der Spannungsabfall zwischen höchstem und tiefstem Wasserspiegel, d. h. bei Entnahme des gesamten nutzbaren Druckwasserinhaltes, beträgt hierbei etwa 10 bis 12%.

Für große Akkumulatoren werden mehrere Wasserflaschen vorgesehen und kommunizierend miteinander verbunden. Andererseits bringt man bei kleinen Akkumulatoren das Wasser- und Luftvolumen auch oft in einer einzigen Flasche unter. Vorteilhafte Abmessungen für Flaschen, die meistens nahtlos gezogen werden, gehen aus Tab. 8 hervor.

Für die Bestimmung des nutzbaren Wasserinhaltes V gibt es keine allgemein gültige Berechnungsformel. Man wählt sehr häufig $V = V_1 + V_2 + Vn - Q$, wenn mit $V_1 \div V_n$ die Wasservolumina

Abb. 218. Druckwasseranlage mit zwei Wasserflaschen.

bezeichnet werden, die von allen angeschlossenen Pressen beim größten Arbeits- und Rückzughub verbraucht werden; dabei gibt Q die Druckwassermenge an, die von den Pumpen während der gleichen Zeit gefördert wird.

In Wirklichkeit liegen die Verhältnisse meistens so, daß die Pressen niemals gleichzeitig arbeiten, wodurch sich eine ausreichende Druckwasserreserve im Akkumulator einstellt.

Die Druckwasserpumpen werden vorzugsweise in liegender Bauart, einfach- oder doppeltwirkend in Dreiplungerbauart ausgeführt für Antriebsleistungen bis etwa 1500 PS. Diese Konstruktion, bei der die Kurbeln gegenseitig um 120° zueinander versetzt sind, ergibt bei geringer Baubreite eine große Gleichförmigkeit in der Wasserlieferung und in der Leistungsaufnahme, so daß man auf die Anbringung von

Tabelle 8. *Abmessungen für Akkumulatorflaschen* (Auszug aus DIN).

Behälter Inhalt Liter	Betriebsdruck kg/cm²	100	160	200	250	315	400	Anschluß-Nennweite mm
		Abmessungen in mm und Gewichte in kg						
250	Außendurchmesser	**390**	400	**410**	420	**440**	460	
	Innendurchmesser	**360**	360	**360**	360	**360**	360	
	Wanddicke	**15**	20	**25**	30	**40**	50	63
	Länge	**2700**	2750	**2750**	2800	**2800**	2850	
	Fertiggewicht	**465**	625	**800**	950	**1265**	1650	
400	Außendurchmesser	436	445	455	470	490	510	
	Innendurchmesser	400	400	400	400	400	400	
	Wanddicke	18	22,5	27,5	35	45	55	63
	Länge	3450	3500	3500	3550	3550	3600	
	Fertiggewicht	775	975	1200	1525	2050	2500	
630	Außendurchmesser	**590**	598	**615**	630	**656**	690	
	Innendurchmesser	**540**	540	**540**	540	**540**	540	
	Wanddicke	**25**	29	**37,5**	45	**58**	75	80
	Länge	**3150**	3200	**3200**	3250	**3250**	3300	
	Fertiggewicht	**1375**	1600	**1972**	2365	**3175**	4300	
1000	Außendurchmesser	**590**	598	**615**	630	**656**	690	
	Innendurchmesser	**540**	540	**540**	540	**540**	540	
	Wanddicke	**25**	29	**37,5**	45	**58**	75	80
	Länge	**4700**	4750	**4750**	4800	**4800**	4850	
	Fertiggewicht	**1980**	2350	**2900**	3500	**4650**	6250	
1250	Außendurchmesser	640	649	665	685	713	745	
	Innendurchmesser	585	585	585	585	585	585	
	Wanddicke	27,5	32	40	50	64	80	80
	Länge	5000	5050	5050	5100	5100	5150	
	Fertiggewicht	2450	2950	3600	4500	5800	7550	
1600	Außendurchmesser	**690**	700	**715**	**735**	770	800	
	Innendurchmesser	**630**	630	**630**	**630**	630	630	
	Wanddicke	**30**	35	**42,5**	**52,5**	70	85	80
	Länge	**5550**	5600	**5600**	**5650**	5650	5700	
	Fertiggewicht	**3300**	3800	**4550**	**5575**	7600	9500	
2000	Außendurchmesser	744	755	775	800	830	870	
	Innendurchmesser	680	680	680	680	680	680	
	Wanddicke	32	37,5	47,5	60	75	95	80
	Länge	5950	6000	6000	6050	6050	6100	
	Fertiggewicht	3900	4600	5750	7475	9300	12000	
2500	Außendurchmesser	850	860	885	910	945	—	
	Innendurchmesser	775	775	775	775	775	—	
	Wanddicke	**37,5**	42,5	55	67,5	85	—	100
	Länge	**5800**	5850	5850	5900	5900	—	
	Fertiggewicht	6000	5850	7450	9350	11759	—	

Fettgedruckte Werte bevorzugen. Der Nenndruck ist allen übrigen Druckstufen vorzuziehen. *Werkstoff:* St 60.11. *Berechnung:* Mindestwand berechnet nach den Berechnungsgrundlagen für Druckluftbehälter, Ausgabe Juni 1936. *Zulässige Abweichungen:* Außendurchmesser einschließlich Unrundheit ± 1% des Außendurchmessers. Wanddicke +15% —10% Länge ± 50 mm.

Schwungmassen verzichten kann. Die Schwankungen betragen etwa 6%.

Für den Antrieb einer Pumpe wird zweckmäßig ein normaler Kurzschlußläufermotor gewählt unter Zwischenschaltung eines einfachen Stirnradgetriebes; die Wellen sind durch elastische Kupplungen mit der Motor- und Kurbelwelle verbunden. Die Kurbelwelle macht $n = 120 \div 180$ U/min, bei Antriebsleistungen von $N \geqq 100$ PS.

Abb. 219 zeigt eine einfachwirkende Dreiplungerpumpe mit vierfachgelagerter Kurbelwelle und drei getrennten Pumpenkörpern mit

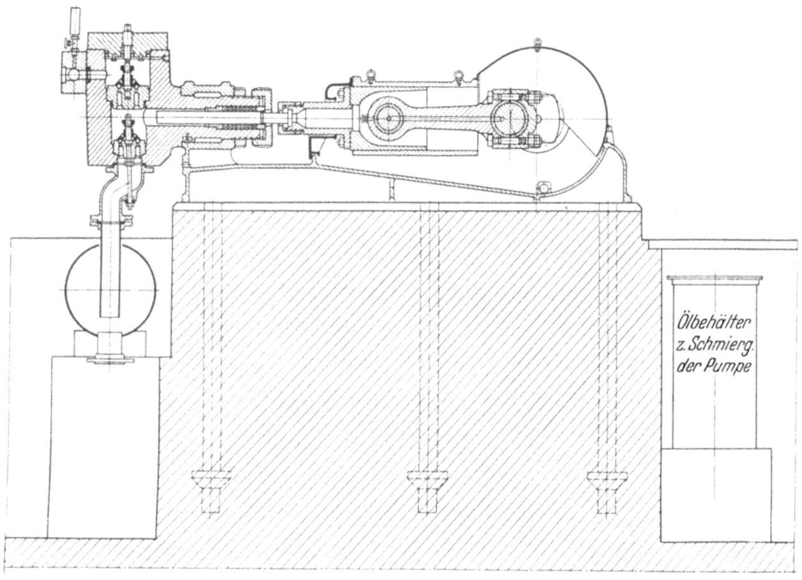

Abb. 219. Druckwasserpumpe mit übereinanderliegenden Ventilen.
(Ausführung Schloemann A. G., Düsseldorf.)

übereinanderliegenden Saug- und Druckventilen. Die Kreuzköpfe besitzen zylindrische Führungsbüchsen.

In Abb. 220 ist eine Pumpe mit zweifachgelagerter Kurbelwelle dargestellt. Sie hat ebenfalls einen dreiteiligen Pumpenkörper jedoch nebeneinanderliegende Saug- und Druckventile. Die Kreuzköpfe laufen in Flachführungen mit nachstellbaren Gleitschuhen.

Die Grundrahmen und Kreuzköpfe der Pumpen bestehen aus Gußeisen, die Kurbelwellen und Pumpenkörper werden aus St 50 hergestellt. Die Kurbelwellenlager sind nachstellbar; sie haben zwei- oder vierteilige Lagerschalen aus Gußeisen mit einem Weißmetallfutter. Die Pumpenplunger sollen in den Kreuzköpfen etwas Spiel haben, damit sie einem Verschleiß der Führungen folgen können. Für die Plunger werden entweder weiche, gasgehärtete oder nitrierte Stähle oder harte, legierte Stähle mit 500 bis 600 Brinellhärtegraden verwendet. Die Abdichtung erfolgt meistens durch nachziehbare Stopfbüchsen mit Ledermanschetten oder vulkanisierten Geweberingen.

Die Ventile und Ventilsitze werden aus geschmiedeter Aluminiumbronze oder aus V2a-Stahl angefertigt. Die Saugventile bildet man zur Erzielung eines möglichst großen Durchflußquerschnittes zweckmäßig als Ringventile aus, während man für die Druckventile die einfachen Flügelventile vorzieht. Der Ventilhub soll möglichst 4 bis 6 mm nicht überschreiten, um ein hartes Aufschlagen der Ventilsitze zu vermeiden. Sowohl die Saug- als auch die Druckventile sind durch gemeinsame Sammelstücke miteinander verbunden.

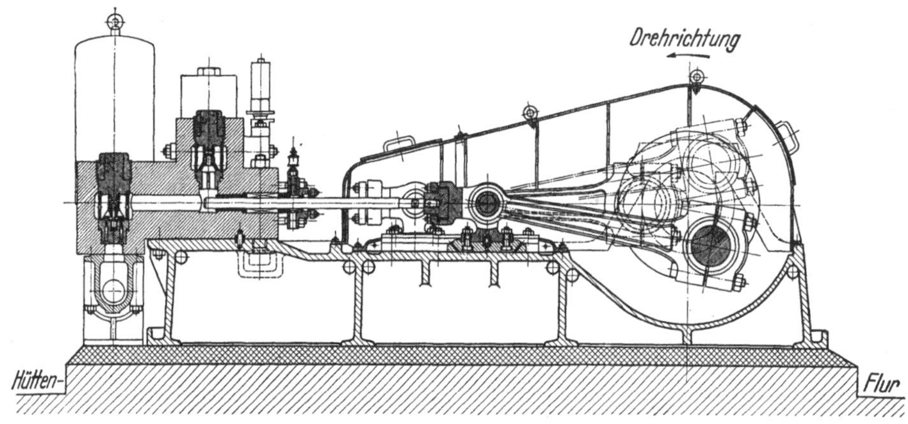

Abb. 220. Druckwasserpumpe mit nebeneinanderliegenden Ventilen.
(Ausführung Hydraulik G.m.b.H., Duisburg.)

Ein kleiner Saugwindkessel vor dem Anschluß der Saugleitung verhindert das Auftreten von Wasserschlägen und verursacht einen ruhigen Lauf der Pumpe. Sämtliche Lagerstellen sind für Druckölschmierung eingerichtet; dabei muß beachtet werden, daß Leckwasser aus den Pumpenkörpern nicht in den Ölkreislauf eindringen kann.

Zur Berechnung der Druckwasserliefermenge Q, gemessen in l/min, einer einfachwirkenden Pumpe mit mehreren Plungern dient die Gleichung:

$$Q = z \, f \, s \, n \, \eta \, .$$

Es bedeuten:

$z =$ Anzahl der Pumpenplunger,
$f =$ Plungerquerschnitt,
$s =$ Plungerhub,
$n =$ Anzahl der Umdrehungen in der Minute,
$\eta =$ volumetrischer Wirkungsgrad, den man im Mittel einsetzen kann mit $\eta = 0{,}94$.

Die linearen Größen sind in dm einzusetzen.

Der an der Kurbelwelle auftretende mittlere effektive Leistungsbedarf N in PS beträgt

$$N = \frac{P\,s}{75\,h\,\eta} = \frac{Q\,h}{\eta\,75\,60\,\eta_1}.$$

Die letzte Gleichung erhält man aus der Vorstellung, daß ein der Druckwasserliefermenge in Litern entsprechendes Gewicht in kg in einer Minute auf eine Höhe h gehoben werden muß, die sich aus dem Betriebswasserdruck p zu $h = 10\,p$ ergibt.

Es bezeichnen:

Q = wirkliche und $Q : \eta$ theoretische Druckwasserliefermenge in der Minute,
η_1 = mechanischer und hydraulischer Wirkungsgrad, den man ausreichend berücksichtigt mit dem Wert $\eta_1 = 0{,}85$.

Setzt man diese Werte ein, so lautet die Gleichung:

$$N = \frac{Q\,p}{360}.$$

Nachdem man die gesamte Pumpenleistung zum Betrieb einer Pressenanlage bestimmt hat, ist es vorteilhaft, sie so zu unterteilen, daß der Druckluftakkumulator in Verbindung mit mehreren, mindestens aber mit zwei Pumpen zusammenarbeitet. Bei schwachem Betrieb braucht man in diesem Falle nur eine Pumpe laufen zu lassen; weiterhin kann man bei Ausfall einer Pumpe durch Reparaturen den Betrieb mit den übrigen aufrechterhalten.

Zu einer Druckwasseranlage gehören außer dem Akkumulator und den Pumpen die selbsttätig arbeitenden Steuerapparate, die Armaturen und der Hochdruckkompressor.

Die automatisch ablaufenden Steuervorgänge sollen veranlassen:

1. Unterbrechung der Druckwasserförderung der Pumpen, wenn der Akkumulator gefüllt ist.
2. Wiedereinsetzen der Förderung nach einer bestimmten Wasserentnahme aus dem gefüllten Akkumulator.
3. Absperrung der Anschlußrohrleitung bei entleertem Akkumulator zur Verhinderung des Austritts der Druckluft.
4. Anzeigen des Wasserstandes.

Für die Lösung dieser vier Aufgaben gibt es viele bewährte Steuereinrichtungen, von denen zwei Beispiele schematisch in Abb. 221 u. 222 dargestellt sind. Bei allen Konstruktionen vermeidet man in der Wasserflasche die Unterbringung von Schwimmern, Kolben oder anderen mechanischen Teilen für den Antrieb der Steuerungen, da hiermit bei älteren Akkumulatoren schlechte Erfahrungen gemacht worden sind.

Die Wirkungsweise einer elektrischen Steuereinrichtung, die in Abhängigkeit vom Wasserstand im Akkumulator arbeitet, geht aus Abb. 221 hervor. Der Steuerapparat hat zwei kommunizierend miteinander verbundene Bohrungen, die Quecksilber enthalten und oben mit einer Seite an den Luftraum und mit der anderen an den Wasserraum des Akkumulators angeschlossen werden.

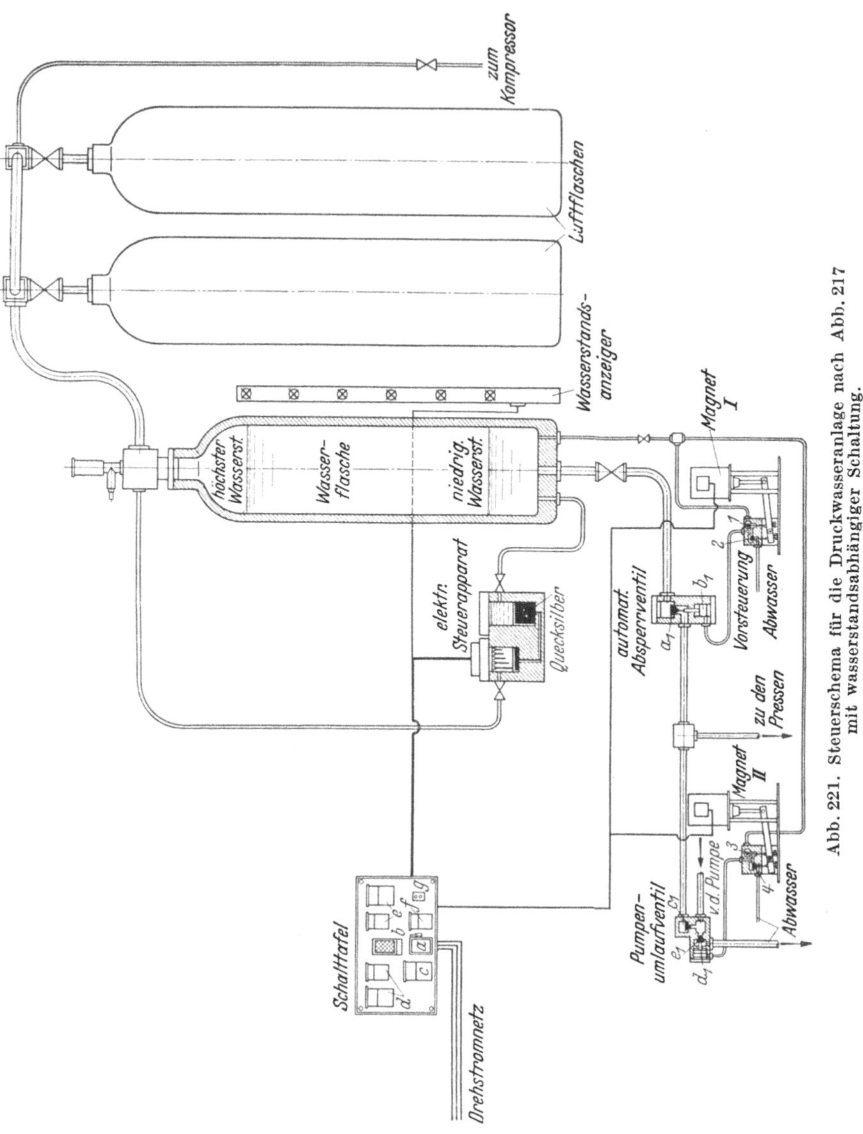

Abb. 221. Steuerschema für die Druckwasseranlage nach Abb. 217 mit wasserstandsabhängiger Schaltung.

Steigt der Wasserspiegel im Akkumulator, so steigt dadurch auch der Quecksilberspiegel im Luftraum, wobei sich die Wege umgekehrt wie die spez. Gewichte der beiden Flüssigkeiten verhalten. Durch die Berührung von Kontaktstiften in der Luftkammer des Steuerkörpers mit dem Quecksilber werden Schwachstromkreise geschlossen und über Relais Hubmagnete beeinflußt, die den Erregerstrom aus dem Netz erhalten und auf hydraulische Vorsteuerungen für die Hauptventile wirken. Diese Ventile können nicht unmittelbar durch die Magnete geöffnet oder geschlossen werden, da ihre Hubkraft zu klein ist.

In der gezeichneten Stellung berührt der längste Kontaktstift den Quecksilberspiegel. Bei weiterer Wasserentnahme wird durch Sinken des Quecksilberspiegels im Luftraum der letzte Stromkreis unterbrochen und durch Abfallen des Magneten die Vorsteuerung für das automatische Absperrventil umgestellt. Der Zylinderraum b_1 unter dem Hubkolben für das Absperrventil a_1 erhält durch das geöffnete Ventil 2 der Vorsteuerung eine Verbindung mit der Abwasserleitung. Das Absperrventil wird geschlossen und dadurch eine Wasserentnahme aus dem Akkumulator und ein Übertritt der Druckluft in die Anschlußrohrleitung verhindert.

Steigt der Wasserspiegel im Akkumulator wieder durch die Förderung der Pumpen, wobei das Wasser durch das Rückschlagventil c_1 und das im gleichen Sinne wirkende Absperrventil a_1 fließt, so wird durch den ebenfalls steigenden Quecksilberspiegel die Vorsteuerung erst beim Schließen des vorletzten Stromkreises durch Anziehen des Hubmagneten wieder umgestellt. Die Ventile 1 und 2 werden geöffnet und geschlossen. Der Zylinderraum b_1 erhält Druckwasser; der Hubkolben öffnet das Absperrventil a_1 und stellt die Verbindung des Akkumulators mit den Pressen wieder her. Da die elektrische Schaltung so getroffen ist, daß die Umsteuerung oder das Schließen des Absperrventils erst bei Unterbrechung des Stromkreises für den längsten Kontaktstift erfolgt, sind die Umsteuervorgänge zeitlich durch die Ausführung eines sogenannten Pendelhubes im Akkumulator voneinander getrennt; hierdurch vermeidet man eine große Schalthäufigkeit, die besonders unangenehm bei unruhigem Wasser- bzw. Quecksilberspiegel in Erscheinung tritt.

Steigt der Quecksilberspiegel bis zum letzten Kontaktstift weiter, dem höchsten Wasserstand im Akkumulator entsprechend, so wird der Stromkreis des Hubmagneten an der Vorsteuerung für das Pumpenumlaufventil unterbrochen. Der Magnet fällt ab; die Ventile 3 und 4 werden geschlossen und geöffnet; der Zylinderraum d_1 hinter dem Hubkolben für das Umlaufventil e_1 erhält eine Verbindung mit der Abwasserleitung. Die Pumpen werden auf Leerlauf gestellt, indem sie das geförderte Wasser durch das geöffnete Umlaufventil e_1 und die Abwasserleitung wieder in den Sammelbehälter zurückdrücken. Das Rückschlagventil c_1 verhindert beim Leerlauf den Ausfluß des Wassers aus dem Akkumulator.

Das Wiedereinschalten der Pumpen oder Schließen des Umlaufventils durch Umstellen der Vorsteuerung findet nach Freigabe des vorletzten Kontaktstiftes statt, d. h. nach Ausführung eines Pendelhubes, genau wie bei der beschriebenen Wirkungsweise des Absperrventils.

Das Ausschalten der Pumpenmotoren bei höchstem Wasserstand im Akkumulator ist wegen der großen Schalthäufigkeit nicht möglich. Weiterhin nimmt man Abstand von der Verwendung ausrückbarer Kupplungen für den Leerlauf, da die hydraulischen Umlaufvorrichtungen zweckmäßiger und billiger sind.

Der Wasserstand wird sowohl in der Zentrale als auch an den Steuerständen der Pressen durch das Aufleuchten von Lampen angezeigt, die man in die Schwachstromkreise für die Hubmagnete einschaltet.

Störungen der Steuervorgänge durch Aussetzen des elektrischen Stromes werden durch Einführung des sogenannten Ruhestromprinzips vermieden, d. h., bei abfallenden Magneten wird das selbsttätige Absperrventil geschlossen und das Pumpenumlaufventil geöffnet.

Die elektrische Beeinflussung der Steuerapparate gestattet, den Akkumulator in beliebiger Entfernung von den Pumpen aufzustellen. Sie gestattet auch, in Betrieben mit einem ausgedehnten Leitungsnetz mehrere Akkumulatoren an verschiedenen Stellen anzuordnen und die Pumpen in einem gemeinsamen Raume unterzubringen. Durch diese Disposition erhält man kleine Rohrleitungsquerschnitte; ferner verhindert man Wasserschläge und starke Druckabfälle beim gleichzeitigen Arbeiten mehrerer Pressen.

Zur Armatur des Druckluftakkumulators gehören ein unmittelbar am Druckwasseranschluß angeordnetes Handabsperrventil, Handabsperrventile für die Luftflaschen, eine Sicherheitsvorrichtung gegen Überschreitung eines bestimmten Höchstdruckes durch Ausschalten des Pumpenmotors und eine Schalttafel mit den Relais und zugehörigen Druckknopfschaltern für die Magnete, einem Trennschalter für den Hauptstrom, einem Transformator, den Sicherungen und den Lampen zur Kontrolle des Wasserstandes und der elektrischen Spannung.

Zum Auffüllen des Akkumulators mit Druckluft benutzt man einen oder mehrere kleine, mehrstufige Hochdruckkompressoren mit direktem Motorantrieb für eine Leistung von etwa 5 bis 25 PS. Beim erstmaligen Füllen läßt man den Kompressor ununterbrochen mehrere Tage lang laufen, während er später nur noch in größeren Zeitabständen zum Nachfüllen benötigt wird, um Druckverluste auszugleichen, die durch kleine Undichtigkeiten oder durch Absorption entstehen.

Bei vorhandener Kompressorleitung für Luft mit der üblichen Spannung von 6 bis 8 atü kann man das Hochdruckluftkissen im Akkumulator auch mit der Druckwasserpumpe erzeugen, indem man die niedrig gespannte Luft in die Wasserflasche einfüllt, absperrt, komprimiert und dann durch das Luftabsperrventil in die Luftflaschen übertreten läßt. Dieses sogenannte Schleusen der Druckluft ist ziemlich umständlich, dauert sehr lange und kommt deshalb selten und nur für kleine Akkumulatoren mit niedrigen Drücken zur Anwendung.

Die in Abb. 222 schematisch dargestellte Akkumulatoranlage nutzt für den Betrieb der automatisch arbeitenden Steuerungen den Druckabfall aus, der durch die Entnahme des Druckwassers aus der Wasser-

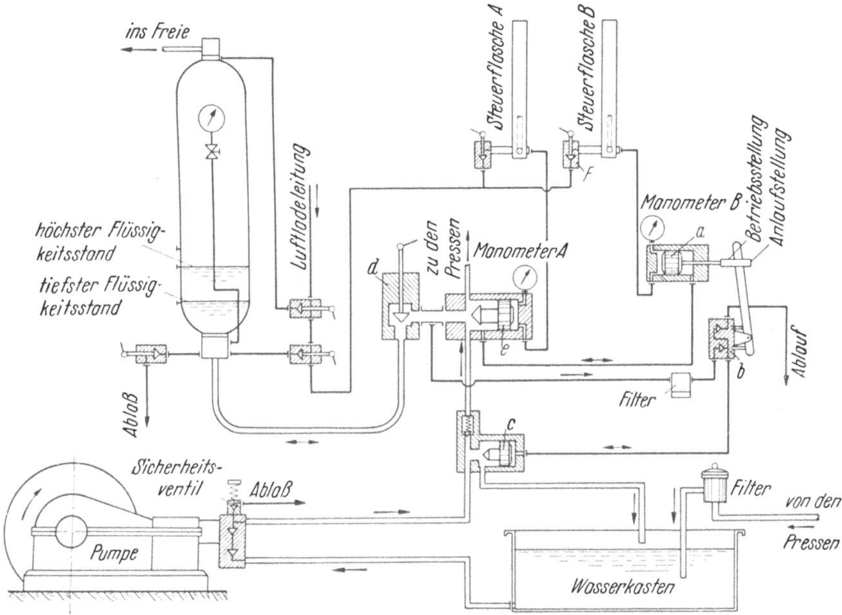

Abb. 222. Steuerschema für eine Druckwasseranlage mit spannungsdifferenzabhängiger Schaltung. (Ausführung Maschinenfabrik Werner & Pfleiderer, Stuttgart.)

flasche entsteht. Das Steueraggregat besteht aus dem Steuerkolben a mit der Vorsteuerung b zur Betätigung des Umlaufventils c, dem Handabsperrventil d sowie dem automatischen Absperrventil e. Außerdem sind an einem gemeinsamen Fuß zwei Steuerflaschen A und B angeordnet.

Die Steuerflasche B ist so aufgeladen, daß die Höhe des Steuerflaschendruckes mit dem Betriebsdruck übereinstimmt. Der Druck in der Steuerflasche B ändert sich nicht, da das Absperrventil f geschlossen ist.

Wird nun aus dem Akkumulator Flüssigkeit entnommen, dann sinkt auch der Druck in den Flaschen und auf der rechten Seite des Steuerkolbens a. Der Druck in der Steuerflasche B bewegt daher den

Steuerkolben *a* nach rechts, wobei die Vorsteuerung *b* umgeschaltet und das Umlaufventil *c* in der bereits beschriebenen Weise geschlossen wird. Die Pumpe, die bisher drucklos gearbeitet hat, fördert jetzt in den Akkumulator bzw. in das Netz. Damit steigt auch der Druck im Akkumulator wieder an; der Steuerkolben *a* bewegt sich nach links, betätigt wieder die Vorsteuerung *b*, wodurch das Umlaufventil *c* entlastet wird und die Pumpe das Wasser wieder drucklos im Umlauf fördert.

Wird aus dem Akkumulator mehr Druckwasser entnommem als die Pumpe liefert, so fällt der Wasserspiegel.

Um zu vermeiden, daß nach Entnahme des Nutzinhaltes Luft in das Rohrnetz kommt, schließt das Absperrventil *e* die Leitung vom Akkumulator ab. Zu diesem Zweck ist die hintere Seite des automatischen Absperrventiles *e* mit der Steuerflasche *A* verbunden, in welcher der dem tiefsten Wasserstand entsprechende Druck enthalten ist.

Arbeiten mehrere Pumpen auf einen Akkumulator, so betätigt die Kolbenstange des Steuerkolbens mehrere, hintereinandergeschaltete Vorsteuerungen für die Umlaufventile der Pumpen. Mit dieser Kolbenstange werden auch Türkontakte geschaltet, die mit einer Lichtsignalanlage den Wasserstand des Akkumulators anzeigen.

Der Akkumulatordruck muß während des Betriebes überwacht werden, damit durch Luftverluste infolge von Undichtigkeiten oder Absorption oder durch Druckerhöhungen infolge Erwärmung des Wassers keine großen Verschiebungen im Wasserstand eintreten, wodurch eventuell das Wasser in die Luftflaschen bzw. die Luft in das Leitungsnetz übertreten könnte.

Bei Neuanlagen spielt die Frage des vorteilhaftesten Betriebswasserdruckes eine wichtige Rolle. Je größer der Betriebswasserdruck ist, um so kleiner werden die Steuerungen, Plunger- und Zylinderabmessungen bzw. die Anschaffungskosten einer Presse. Andererseits steigen damit die Unterhaltungskosten einer Anlage, da die Plungerpackungen bei hohem Druck schneller verschleißen als bei niedrigem. Unter Berücksichtigung dieser Umstände hat sich ein Betriebswasserdruck von etwa 200 atü als der wirtschaftlichste für Preßanlagen in einer Größenordnung bis etwa 3000 t Druckkraft erwiesen. Darüber hinaus kommt zweckmäßig ein Betriebswasserdruck von 200 bis 300 atü zur Anwendung, wenn nicht besondere Gründe für die Aufstellung eines Druckübersetzers sprechen, mit dem man in der Regel den Akkumulatordruck auf 400 bis 500 atü erhöht. Diese Drucksteigerung ist unbedenklich, weil das Hochdruckwasser nicht unmittelbar durch Ventile gesteuert wird und die Plungergeschwindigkeiten in den Stopfbüchsen bei den hierfür in Frage kommenden Pressen verhältnismäßig gering sind.

Verläuft das Arbeitsdiagramm einer Presse größtenteils nach einer flachen Kurve, die nur kurz vor Hubende steil ansteigt, so wählt man am besten einen niedrigen Betriebswasserdruck von etwa 50 bis 100 atü, der sich der flachen Linie anpaßt und bei ansteigendem Widerstand übersetzt wird. Beispiele für die Anwendung dieser Betriebsart sind Blockbrecher, Rohrprüfpressen, Dornstauchpressen usw. Man kann den Niederdruckhub auch mit der Druckkraft zweier Vordruckkolben ausführen (Abb. 90), wenn die Aufstellung eines Hochdruckakkumulators z. B. mit Rücksicht auf den Gruppenantrieb vorteilhafter ist. In diesem Falle muß dann eine zusätzliche Vorfülleinrichtung für den Hauptzylinder vorgesehen werden, die bei der Verwendung eines Niederdruckakkumulators nicht notwendig ist. Mit niedrigem Betriebswasserdruck arbeiten auch Abspritzvorrichtungen und transportable Nietmaschinen. Bei den Nietmaschinen wählt man den niedrigen Betriebswasserdruck gern wegen der größeren Sicherheit der Schlauchverbindungen.

Druckwasseranlagen für Niederdruck bis etwa 100 atü werden bei genügend großer Leistung zweckmäßig mit Kreiselpumpen ausgerüstet. Diese Pumpen haben sehr niedrige Anschaffungs- und Unterhaltungskosten sowie einen geringen Raumbedarf, wofür man einen schlechten Wirkungsgrad in Kauf nimmt. Dieser Nachteil tritt besonders bei langen Leerlaufzeiten durch eine unangenehme, für die Plungerdichtungen nachteilige Erwärmung des Druckwassers in Erscheinung. Ein Ausschalten des Pumpenmotors bei höchstem Wasserspiegel im Akkumulator ist meistens wegen der Schalthäufigkeit nicht möglich, während die Anordnung einer ausrückbaren Kupplung wegen der hohen Drehzahlen Schwierigkeiten hervorruft.

Zu den angegebenen Vorteilen der Kreiselpumpen im Vergleich mit Kolbenpumpen ist noch der Fortfall der Steuerapparate anzuführen, die erforderlich sind, um bei höchstem Wasserstand im Akkumulator bzw. nach einer bestimmten Wasserentnahme die Pumpen ab- und wieder anzustellen. Zur Erklärung dieser Vorgänge sind in Abb. 223 die Kennlinien für eine Kreiselpumpe wiedergegeben, die für eine Zunder-Abspritzvorrichtung bestimmt ist und bei einem mittleren Druck von 95 atü und $n = 2950$ Upm etwa 95 m³ Druckwasser in der Stunde liefert. Die Leistungsaufnahme beträgt dabei etwa $N = 500$ PS und der Wirkungsgrad $\eta = 0{,}68$. Eine Erwärmung des Wassers hat in diesem Falle keine Nachteile, da es ständig verbraucht wird und keinen Kreislauf ausführt.

Der höchste Druck von 100 atü kann durch die Festlegung der Schaufelradform nicht überschritten werden. Der Druck steigt zwischen 95 und 100 atü langsam an, wobei die Fördermenge und die Leistungsaufnahme unter erheblicher Verschlechterung des Wirkungsgrades

stark abfallen. Die Förderung sinkt schließlich auf den Wert Null, d. h.
die Kreiselpumpe wälzt das Wasser nur noch um. Im praktischen Betrieb läßt man es aber nicht so weit kommen, da in diesem Fall das
Wasser zu heiß würde. Man ordnet deshalb hinter der Pumpe ein sog.
Freilauf-Rückschlagventil an, wodurch der Akkumulator abgesperrt
und ein kleiner Spalt zur Abwasserleitung freigegeben wird, der etwa
5 % der Fördermenge durchläßt und einen ständigen Zulauf des Wassers bewirkt.

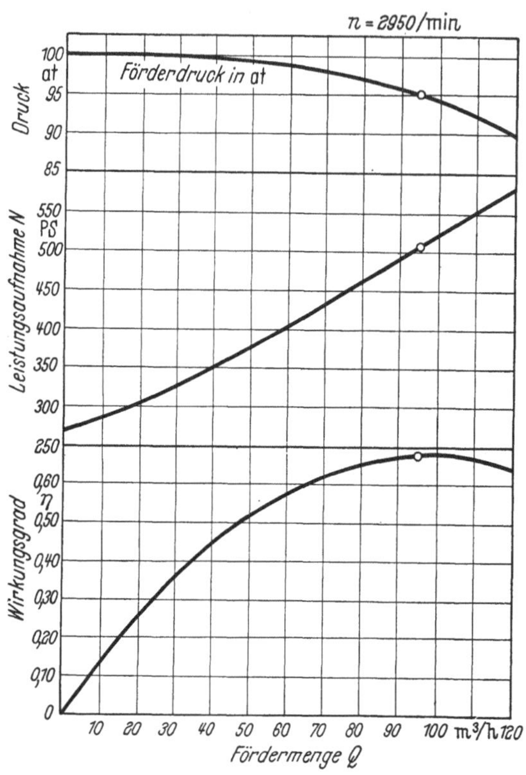

Abb. 223. Kennlinien einer Kreiselpumpe für Akkumulatorbetrieb.

Fällt der Druck im Akkumulator unter 95 atü, so steigen die Fördermenge und die Leistungsaufnahme steil an, während sich der Wirkungsgrad nicht wesentlich verändert. Man muß deshalb darauf achten, daß die Motorleistung nach dem niedrigsten Akkumulatordruck und der entsprechenden Fördermenge bemessen ist. Unterschreitet man den tiefsten Wasserstand im Akkumulator, so wird zweckmäßig der Motor abgestellt.

Es ist vielfach auch üblich, Kreiselpumpen und Kolbenpumpen zu kombinieren. In diesem Falle übernehmen die Kolbenpumpen die Leistungsspitzen, so daß die Kreiselpumpen mit dem mittleren und vorteilhaftesten Druck fast ohne Unterbrechung arbeiten können.

Als Betriebsmittel für Akkumulatoren mit Druckluftbelastung verwendet man ausnahmslos Wasser. Öl hat sich nicht bewährt, da durch die Verbindung mit hochgespannter Luft Betriebsunfälle vorgekommen sind. Auch die Verwendung von Stickstoff an Stelle von Luft hat nicht zu einer größeren Verbreitung des Ölbetriebes beigetragen. Die Ursache ist auf die Unannehmlichkeiten zurückzuführen, die entstehen, wenn im Rohrleitungsnetz Undichtigkeiten auftreten.

Ölverluste sind teuer, sie zermürben die Fundamente und bilden in Warmbetrieben eine Brandgefahr. Wasser dagegen wird in Entwässerungskanäle abgeleitet und durch Zulauf schnell wieder ersetzt.

c) Druckwasser- und Druckölpumpen für den Einzelantrieb hydraulischer Pressen.

Während sich die Förderleistung einer Pumpe beim Akkumulatorbetrieb nach dem mittleren Druckwasserverbrauch der Presse in einer Zeiteinheit richtet, wird sie beim direkten Pumpenbetrieb aus der Preßgeschwindigkeit ermittelt. Die Pumpe muß im zweiten Falle also die in einer Presse auftretende Spitzenleistung hergeben und erhält infolgedessen verhältnismäßig große Abmessungen. Der Antriebsmotor kann dagegen wieder für die mittlere Leistung ausgelegt werden, wenn die Arbeitsspitzen mit der Masse eines Schwungrades überwunden werden, das man zweckmäßig auf die schnellaufende Welle des Getriebes setzt. Der direkte Pumpenantrieb eignet sich demnach besonders gut für Pressen, die nicht mit hohen Leistungsspitzen, d. h. also sehr langsam arbeiten. Hierunter fallen z. B. Biegepressen, Ziehpressen für die Kaltumformung von Blechen usw.

Pressen für die Warmverformung, beispielsweise Lochpressen, Warmziehpressen usw. werden dagegen vorteilhafter an eine Druckwasseranlage angeschlossen, was aus folgender Gegenüberstellung hervorgeht.

Die Arbeitsgeschwindigkeit einer 300 t-Lochpresse soll bei der Warmverformung nach den Angaben auf Seite 21 mit $v = 150$ mm/sek angenommen werden. Der Leistungsbedarf errechnet sich daraus ohne Berücksichtigung von Verlusten zu $N = P\,v : 75 = 600$ PS. Dieser Leistung muß die Druckwasserförderung der Pumpe entsprechen.

Ist die Lochpresse dagegen an einer Druckwasseranlage angeschlossen und nimmt man an, daß in einer Minute $z = 2$ Pressungen bei $h_1 = 400$ mm Arbeitshub und $h_2 = 1000$ mm Rückzughub ausgeführt werden, wobei die Rückzugkraft $Pr = 30$ t betragen soll, so stellt sich bei einem Betriebswasserdruck von $p = 200$ atü der Druckwasserverbrauch in der Minute theoretisch auf

$$Q = \left(\frac{P}{p}\,h_1 + \frac{P_r}{p}\,h_2 \right) z = 150 \text{ l.}$$

Hieraus erhält man die Pumpenleistung nach den Angaben auf Seite 251 zu $N = Q\,p : 360 \cong 83$ PS. Ein einfacher Vergleich wie dieser läßt schon in den meisten Fällen erkennen, ob für eine Presse Akkumulator- oder direkter Pumpenbetrieb zweckmäßiger ist. Mitbestimmend für die Wahl der einen oder anderen Betriebsart sind aber noch andere Vor- und Nachteile der beiden Systeme, auf die nachstehend näher eingegangen wird.

Auf Seite 245 wurde bereits hingewiesen, daß sich der Akkumulatorbetrieb sowohl für den Einzelantrieb als auch für den Gruppenantrieb der Pressen gleich gut eignet.

Der Gruppenantrieb ist anzustreben, wenn, wie es meistens der Fall ist, nicht alle Pressen zu gleicher Zeit arbeiten. Hierbei genügt für den Betrieb der Pressen ein verhältnismäßig kleiner Akkumulator, wodurch sich ein entsprechend geringer Kostenaufwand für die Druckwasseranlage ergibt.

Werden mit einer Presse mehrere Bewegungen gleichzeitig ausgeführt, z. B. bei Rohrstauch- oder Kümpelpressen, so ist man beim direkten Pumpenbetrieb gezwungen, für jede Bewegung eine besondere Pumpe vorzusehen, da anderenfalls diejenige Bewegung zuerst erfolgt, die den geringsten Widerstand zu überwinden hat. Man muß also beim direkten Pumpenbetrieb den Nachteil in Kauf nehmen, nur aufeinanderfolgende Bewegungen in einer Presse ausführen zu können.

Von Akkumulatoren wird das Druckwasser stets mit einer bestimmten Spannung abgegeben, ganz gleichgültig, wie groß der Arbeitswiderstand in der Presse ist. Bei dieser Betriebsart gehen demnach große Leistungen nutzlos verloren, wenn die Pressen nicht mit ihrem vollen Druck ausgenutzt werden. Man kann dieser Unwirtschaftlichkeit zum Teil dadurch abhelfen, daß man die Pressen mit drei Arbeitszylindern ausrüstet. Es lassen sich dann drei Druckstufen einrichten, die entstehen, wenn man nur dem mittleren, den beiden seitlichen oder allen drei Zylindern das Druckwasser zuführt.

Eine andere Lösung für den Druckstufenbetrieb ist die Anordnung eines Druckübersetzers, der aber nach den Ausführungen auf Seite 73 nur empfehlenswert ist, wenn mit einer Presse lange Hübe im Niederdruck und kurze Hübe im Hochdruck auszuführen sind.

Druckstufenbetrieb durch Aufstellung zweier Akkumulatoren für Hoch- und Niederdruck trifft man verhältnismäßig selten an.

Die Bemühungen um einen wirtschaftlichen Druckwasserverbrauch sind beim direkten Pumpenbetrieb nicht notwendig, weil sich der Druck in der Pumpe immer dem jeweilig in der Presse auftretenden Widerstand anpaßt. Es wird also im Gegensatz zum Akkumulatorbetrieb keine Energie nutzlos verschwendet, so daß der direkte Pumpenbetrieb von dieser Seite aus betrachtet der beste ist.

Die Konstruktion der Pumpen sowohl für direkten als auch für Akkumulatorbetrieb zeigt keine nennenswerten Unterschiede. Die Pumpen für direkten Betrieb werden jedoch mit wesentlich größeren Leistungen ausgeführt; sie liegen augenblicklich bei N max. $\cong$ 7000 PS.

Überschreitet der Arbeitswiderstand bzw. der Druck im Preßzylinder seinen Höchstwert, so hört beim Akkumulatorbetrieb die
Bewegung auf — beim direkten Betrieb arbeitet dagegen die Pumpe
auch gegen den erhöhten Druck weiter, wenn nicht besondere Vor-
kehrungen getroffen werden, um die Überlastung zu verhindern. Der

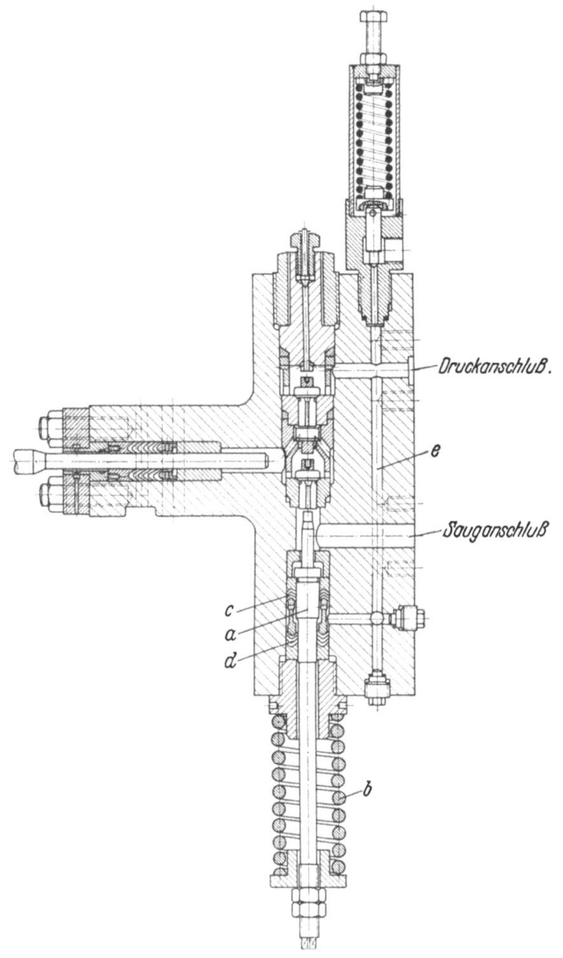

Abb. 224. Saugventil-Auslösevorrichtung.

Einbau eines Sicherheitsventiles ist die einfachste Lösung dieser
Aufgabe. Sie ist schlecht, da die Pumpe dauernd gegen den max. Druck
fördern muß und die Ventilsitze infolge der großen Wassergeschwindigkeit in dem sich bildenden kleinen Spalt sehr schnell verschleißen.
Man sieht deshalb für diesen Fall unter den Saugventilen der Pumpe
eine Auslösevorrichtung nach Abb. 224 vor.

Sie besteht aus einem Stößel mit dem Kolben a, der durch eine starke Feder b zurückgezogen wird. Die Abdichtung erfolgt durch die Manschetten c und d. Der zwischen ihnen liegende Zylinderraum ist durch die Bohrung e mit der Druckseite der Pumpe verbunden. Erreicht der Druck seinen Höchstwert, so wird die Federkraft von dem Kolben a überwunden und das Saugventil angehoben. Die Pumpe läuft im Leergang, bis nach einem zur Überwindung der Manschettenreibung genügenden Druckabfall die Feder den Kolben wieder zurückzieht. Die Saugventilauslösung kann auch, von der Pumpe getrennt, in einem eigenen Gehäuse in die Saugleitung eingebaut werden.

Für bestimmte Pressenarten, bei denen der Arbeitswiderstand allmählich ansteigt und erst bei Hubende plötzlich auf seinen Höchstwert kommt, z. B. bei der Gummikissenziehpresse nach Abb. 201 ist es oft vorteilhaft, die Pumpe für Druckstufen einzurichten, damit die Zeit für das Vorpressen abgekürzt wird. Bei einer Dreiplungerpreßpumpe wählt man meistens eine Nieder-, Mittel- und Hochdruckstufe, wobei sich die Plungerdurchmesser bzw. die Fördermengen aus dem gewünschten Druck und aus der für alle drei Plunger gleichen Plungerkraft ergeben. Eine Druckstufenpumpe arbeitet in der Weise, daß im Niederdruck sämtliche Plunger fördern; bei Überschreitung dieses Druckes arbeiten nur noch zwei Plunger im Mitteldruck, während im Hochdruck nur noch der dritte Plunger Druckwasser erzeugt. Der größte Kraftverbrauch tritt also in der Niederdruckstufe auf. Das automatische Abschalten der Druckstufen erfolgt durch die bereits beschriebene Auslösevorrichtung für die Saugventile. Als Nachteil dieser Arbeitsweise ist das ruckartige Vorgehen des Plungers in der Presse wegen der ungleichmäßigen Druckwasserförderung anzuführen.

Die Steuerungen für direkten Pumpen- oder Akkumulatorbetrieb einer Presse weisen keine wesentlichen Unterschiede auf. Man muß, wenn direkter Pumpenbetrieb vorliegt, nur beachten, daß bei einem Umsteuervorgang nie sämtliche Ventile geschlossen sind, da in diesem Falle das geförderte Druckwasser keinen Ausweg hat und entweder die Auslösevorrichtung einschaltet oder durch das Sicherheitsventil abfließt. Man ordnet deshalb vor der Steuerung meistens ein Umlaufventil an, das eine Verbindung der Druck- und Abwasserleitung hergestellt und vor jedem Steuervorgang geöffnet wird. Auf diese Weise findet auch eine einfache Entlastung der Steuerventile statt, so daß man dafür die unentlastete Bauweise ausführen kann. Aus dem gleichen Grunde kommt beim direkten Pumpenbetrieb ein verhältnismäßig hoher Betriebswasserdruck von $p = 400 \div 500$ atü zur Anwendung.

Der Verwendung von Druckwasserpumpen für den direkten Antrieb der Pressen stehen in vielen Fällen die großen Abmessungen entgegen, die einen unmittelbaren Anbau der Pumpen an den Pressen meistens unmöglich machen. Die Abmessungen sind bedingt durch die bei diesen Pumpen angewendeten großen Plungerhübe und Plungerquerschnitte, die sich wieder aus der Notwendigkeit der Abdichtung der Plunger durch Stopfbüchsen ergeben. Man benutzt deshalb für den Plungerantrieb eine verhältnismäßig langsamlaufende Kurbelwelle mit einem Übersetzungsgetriebe.

Diese Nachteile lassen sich vermeiden, wenn man als Druckmittel nicht Wasser, sondern Öl verwendet, wobei man auf Stopfbüchsen und Einbauteile für die Ventile verzichten und die Plunger dicht einschleifen kann. Führt man diese Druckölpumpen dann noch mit kleinen Hüben und großer Plungerzahl aus, so besteht die Möglichkeit, auch den Antrieb zu vereinfachen, das Getriebe zu vermeiden und die Pumpenwelle direkt mit dem Motor zu kuppeln. Die Druckölpumpen nehmen infolgedessen nur einen Bruchteil des Raumbedarfes von Druckwasserpumpen ein; sie lassen sich an den Pressen anbauen und sind deshalb besonders für den Einzelantrieb geeignet.

In diesem Zusammenhang soll aber hervorgehoben werden, daß die Anregung zur Entwicklung der Druckölpumpen nicht vom Pressenbau ausging; sie ist vielmehr auf die Bestrebungen im Werkzeugmaschinenbau zurückzuführen, stufenlos regelbare Flüssigkeitsgetriebe auf den Markt zu bringen, wobei die hierfür verwendeten Pumpen auch Eingang im Pressenbau fanden.

Die ersten hydraulischen Pressen für Einzelantrieb mit Druckölpumpen wurden in den USA gebaut, wo sie in der Automobilindustrie wegen ihrer Vorzüge gegenüber mechanischen Pressen (siehe Seite 201) bei der Herstellung von Karosserieteilen eine große Verbreitung fanden. Druckwasserbetriebene Pressen konnten sich dagegen nicht behaupten, da der getrennte Antrieb und das erforderliche Rohrleitungsnetz die Einreihung der Pressen in eine Fließbandanlage sehr erschwerten.

Die Druckölpumpen werden in zwei Gruppen eingeteilt, und zwar unterscheidet man Pumpen mit unveränderlichem und regelbarem Hub sowie mit radialer, axialer oder Reihenanordnung der Plunger.

Abb. 225 zeigt eine der ersten ausgeführten Radialpumpen für konstante Förderleistung. Auf einer mit einem Rädervorgelege angetriebenen Exzenterwelle ist ein ringförmiger, geschmiedeter Pumpenkörper mit 24 radial liegenden dicht eingeschliffenen Plungern angeordnet. Auf dem Exzenter sitzt ein Rollenlager, dessen Außenring auf die Plunger drückt. Die Saug- und Druckventile bestehen aus Kugeln, die eine Verbindung oder einen Abschluß zu ringförmigen Saug- und Druckkanälen herstellen. Hinter dem mittleren Wellenlager ist noch eine Niederdruck-Zahnradpumpe mit großer Förderleistung für einen Druck bis etwa 20 atü eingebaut, damit der Leerhub — vorzugsweise bei Unterdruckpressen — mit großer Geschwindigkeit zurückgelegt werden kann. Die Niederdruckpumpe liefert auch das Öl für die Saugseite der Radialpumpe, die mit einem max. Druck von 200 bis 400 atü arbeitet. Die Pumpe wird mit dem vorderen Flansch in einen Ölbehälter eingehängt, den man oft in den Untersatz der Presse oder in den Zylinderholm einbaut.

Die Konstruktion einer Axialpumpe ist in Abb. 226 dargestellt. Die Antriebswelle a dreht den Zylinderblock b, in dem sich die Kolben c befinden, deren Hubbewegung durch den Ablauf der Gleitstücke d an

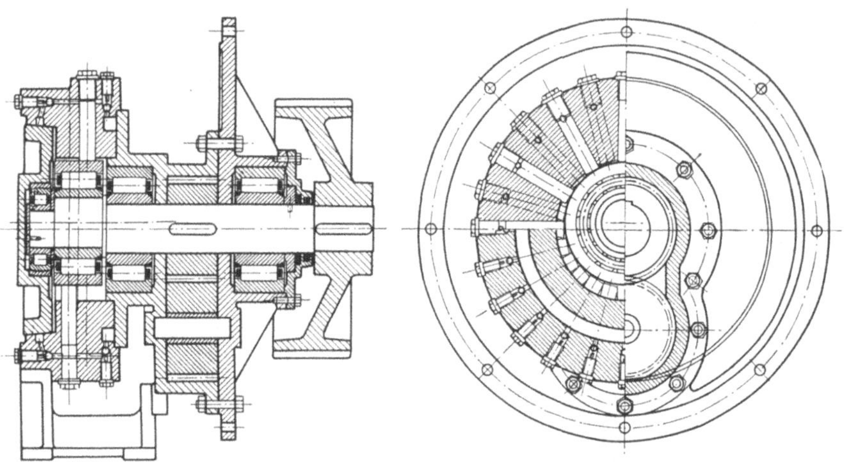

Abb. 225. Kombinierte Hochdruckkolben- und Niederdruck-Zahnradpumpe mit konstanter Förderleistung. (Ausführung Zahnräder- und Maschinenfabrik, München.)

der geneigten Fläche des Einsatzes e erfolgt. Der Zylinderboden läuft auf dem Steuerspiegel f, der zwei nierenförmige Schlitze besitzt, die mit dem Saug- und Druckanschluß verbunden sind und das Öl in den Pumpenzylindern ein- und austreten lassen. Der Zylinderblock b wird in dem feststehenden Pumpengehäuse g mit einem Rollenlager h und zwei Kugellagern i geführt.

Abb. 227 u. 228 zeigen eine im Pressenbau häufig angewendete und bewährte Drucköpumpe mit Reihenanordnung der Kolben. Der Zylinderblock besteht aus einem würfelförmigen Schmiedestück mit nebeneinanderliegenden Kolben, die von einer Exzenterwelle angetrieben werden. Die Exzenter laufen in Rollenlagern, deren verstärkter Außenring auf die Kolben drückt. Beim Saughub werden die Kolben durch Federkraft gehoben. Der Ölstrom wird durch Saug- und Druckventile gesteuert, wofür der Einbau besonderer Ventilsitze nicht erforderlich ist. Der Antrieb und Zylinderblock sind in einem öldichten Gehäuse untergebracht.

Das stets in gleicher Richtung geförderte Drucköl muß zum Betriebe einer Presse abwechselnd in die verschiedenen Zylinder gesteuert werden, wozu man eingeschliffene Schieber verwendet[1]. Die Schieber besitzen keine Manschetten wie beim Druckwasserbetrieb und sind wesentlich einfacher und billiger als die hierbei benutzten Ventilsteuerungen. Erhalten die Schieber sehr große Querschnitte, so ist es zweckmäßig

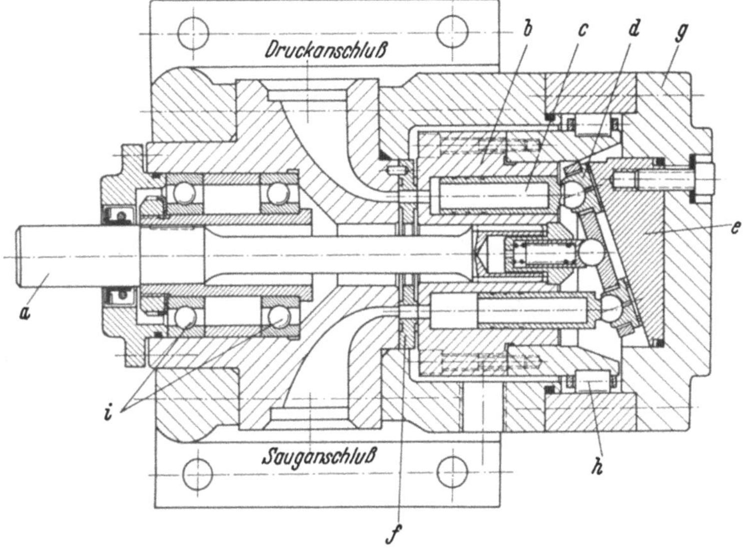

Abb. 226. Axialpumpe mit konstanter Förderleistung.
(Ausführung The Denison Engineering Co., Columbus Ohio/USA.)

sie mit kleinen Schiebern vorzusteuern. Die Wirkungsweise einer derartigen Schiebersteuerung geht aus Abb. 229 hervor.

Beim leeren Abwärtshub wird der Zylinder c mit Öl aufgefüllt, das von dem Arbeitsplunger aus dem Sammelbehälter k durch das Füll-Ventil f angesaugt wird. Während dieser Zeit fördert die Pumpe a das Öl durch den Schieber b, der durch den Hilfsschieber d vorgesteuert wird, in den Zylinder, so daß der Arbeitshub unmittelbar nach Beendigung des Leerhubes und dem Schließen des Füllventils einsetzt. Zur Regulierung der Leergangsgeschwindigkeit ist in der Rückzugleitung ein Bremsventil e vorgesehen. Hierdurch wird das aus den beiden Rückzugzylindern l und m austretende Öl gedrosselt und in der entgegengesetzten Richtung der volle Durchflußquerschnitt frei-

---

[1] Das Flüssigkeitsgetriebe bei spanenden Werkzeugmaschinen von Dr.-Ing. HANS KRUG. Berlin/Göttingen/Heidelberg: Springer 1951.

gegeben. Steuert man die Presse mit dem Hilfsschieber auf Rückzug, so stellt der Schieber b eine Verbindung der Pumpe mit den Rückzugzylindern her. Der in der Rückzugleitung entstehende Druck stößt das

Abb. 227. Drucköpumpe mit konstanter Förderleistung und Reihenanordnung der Kolben. (Ausführung Towler Brothers Ltd., Rodley N^r Leeds/England.)

Füllventil auf, wodurch das Öl aus dem Arbeitszylinder in den Sammelbehälter abfließen kann.

Der Vorsteuerschieber läßt sich durch Anschläge an seinem Gestänge auch automatisch umsteuern. Ein zweiter Vorsteuerschieber i

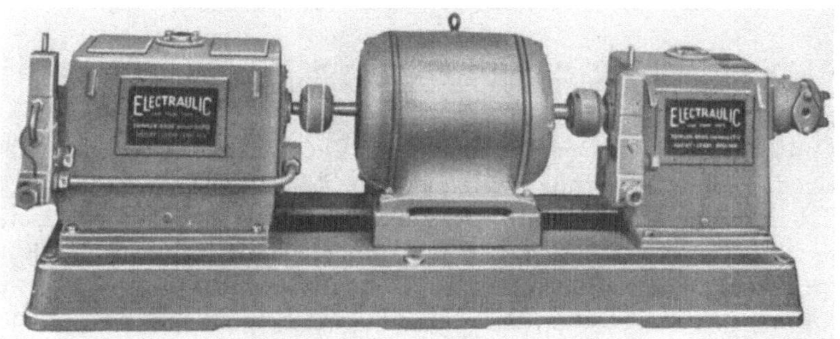

Abb. 228. Zwillingspumpe mit Regelung der Liefermenge durch Zu- und Abschalten einer Pumpe. (Ausführung Towler Brothers Ltd., Rodley N^r Leeds/England.)

bringt in Verbindung mit einem Abstellschieber die Rückzugbewegung in der Endlage zum Stillstand. Die Geschwindigkeit sämtlicher Bewegungen kann durch Drosselung des Öles in dem Hauptsteuerschieber, d. h. durch Freigabe eines kleinen Querschnittes zur Rücklaufleitung beliebig verändert werden.

Die Konstruktion einer Radialpumpe mit regelbarem Hub zeigt Abb. 230. Der Motor treibt die Welle a an, die den Rotor b dreht, der auf der feststehenden Steuerwelle c mit den beiden Kugellagern d läuft. Im Rotor sind fünf radial angeordnete und dicht eingeschliffene Kolben e untergebracht, die am äußeren Ende in Führungsschuhen f gelagert sind. Die Zylinderbohrungen laufen um zwei Steuerschlitze in der Welle c, die je zwei Bohrungen für die Zu- und Ableitung des Saug- und Druck-

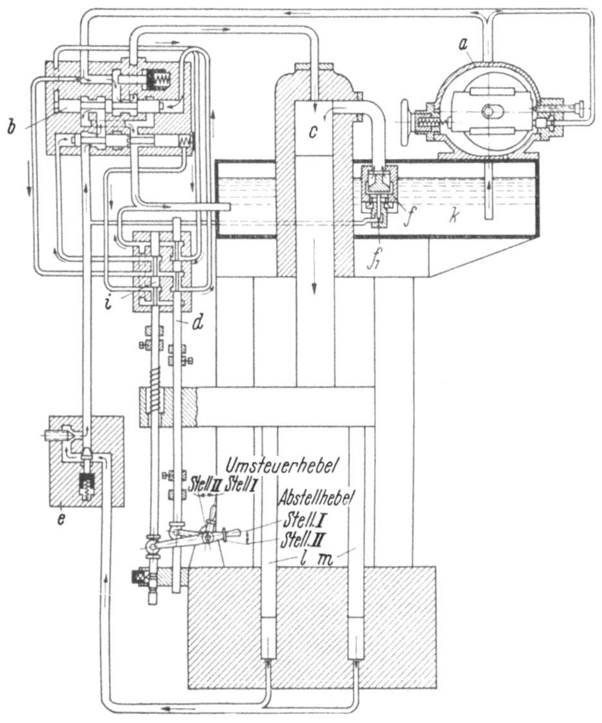

Abb. 229. Steuerschema für den Antrieb einer Presse mit einer Pumpe für konstante Förderleistung (nach SCHWENCKE: Steuerungen hydraulischer Schnellpressen. Z. VDI Nr. 25/26, 26. Juni 1943.)

öles besitzt. Die Führungsschuhe f sind in zwei miteinander verbundenen Flanschen g eingesetzt. Letztere laufen mit den Kugellagern h in dem Laufring i, der in dem festen Gehäuse k verschoben werden kann. Hierdurch nimmt der Laufring i eine mehr oder weniger exzentrische Stellung zum Rotor b ein, wodurch sich die Förderung der Pumpe von Null bis zu ihrem Höchstwert beliebig verändern läßt. Wird die Exzentrizität nach der entgegengesetzten Seite hin hergestellt, so werden die Saug- und Druckseite der Pumpe vertauscht. Die Verschiebung des Laufringes i erfolgt durch einen Kolben l, der mit einem Schieber leicht von Hand gesteuert werden kann; sie wird außerdem durch Drehen des Handrades m ermöglicht.

Die Konstruktion einer in gleicher Weise arbeitenden Radialpumpe ist aus Abb. 231 ersichtlich. Der Unterschied der beiden Pumpen liegt hauptsächlich in der Führung der Kolben, die sich mit Kreuzköpfen,

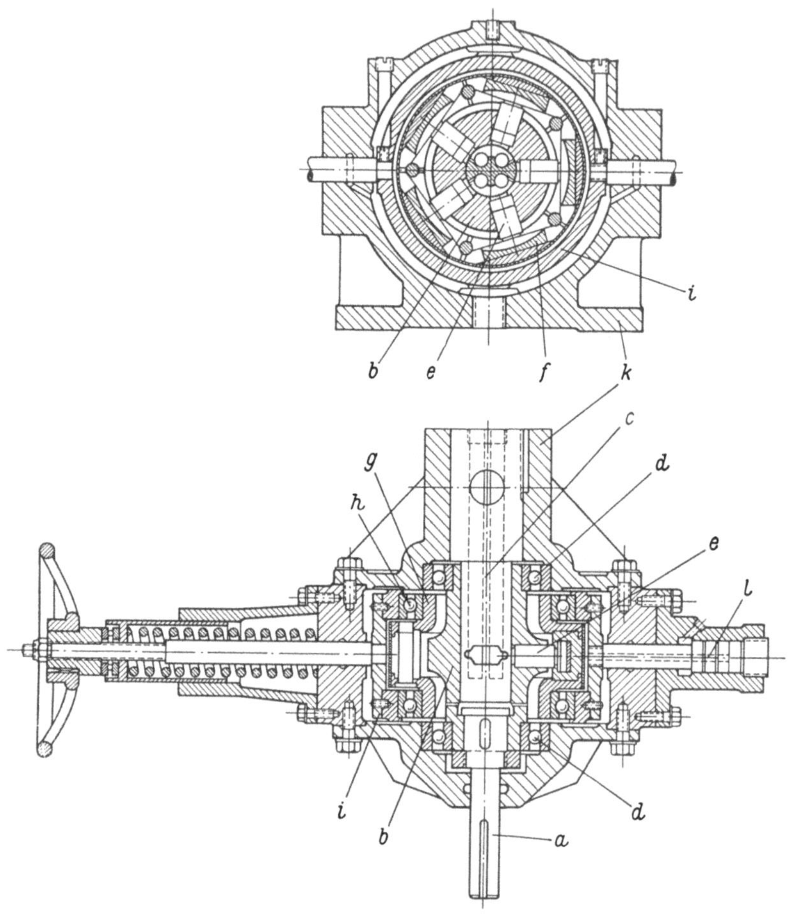

Abb. 230. Radialpumpe mit regelbarer Förderleistung.
(Ausführung Oilgear Co., Milwaukee Wisc./USA.)

Kolbenbolzen und Vierkantscheiben auf Geradführungen im Zylinderstern abstützen. An beiden Seiten der Kolbenbolzen befinden sich die in einer seitlich mit Spindel und Handrad verschiebbaren Trommel laufenden Druckrollen.

In Abb. 232, 233 u. 234 ist eine Axialpumpe dargestellt. Die Antriebswelle a besitzt einen Flansch b, in dem sieben Pleuelstangen c

mit kugelförmig ausgebildeten Köpfen gelagert sind. Die Pleuelstangen bewegen die Kolben d in dem Pumpenkörper e um den Mittelzapfen f. Die Teile a bis e drehen sich also in dem Gehäuse g, in dem sich unten ein Steuerspiegel h und oben eine kalottenförmige Lagerschale i befinden. Der Wellenflansch ist gegen die Lagerschale mit einem Rollen- und Nadellager abgestützt. In dem Steuerspiegel sind zwei Schlitze eingearbeitet, über welchen die Zylinderbohrungen laufen, die dadurch abwechselnd mit der Saug- und Druckseite verbunden werden. Das Gehäuse g ist mit zwei Zapfen k in Kugellagern l drehbar in dem Kasten m gelagert. Die Drehung erfolgt senkrecht zur Bildebene mit Ritzel und Zahnstange n, und zwar um einen Winkel von etwa 15°. Ist das Gehäuse mit dem Pumpenkörper ganz ausgeschwenkt, so arbeitet

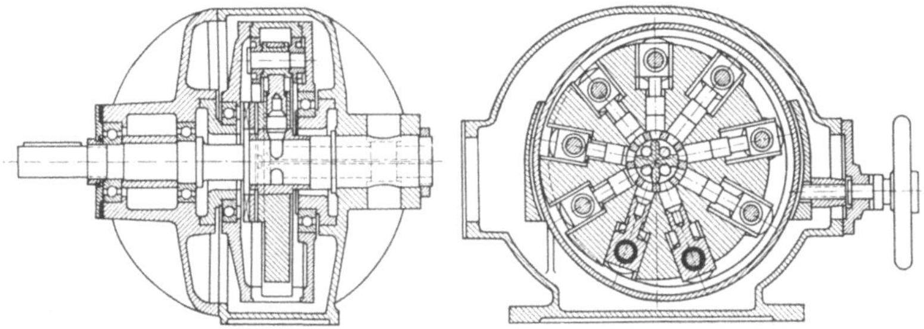

Abb. 231. Radialpumpe mit regelbarer Förderleistung (Bauart Pittler Thoma; nach SCHWONCKE: Steuerungen hydraulischer Schnellpressen. Z. VDI Nr. 25/26, 26. Juni 1943.)

die Pumpe mit der max. Fördermenge. Wird der Winkel kleiner, so verringert sich die Fördermenge; sie sinkt bis auf den Wert Null, wenn die Wellen- und Gehäuseachsen in einer Flucht liegen. Schwenkt man das Gehäuse nach der anderen Seite hin aus, so werden die Saug- und Druckseiten der Pumpe vertauscht. Die Bohrung für die Pumpenwelle hat, um das Schwenken zu ermöglichen, die Form eines Langloches.

Das Steuerschema für eine Presse, die mit einer regelbaren Pumpe betrieben wird, zeigt Abb. 235. Beim Leerhub nach Bild a strömt das Öl aus dem Sammelbehälter mit einem Druck von 3 bis 5 atü durch das im Zylinderboden angeordnete Füllventil über den Arbeitskolben. Das Öl auf der Rückzugseite unter dem Arbeitskolben tritt auf der Saugseite in die Pumpe ein, die es wieder auf die Oberseite des Kolbens fördert. Das geschlossene Rückschlagventil am Zylinder verhindert einen Abfluß des Öles in den Sammelbehälter. Die Abwärtsgeschwindigkeit des Arbeitskolbens ist abhängig von dem „Schluckvermögen" der Pumpe, d. h. von der Saug- bzw. Förderleistung. Soll die Leergangsgeschwindigkeit verringert oder die Bewegung angehalten werden, so wird die Pumpe zurückgeschwenkt

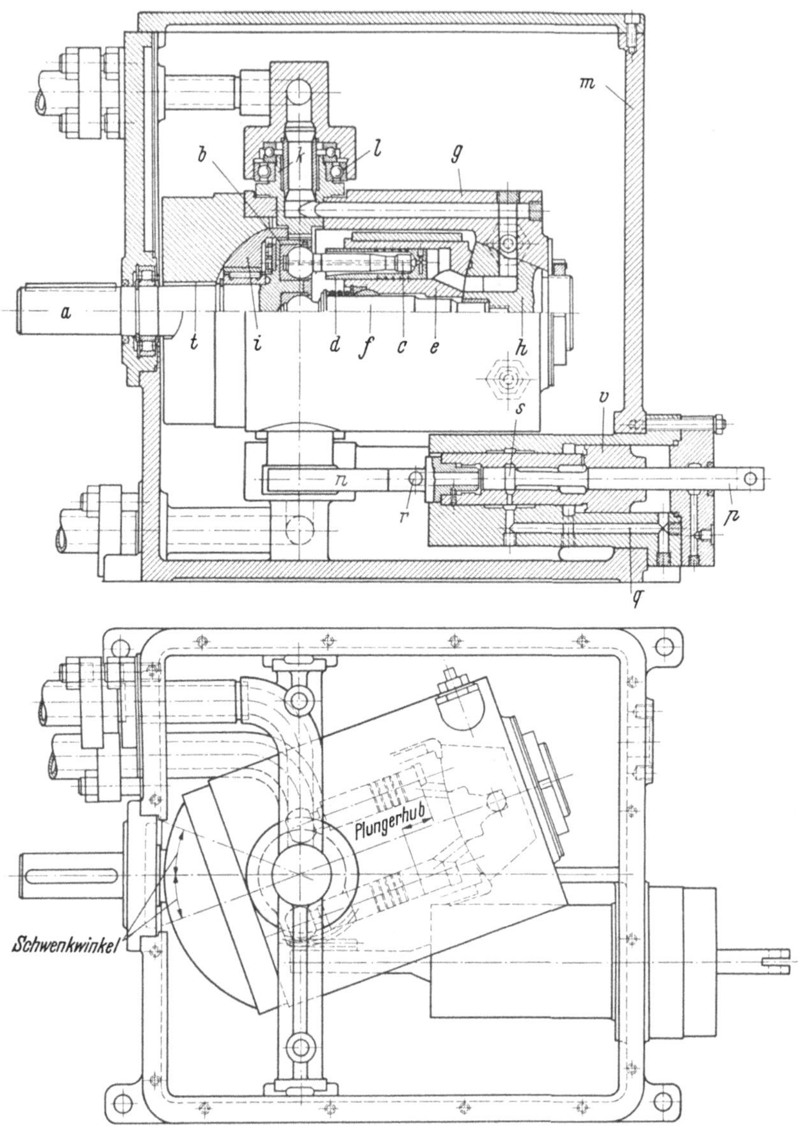

Abb. 232. Axialpumpe mit regelbarer Förderleistung.
(Ausführung Maschinenfabrik Meer A.-G., M.-Gladbach.)

bzw. in die Mittellage auf Nullhub gestellt. Ist der Leerhub beendet und der Arbeitskolben auf dem Werkstück aufgefahren, vgl. Bild *b*, so schließt sich das Füllventil durch Federkraft; die Pumpe fördert weiter und erzeugt im Zylinder den Arbeitsdruck. Auf der Rückzugseite entsteht ein Druckabfall, da die Pumpe jetzt mehr Öl schlucken kann als ihr von dieser Seite zufließt. Es tritt deshalb durch das Rückschlagventil zusätzlich Öl aus dem Sammelbehälter auf der Saugseite in die Pumpe ein. Um den Rückwärtsgang nach Bild c einzuleiten, werden die Saug- und Druckseiten der Pumpe durch Ausschwenken des Pumpengehäuses in entgegengesetzter Richtung vertauscht. Hierdurch schließt sich das Rückschlagventil; auf der Rückzugseite entsteht

Abb. 233. Schnittbild durch den Pumpenkörper der Axialpumpe nach Abb. 232.

ein hoher Druck, der das Füllventil öffnet. Die obere Seite des Arbeitskolbens wird durch die Saugwirkung der Pumpe entlastet. Das vom Kolben verdrängte Öl fließt in den Sammelbehälter zurück mit Ausnahme der Menge, die von der Pumpe wieder aufgenommen wird. Will man die Rückzuggeschwindigkeit verändern oder die Kolbenbewegung zum Stillstand bringen, so muß die Pumpe wieder etwas zurückgeschwenkt bzw. auf Nullhub gestellt werden.

Bei Pumpen für eine größere Leistung als etwa 50 PS ist zum Schwenken des Gehäuses eine Kraft erforderlich, die von Hand aus durch den Steuermann nicht mehr aufgebracht werden kann. Man

sieht deshalb für solche Fälle einen Servo-Motor vor, der z. B. nach
Abb. 232 aus einem Kolben v besteht, der die Zahnstange n antreibt
und mit einem Schieber p gesteuert wird. Bewegt man den Schieber
nach links, so gibt die Steuerfläche s einen Kanal frei, durch den das
Drucköl von der kleinen Fläche des Kolbens v auf seine große Fläche
übertreten kann. Der Kolben läuft also dem Schieber nach, bis die
Überdeckung des Kanals durch die Steuerfläche wiederhergestellt ist.
Die Bewegung in der entgegengesetzten Richtung verläuft in gleicher
Weise, wobei das Öl aus dem Zylinder durch die Bohrung r in den
Pumpenkasten abfließen kann. Der Kolben v und der Pumpenkörper g

Abb. 234. Axialpumpe nach Abb. 232 mit Antriebsmotor.
(Ausführung Maschinenfabrik Meer A.-G., M.-Gladbach.)

folgen also zwangläufig der Bewegung des Schiebers, d. h. des Steuerhebels.

Das Drucköl zum Betriebe des Servo-Motors wird von einer Zahnradpumpe mit einer Antriebsleistung von 2 bis 3 PS geliefert. Der
Steuerdruck beträgt etwa 20 atü. An Stelle eines ölbetriebenen Servo-
Motors kann auch ein direkter elektrischer Antrieb mit elektro-
motorischer Steuerung treten.

In dem Pumpenkasten m sammelt sich ununterbrochen Lecköl an,
das von den Pumpenkolben d, dem Steuerspiegel h, den Drehzapfen k
und dem Servo-Motor anfällt; es fließt durch eine Überlaufleitung in
einen an tiefster Stelle der Presse angeordneten offenen Behälter, der
auch das von den Arbeitskolben kommende Lecköl aufnimmt. Dieses
Lecköl, das etwa 10% der Fördermenge nicht überschreiten soll, wird
mit einer zweiten Zahnradölpumpe in den Windkessel zurückgedrückt
und auf diesem Wege durch einen Filter wieder gereinigt.

Pressen, die mit regelbarem Hub nach dem Steuerschema in Abb. 235
arbeiten, haben den Vorteil, daß sich Schiebersteuerungen nach Abb. 229
und die notwendigen zusätzlichen Rohrleitungen vermeiden lassen.
Außerdem findet die Geschwindigkeitsregelung der Bewegungen nicht

durch eine Drosselung, sondern durch eine Veränderung der Förderleistung statt, wodurch die Wirtschaftlichkeit erheblich verbessert und der Verschleiß der Steuerorgane und die Erwärmung des Öles vermindert wird. Die Herstellungskosten für eine regelbare Pumpe mit Servo-Motorantrieb sind demnach höher als für eine Pumpe mit Schiebersteuerung und konstanter Förderleistung, so daß die Zweckmäßigkeit ihrer Anwendung von Fall zu Fall untersucht werden muß. Für schwere Pressenantriebe (vgl. Abb. 101 u. 102) werden jedoch nach den bisherigen Erfahrungen die regelbaren Pumpen bevorzugt. Dabei legt man vielfach Wert auf die Zwillingsanordnung der Pumpen nach

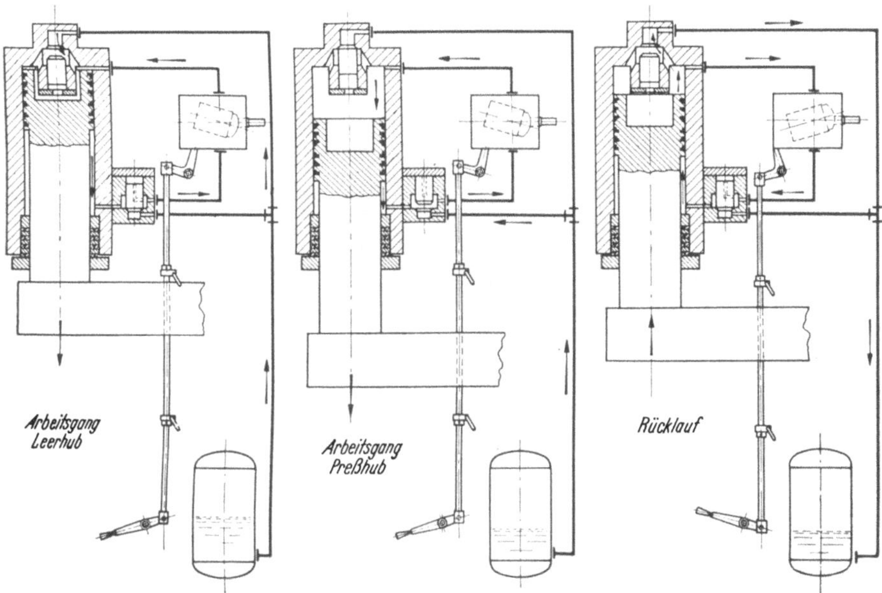

Abb. 235. Steuerschema für eine ölhydraulisch betriebene Presse mit regelbarer Drucköllpumpe.

Abb. 236, um bei dem Ausfall einer Pumpe den Pressenbetrieb mit der anderen aufrechterhalten zu können.

Drucköl- und druckwasserbetriebene Pressen weichen in ihrer Konstruktion wesentlich voneinander ab. Zunächst muß darauf hingewiesen werden, daß der Ölbetrieb einen bedeutend geringeren Verschleiß verursacht und keine Korrosionserscheinungen hervorruft. Trotz dieser Vorteile wendet man ihn nicht gerne für Pressen an, die zur Warmverarbeitung dienen und in staubigen Betrieben stehen, also beispielsweise für Lochpressen, Warmziehpressen, Kümpelpressen usw. Während das Leckwasser verdampft, einsickert und den Schmutz von den Plungern abspült, werden Fremdkörper vom Öl aufgefangen und eventuell in die Stopfbüchsen gezogen; ferner besteht die Möglichkeit, daß sich unangenehme Öldämpfe bilden, die sich leicht entzünden können. Um dieser Gefahr zu begegnen, werden bereits Versuche mit nichtbrennbaren Ölen gemacht, die jedoch noch nicht abgeschlossen sind.

Die kleinen Baumaße einer Öldruckpumpe und der direkte Motorantrieb ohne Zwischenschaltung eines Zahnradgetriebes gestatten die Unterbringung des gesamten Antriebes auf der Presse unmittelbar neben den Zylindern. Sie besteht also im Gegensatz zu einer druckwasserbetriebenen Presse nicht aus mehreren zusammengehörigen Aggregaten mit umfangreichen Rohrleitungen und Steuerungen und ist deshalb, z. B. bei der Fließarbeit im Automobilbau, für einen Platzwechsel ebensogut geeignet wie eine mechanische Presse.

Abb. 236. Zwillingspumpe mit regelbarer Förderleistung.
Ausführung HPM The Hydraulic Press Manufacturing Co., Mount Gilead Ohio.

Ein großer Fortschritt bei drucölbetriebenen Pressen ist die Verwendung von gußeisernen Kolbenringen an Stelle von Dichtungen aus Leder, Hanfgeflechten oder vulkanisierten Geweben. Diese Dichtungen unterliegen einem natürlichen Verschleiß, der sich ganz nach der Beschaffenheit der Plungerlaufflächen und der Qualität des Dichtungsmaterials richtet. Bei den Kolbenringen tritt dagegen der Verschleiß praktisch nicht in Erscheinung, so daß das lästige Verpacken und Nachziehen von Stopfbüchsen wegfällt. Hierdurch entsteht wieder der Vorteil, daß man für drucölbetriebene Pressen doppeltwirkende Kolben benutzen kann, die man bei druckwasserbetriebenen Pressen möglichst vermeiden soll, da ein Verschleiß dieser Kolbendichtungen zu großen Druckwasserverlusten führt und unangenehme und zeitraubende Reparaturarbeiten zur Folge hat.

Der max. Betriebsdruck für drucölbetriebene Pressen mit regelbaren Pumpen beträgt im Dauerbetrieb etwa 200 atü; er kann bei intermittierendem Betrieb für kurze Zeit auf 250 bis 300 atü gesteigert werden. Bei der Verwendung von Pumpen mit konstanter Förderleistung und Ventilen läßt sich der Druck im Dauerbetrieb auf 300 bis 400 atü erhöhen. Je niedriger der Druck, um so geringer sind die Lecköverluste und um so leichter lassen sich die Lagerbelastungen aufnehmen.

Die Frage, welcher Antrieb für eine Presse der zweckmäßigste ist, kann nicht ohne weiteres beantwortet werden. Die Wahl ist wesentlich von den betrieblichen Verhältnissen abhängig. Die meisten Pressen eignen sich für mehrere Betriebsarten, so daß von Fall zu Fall eine Entscheidung getroffen werden muß. Dabei wird wahrscheinlich für schnell arbeitende Pressen mit sehr großen Spitzenleistungen immer der Akkumulatorbetrieb bevorzugt werden, während der direkte Pumpenbetrieb mit Druckwasser oder Drucköl von vornherein den langsam arbeitenden Pressen vorbehalten bleibt.

Die weitere Entwicklung des Einzelantriebes mit Druckölpumpen läßt erwarten, daß viele Pressen, die früher auf mechanischen Antrieb umgestellt wurden, wieder für den hydraulischen Betrieb zurückgewonnen werden.